中国轻工业"十三五"规划教材

"十三五"普通高等教育印刷工程专业规划教材

颜色科学与技术

林茂海　吴光远　郑元林　李治江　李文育　编　著

中国轻工业出版社

图书在版编目（CIP）数据

颜色科学与技术/林茂海等编著. —北京：中国轻工业出版社，2021.1

"十三五"普通高等教育印刷工程专业规划教材

ISBN 978-7-5184-2281-4

Ⅰ.①颜… Ⅱ.①林… Ⅲ.①颜色-高等学校-教材 Ⅳ.①TS193.1

中国版本图书馆 CIP 数据核字（2019）第 041031 号

责任编辑：杜宇芳

策划编辑：杜宇芳　　责任终审：劳国强　　封面设计：锋尚设计
版式设计：宋振全　　责任校对：吴大鹏　　责任监印：张　可

出版发行：中国轻工业出版社（北京东长安街 6 号，邮编：100740）
印　　刷：三河市国英印务有限公司
经　　销：各地新华书店
版　　次：2021 年 1 月第 1 版第 2 次印刷
开　　本：787×1092　1/16　印张：12.25
字　　数：300 千字　插页：2
书　　号：ISBN 978-7-5184-2281-4　定价：45.00 元
邮购电话：010-65241695
发行电话：010-85119835　传真：85113293
网　　址：http://www.chlip.com.cn
Email：club@chlip.com.cn
如发现图书残缺请与我社邮购联系调换
210154J1C102ZBW

前　　言

颜色在日常生活中，对于信息的传递与交流起到非常重要的作用，尤其在印刷包装、纺织印染、艺术设计、建筑装潢等领域。在人们对物体辨别过程中，除了利用触觉以外，主要是通过人眼观察物体的形状和颜色；而一切物体的形状，是通过颜色的差别和组合来体现的。颜色比形状更直观、更强烈，能先于形状影响人的感官。对于颜色科学，自古以来就受到人们广泛研究。冰河时期和石器时代，人们已经开始使用矿物质颜料和草木胶汁绘制颜色图案，逐渐形成了"红""绿""黄"等定性描述颜色的方式，但描述模糊；随着显色系统表示法和混色系统表示法的出现，颜色进入到定量描述阶段。这为颜色信息的分解、转换、传递、再现过程提供了非常重要的依据。

颜色科学与技术是学习印刷工程、包装工程、光学工程、艺术设计等与颜色科学有关专业的基础课程之一，它涉及生理学、光学、心理学、色度学、美学、物理学等多学科交叉融合的内容；其主要研究内容包括颜色产生机制与颜色现象、颜色的定性和定量描述、光源的色度学、颜色测量、色彩管理和色貌理论等。通过本门课程的学习，可以了解颜色的描述方式，包括定性描述和定量描述的基本理论和方法，掌握颜色计算、测量、传递的基本方法，熟悉运用各种测色仪器设备，为进一步学习其他图像领域的课程奠定基础。

全书共分为 11 章，可分为 4 部分。第一章和第二章讲解现代颜色科学的起源、人眼视觉现象、光与颜色视觉的关系，是构成颜色科学与技术最基本的概念；第三章到第五章讲解定量描述颜色的方法，包括混色系统表示法和显色系统表示法，是本课程的核心内容之一；第六章和第七章讲解光源的色度学、颜色测量原理及几何条件、测量设备的分类与结构；第八章到第十一章讲解色彩管理工作流程及计算方法、三维色域及其可视化技术、色貌理论，这些都是颜色科学与技术领域较为前沿的内容。

为了体现颜色科学与技术的最新发展和应用，加入了三维色域及其可视化技术，对于正确理解色彩管理技术是非常有用的，具体涉及三维可视化技术、色域类型、色域边界描述及评价。编者之所以强调三维色域及其可视化技术，是为了实现不同色域在映射过程中直观的比对与匹配，达到真正的"所见即所得"的颜色最终匹配目标，是色域观测、匹配与交互的必不可缺的载体。

本书在编写过程中参阅了大量经典著作和参考文献，苦于数量众多无法一一致谢，敬请谅解。本书可作为高等院校印刷工程、包装工程及其相关学科颜色学科与技术课程的教材，也可作为相关领域技术人员的参考书。

本书的编写由齐鲁工业大学（山东省科学院）林茂海、吴光远，西安理工大学郑元林，武汉大学李治江以及陕西科技大学李文育共同完成，由齐鲁工业大学教材建设基金资助出版。由于编者理论知识与实践经验的局限性，本书存在的不足与疏漏之处，恳请各位专家和读者批评指正。

编著者

2018 年 12 月

目　　录

第 1 章 现代颜色科学的起源

每一位来到颜色科学神秘殿堂的人必将对这个学科的发展进程产生浓厚兴趣，并进行深入探索，因此在这一章节主要对现代颜色科学的起源进行综述。由于颜色科学的发展和其他科学一样，都是在不断纠正错误过程中前行的。这就比如，在过去的一个多世纪里，人类都是用物理学来解释色光的混合现象，并没有利用人类的视觉特性和心理特性等方面对此进行解释。同样地，现在我们仍无法对一些颜色科学现象形成统一认识，在认识颜色科学的道路上还有很漫长的路要走。

1.1　牛顿光色理论

现代颜色科学起源于 17 世纪，牛顿（Newton，1643—1727 年）曾致力于颜色的视觉现象和光的本性的研究。1666 年，他进行了著名的色散实验，发现了白光是由不同颜色（即不同波长）的光混合而成的，且不同波长的光有不同折射率的特性。牛顿的这一重要发现成为了光谱与色分析的基础，揭示了光色的秘密。此后牛顿研究了光的折射，表明棱镜可以将白光发散为彩色光谱，而透镜和第二个棱镜可以将彩色光谱重组为白光。另外，他进行了将分离出的单色光束照射到不同物体上的实验，发现了色光不会改变自身的性质。牛顿还注意到，无论是反射、散射或透射，色光都会保持同样的颜色。因此，我们观察到的颜色是物体与特有色光相结合的结果，而不是物体产生颜色的结果。

牛顿在做色光合成实验的时候发现，红色和绿色可以合成黄色，绿色和蓝色可以合成青色，而红色和蓝色却合成一种在彩虹中找不到的颜色——品红色。为了表示上述合成规律，牛顿把六种典型颜色放在一个圆盘上，构成牛顿色环，如图 1-1 所示（见彩色插页）。

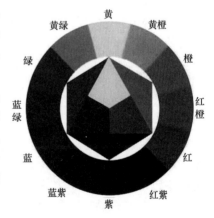

图 1-1　牛顿色环

为什么会产生品红色，这在当时是令人困惑的。因为牛顿当时并没有认为合成的黄色光同单色光中的黄色光有什么不同。现在我们知道，合成的黄色光仅仅在人看来和单色光中的黄色光相同，而物理上并不相同。当时人们也想找出单色光中的品红色，而实际上找不到。

1.2　混色的三色视觉

1802 年英国物理学家托马斯·杨（Thomas Young，1773—1829 年）提出假设：所有颜色都可以通过红、绿、蓝三色的混合产生，三者比例不同，颜色就不同。这一假设的革命意义在于"肯定一种颜色不是一种色光,而是许多能产生同样主观感觉的多种色光"。或者说"肯定一种颜色并不反映一种色光,而是反映多种在人看来相同的色光"。托马斯·杨早年学医,很年轻时就研究了眼睛的调节机理,21 岁就被选为英国皇家学会会员,他出版的著作涉及非常广泛的课题,有生理光学、虹的理论、流体动力学、毛细作用、造船工程、用摆测量引力、潮汐理论等,其最有名的贡献是在光的波动理论方面。关于光的双缝干涉实验就被称之为杨氏双缝干涉实验,这一实验对近代光学和量子力学有着重大影响。

一个世纪后,托马斯·杨的创造性见解被德国物理学家和生理心理学家赫尔姆霍兹(Hermann von Helmholtz, 1821—1894 年)进行了进一步研究。赫尔姆霍兹假设人眼中存在三种接收器(按现在的说法是三种视锥细胞),分别对应不同波长的色光敏感或吸收不同波长的色光。三种接收器受到的刺激比例不同,色觉就不同。他还假设了每一种接收器的敏感特性曲线,由此计算出具有任何一种能量分布的色光所引起的三种接收器输出信号大小。赫尔姆霍兹发展和量化了托马斯·杨的三原色理论,因而这一理论现在被称为杨-赫尔姆霍兹三原色说(或三色素说)。假设一种物体反射的色光能量分布是 $s(\lambda)$,三种色敏感细胞的敏感特性曲线是 $r(\lambda)$,$g(\lambda)$,$b(\lambda)$,那么三种细胞输出信号大小就是三者输入的加权积分。$s(\lambda)$ 和 $r(\lambda)$ 越重合,并且 $s(\lambda)$ 越大,则 R 越大。G 和 B 同理,任何一种颜色都可以用矢量 (R, G, B) 表示。比如 $(R, G, B) = (1, 0.5, 0)$,表示 $R = 1$,$G = 0.5$,$B = 0$ 的颜色,即橘黄色。我们用 $s(\lambda)$ 表示一种色光,用 (R, G, B) 表示相应的颜色。注意:色光 $s(\lambda)$ 不同,颜色 (R, G, B) 可能相同,这就叫作同色异谱。比如黄色单色光和红绿两种单色光等比例混合的混色光,两者光谱(即能量分布)不同,但是颜色 (R, G, B) 是相同的。

三原色理论为彩色电视显示系统设计奠定了理论基础。摄像系统中:每一像素上的色光 $s_i(\lambda)$ 被转换为颜色矢量 (R_i, G_i, B_i),$i = 1, 2, \cdots$,$i =$ 屏幕像素数目。颜色信号经过编码后被发射,电视机则通过解码得到 (R_i, G_i, B_i),$i = 1, 2, \cdots$。彩色显示屏上每个像素点上有红、绿、蓝三种发光点,电子发射到蓝点上,蓝点就发出蓝光。每个点受到电子打击的强度不同,发光强度就不同。由于人眼视细胞数量有限,因而分辨率有限,当人眼距离屏幕达到一定距离时,它就不能区分每个像素中的三点,于是相应一个像素产生一种色觉。但是当人眼接近屏幕时,他就会发现屏幕上每个点只有一种颜色,即分别是红色、绿色或蓝色。

继赫尔姆霍兹的研究之后,物理学家麦克斯韦(Maxwell, 1831—1879 年)于 19 世纪 60 年代研究了三原色理论,发现三原色的选择可以不同,适当的三原色可以增加所能配出颜色的范围。为了表达某些颜色,比如 (R', G', B'),红色分量需要是负的。在 (R, G, B) 一边加上适当的颜色 $(-R^*, 0, 0)$,另一边加上适当的颜色 $(0, G^*, B^*)$,那么就有 $(R', G', B') = (R + (-R^*), G + G^*, B + B^*)$。另外他还提出用色调、饱和度、明度表示一种颜色,这三者分别反映色光的波长、彩色相对白色的比例以及色光的强度。麦克斯韦的研究为现代色度学作出了巨大贡献。

1.3 紫外线、红外线、光谱灵敏度

1.3.1 紫 外 线

(1) 紫外线的基本介绍 紫外线(Ultraviolet rays)指的是电磁波谱中波长从 10～

400nm 辐射的总称，且不能引起人们的视觉。1800 年，英国物理学家霍胥尔在三棱镜光谱的红光端外发现了不可见的热射线——红外线。德国物理学家里特（ohann Wilhelm Ritter，1776—1810 年）对这一发现极感兴趣，他坚信物理学事物具有两极对称性，认为既然可见光谱红端之外有不可见的辐射，那么在可见光谱的紫端之外也一定可以发现不可见的辐射。1801 年德国物理学家里特发现在日光光谱的紫端外侧一段能够使含有溴化银的照相底片感光，因而发现了紫外线的存在。紫外线可以用来灭菌，过多的紫外线进入体内会导致皮肤癌。

紫外线位于光谱中紫色光之外，为不可见光。它能使许多物质激发荧光，很容易让照相底片感光。当紫外线照射人体时，能促使人体合成维生素 D，以防止患佝偻病，经常让小孩晒晒太阳就是这个道理。紫外线还具有杀菌作用，医院里的病房就利用紫外线消毒。但过强的紫外线会伤害人体，应注意防护。玻璃、大气中的氧气和高空中的臭氧层，对紫外线都有很强的吸收作用，能吸收掉太阳光中的大部分紫外线，因此能保护地球上的生物，使它们免受紫外线伤害。

（2）紫外线的生理效应　当紫外线照射人体或生物体后，会发生生理变化。不同波长的紫外线的生理作用不同。根据紫外线对生物作用，在医疗上把紫外线划分为不同的波段：黑斑紫外线在 320～400nm 波段；红斑紫外线或保健射线在 280～320nm 波段；灭菌紫外线在 200～320nm 波段；致臭氧紫外线在 180～200nm 波段。

紫外线的致黑斑作用：波长在 320～400nm 的紫外线又叫长波紫外线。该波段的紫外线生物作用较弱，但它对人体照射后会使皮肤变黑，皮肤有明显的色素沉着，这就是紫外线的黑斑作用。该波段的紫外线可强烈地刺激皮肤，使皮肤新陈代谢加快、皮肤生长力加强，使皮肤加厚。长波紫外线是治疗皮肤病的重要波段，如牛皮癣、白癜风等疾病。

（3）紫外线的主要危害　紫外线照射时，眼睛受伤的程度和时间成正比，与照射源的距离平方成反比，并和光线的投射角度有关。

紫外线强烈作用于皮肤时，可发生光照性皮炎，皮肤上出现红斑、痒、水疱、水肿、眼痛、流泪等，严重的还可引起皮肤癌。

紫外线作用于中枢神经系统，可出现头痛、头晕、体温升高等。作用于眼部，可引起结膜炎、角膜炎，称为光照性眼炎，还有可能诱发白内障，在焊接过程中产生的紫外线会使焊工患上电光性眼炎（可以治愈）。

虽然紫外线在一年四季都存在，冬季太阳光显得比较温和且北方多雾，但紫外线仅仅比夏天弱约 20%，仍然会对人体皮肤和眼睛等部位造成很大危害，所以冬季仍需避免紫外线照射。长期紫外线照射最易造成皮肤产生各种色斑。所以，即使是在寒冷的冬天，户外活动时也应涂抹隔离霜或防晒霜。当然，SPF 指数在 15 就足够了。如果是外出进行滑雪运动或在雪地里长时间停留时，最好还是戴上护眼镜，以防止紫外线和雪地强白光对眼睛的刺激。

大量化学物质破坏了大气层中的臭氧层，破坏了这道保护人类健康的天然屏障。据国家气象中心提供的报告显示，1979 年以来中国大气臭氧层总量逐年减少，在 20 年间臭氧层减少了 14%。而臭氧层每递减 1%，皮肤癌的发病率就会上升 3%。北京市气象局发布了北京市的紫外线指数，以帮助人们适当预防紫外线辐射。

北京市气象局提醒人们当紫外线为最弱（0～2 级）时对人体无太大影响，外出时戴上太阳帽即可；紫外线达到 3～4 级时，外出时除戴上太阳帽外还需备太阳镜，并在身上涂上防晒霜，以避免皮肤受到太阳辐射的危害；当紫外线强度达到 5～6 级时，外出时必须在阴凉处行走；紫外线达 7～9 级时，在上午 10 时至下午 4 时这段时间最好不要到沙滩场地上晒太阳；当紫外线指数大于等于 10 级时，应尽量避免外出，因为此时的紫外线辐射极具有伤害性。

紫外线具有一定的杀菌作用，但过度照射紫外线对人体是有害的。由于人工化学物质 CFC（氟利昂）等持续破坏着臭氧层，紫外线对人类的威胁日益增加。即使在阴天紫外线的含量也高达晴天时的 90％。为了给孩子们打造更加美好的生活环境，我们强烈建议家里对紫外线进行遮蔽。根据最新知识，我们体内一天所需的维他命 D，使脸部和手暴露在紫外线下 10 分钟就可以满足，所以我们日常出门照射的已经足够了。

紫外线对健康的危害：免疫功能下降；对遗传因子的深度伤害；皮肤癌、白内障发病几率增加；后背和手脚的色斑癌的发病率增加；造成皮肤暗沉、老化、斑点、皱纹；癌前病变状态的日光角化症的增加；长期照射短波紫外线可能会引起牙齿痛；紫外线也会促使家具及陈设加速老化褪色。

1.3.2　红　外　线

（1）红外线的基本介绍　红外线（Infrared ray）是波长介于微波与可见光之间的电磁波，波长在 750nm～1mm，比红光长的非可见光。我们把红光之外的辐射叫做红外线（紫光之外是紫外线），肉眼不可见。

高于绝对零度（-273.15℃）的物质都可以产生红外线，现代物理学称之为热射线。其含热能，太阳的热量主要通过红外线传到地球。医用红外线可分为两类：近红外线与远红外线。

（2）红外线的发展历史　公元 1800 年英国科学家威廉·赫歇尔（Wilhelm Herschel，1738—1822 年）发现太阳光中的红光外侧所围绕着一种用肉眼无法看见的光源，波长介于 5.6～1000μm 的远红外线，经过这种光源照射时，会对有机体产生放射、穿透、吸收、共振的效果。美国太空总部（NASA）研究报告指出，在红外线内，对人体有帮助的是 4～14μm 的远红外线，从内部发热，从体内作用促进微血管的扩张，使血液循环顺畅，达到新陈代谢的目的，进而增加身体的免疫力及治愈率。但是根据黑体辐射理论，一般的材料要产生足够强度的远红外线并不容易，通常必须借助特殊物质作为能量的转换，将它所吸收的热量经由内部分子的振动再将较长波长的远红外线释放出来。

（3）红外线的特点　红外线波长较长，波长按由长到短顺序，包括无线电、微波、红外线、可见光，给人的感觉是热的感觉，产生的效应是热效应，那么红外线在穿透的过程中穿透达到的范围是在一个什么样的层次？如果红外线能穿透到原子、分子内部，那么会引起原子、分子的膨大而导致原子、分子的解体吗？而事实上是红外线频率较低，能量不够，远远达不到原子、分子解体的效果。因此，红外线只能穿透到原子分子的间隙中，而不能穿透到原子、分子的内部，由于红外线只能穿透到原子、分子的间隙，会使原子、分子的振动加快，间距拉大，即增加热运动能量。从宏观上看，当物质在融化、沸腾、气化时，物质的本质（原子、分子本身）并没有发生改变，这就是红外线的热效应。

因此我们可以利用红外线的这种激发机制来烧烤食物，使有机高分子发生变性，但不能利用红外线产生光电效应，更不能使原子核内部发生改变。同样的道理，我们不能用无线电波来烧烤食物，无线电波的波长实在太长无法穿透到有机高分子间隙更不用说使其变性达到食物烤熟的目的。

通过上述我们知道：波长越短，频率越高，能量越大的波穿透达到的范围越大；波长越长，频率越低，能量越小的波穿透达到的范围越小。

（4）红外线的应用　在室外下物体所发出的热辐射波段，穿透云雾能力比可见光强，在通讯、探测、医疗、军事等方面有广泛的用途，俗称红外光。真正的红外线夜视仪是光电倍增管成像，与望远镜原理完全不同，白天不能使用，价格昂贵且需外部电源才能工作。

医用治疗红外线主要为近红外线（NIR，IR-A DIN）、短波红外线（SWIR，IR-B DIN）、中波长红外线（MWIR，IR-C DIN）、长波长红外线（LWIR，IR-C DIN）。近红外线或称短波红外线，波长 $0.76\sim1.5\mu m$，穿入人体组织较深，约 $5\sim10mm$；远红外线或称长波红外线，波长 $1.5\sim400\mu m$，多被表层皮肤吸收，穿透组织深度小于 2mm。

1.3.3　光谱灵敏度

光谱灵敏度（Spectral sensitivity）是作为信号频率或波长的检测函数，光或其他信号的相对效率。

在视觉神经科学中，光谱灵敏度用于描述眼睛视网膜中视锥细胞和视杆细胞中光色素的不同特征。人眼知觉颜色的过程为：对包含不同波长的光经过人眼各部分到达后背的视网膜上，被视网膜上的视锥细胞吸收，形成了三种原始的颜色感知。人眼中三种视锥细胞将照射到其上面的所有波长的光谱统一融合成为三种信号：红色感知（L）、绿色感知（M）和蓝色感知（S）锥细胞来适应明视觉，并且它们对不同波长的光的敏感性不同，人眼的视锥细胞光谱灵敏度曲线如图1-2。

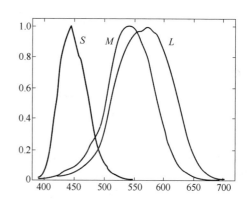

图 1-2　人眼的光谱灵敏度曲线

现已证明，在日光条件下人眼的最大光谱灵敏度是在 555nm 的波长处，而在夜间，峰值移动到 507nm。然而，视网膜的视杆细胞和视锥细胞的反应非常依赖于对光线的非线性响应，这使得从实验数据分析其光谱灵敏度变得复杂。尽管存在这些复杂性，但是光谱灵敏度在描述色觉的许多性质时非常有用。

在摄影中，电影和传感器通常用光谱灵敏度来描述，以补充描述其响应度的特征曲线。创建相机光谱灵敏度数据库并分析其空间。对于 X 射线胶片，光谱灵敏度被选择为适合于响应 X 射线的荧光粉，而不是与人类视觉有关。

光电器件所产生的光电流不仅与被照表面吸收的光通量有关系，而且还与照射光的波长有关。在正常条件下，对于同一波长的光，光电器件所产生的光电流（或电压）与被照表面吸收的光通量成正比；但它对不同波长的光的响应值不同。如果不考虑照射光的波长，则单位辐射通量引起的光电流的大小称为响应率或者积分灵敏度，简称灵敏度。如果仅对单色光而言，其响应灵敏度则被称为光谱灵敏度。

对某一单色光，当被测光电器件表面所吸收的光通量为 $\phi(\lambda)$，该器件由此而产生的光电流为 $i(\lambda)$，$i(\lambda)$ 与照射到该器件表面上的光通量 $\phi(\lambda)$ 成正比，其比例值即为光灵敏度，可以用 $S(\lambda)$ 表示：

$$S(\lambda) = \frac{i(\lambda)}{\phi(\lambda)} \tag{1-1}$$

各种光电器件的光谱灵敏度分布情况与它们采用的材料有关，即各种光电器件的光谱

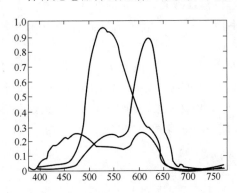

图 1-3　某品牌相机的光谱灵敏度曲线

灵敏度的分布有所不同。通常定义当光谱灵敏度 $S(\lambda)$ 的数值下降至灵敏度最大值 S_m 的 1/10 时所对应的波长，为光电器件的探测极限波长，S_m 所对应的波长值为光电器件的峰值波长。因此，测定出光电器件光谱灵敏度的分布曲线，就可确定其器件探测光波的工作范围，即该器件的探测范围，这在实际应用中具有重要的指导意义。

图 1-3 表示了某相机光谱的响应曲线，可见其与人眼的响应曲线有较大的区别。

1.4　颜色恒常性、色彩对比

1.4.1　颜色恒常性

颜色恒常性是指当照射物体表面的颜色光发生变化时，人们对该物体表面颜色的知觉仍然保持不变的视觉特性。例如，用不太饱和的黄色光照射蓝色色盘，我们看到的不是灰色，而是一种饱和度较小的蓝色。同样，用不太饱和的红色光照射白色的物体表面，我们看到的不是红色，而是在红光照射下的白色。正如室内的家具在不同的灯光照射下，它的颜色保持相对不变一样，这就是颜色的恒常性。

人类都有一种对某一特定物体颜色不因光源或者外界环境变化而改变的心理倾向，这种倾向即为色彩恒常性。某一个特定物体，由于环境（尤其特指光照环境）的变化，该物体表面的反射光谱将会有所不同。人类的视觉识别系统能够识别出这种变化，并能够判断出该变化是由光照环境的变化而产生的。当光照变化在一定范围内变动时，人类识别机制会在这一变化范围内认为该物体表面颜色是恒定不变的。

颜色知觉的恒常性与人的生活经验密切相关。一个由于眼疾从未见过红旗的人，在痊愈后的光亮中初次见到红旗，可能能确定它是红色的。但是如果他在黑暗处初次见到红旗，就不一定能把它确定为红色的。因此，颜色恒常性是指人对物体颜色的知觉，与人的知识经验、心理倾向有关，不是指物体本身颜色的恒定不变。

1.4.2　色彩对比

色彩对比，主要指色彩的冷暖对比。画面从色调上划分，可分为冷调、暖调和中性色

调两大类。红、橙、黄为暖调，青、蓝、紫为冷调，绿、黑白、灰色为中间调，不冷也不暖。色彩对比的规律是：在暖色调的环境中，冷色调的主体醒目，在冷调的环境中，暖调主体最突出。色彩对比除了冷暖对比之外，还有色别对比、明度对比、饱和度对比等。

在摄影中，色彩对比有色相对比、明度对比、纯度对比、补色对比、冷暖对比、面积对比、黑白灰对比、同时对比、空间效果和空间混合等的对比等。

两种以上色彩组合后，由于色相差别而形成的色彩对比效果称为色相对比。它是色彩对比的关键因素，其对比强弱程度取决于色相之间在色相环上的距离（角度），距离（角度）越小对比越弱，反之则对比越强。

色彩对比的基本类型有以下几种：

（1）零度对比

① 无彩色对比。无彩色对比虽然无色相，但它们的组合在实用方面很有价值。如黑与白、黑与灰、中灰与浅灰等。对比效果感觉大方、庄重、高雅而富有现代感，但也易产生过于素净的单调感。

② 无彩色与有彩色对比。如黑与红、灰与紫，白与黄、白与灰和蓝等。对比效果感觉既大方又活泼，无彩色面积大时，偏于高雅、庄重，有彩色面积大时则活泼感加强。

③ 同类色相对比。一种色相的不同明度或不同纯度变化的对比，俗称同类色组合。如蓝与浅蓝（蓝＋白）色对比，粉绿（绿＋白）与墨绿（绿＋黑）色等对比。对比效果统一、文静、雅致、含蓄、稳重，但也易产生单调、呆板的弊病。

④ 无彩色与同类色相。比如白与深蓝和浅蓝、黑与桔和咖啡色等对比，其效果综合了②和③类型的优点。感觉既有一定层次，又显大方、活泼、稳定。

（2）调和对比

① 邻近色相对比。色相环上相邻的二至三色对比，色相距离大约 30°，为弱对比类型。如红橙与黄橙色对比等。效果感觉柔和、和谐、雅致、文静，但也感觉单调、模糊、乏味、无力，必须调节明度差来加强效果。

② 类似色相对比。色相对比距离约 60°，为较弱对比类型，如红与黄橙色对比等。效果较丰富、活泼，但又不失统一、雅致、和谐的感觉。

③ 中度色相对比。色相对比距离约 90°，为中度对比类型，如黄与绿色对比等，效果明快、活泼、饱满、使人兴奋，感觉有兴趣，对比既有相当力度，又不失调和之感。

1.5　色彩缺失

通常，色盲是不能辨别某些颜色或全部颜色，色弱则是指辨别颜色的能力降低。色盲以红绿色盲为多见，红色盲者不能分辨红光，绿色盲者不能感受绿色，这对生活和工作无疑会带来影响。色弱主要是辨色功能低下，比色盲的表现程度轻，也分红色弱、绿色弱等。色弱者虽然能看到正常人所看到的颜色，但辨认颜色的能力迟缓或很差，在光线较暗时，有的几乎和色盲差不多或表现为色觉疲劳。色盲与色弱多因先天性因素所导致。

1.5.1　色盲的发现

18 世纪英国著名的化学家兼物理学家约翰·道尔顿（John Dalton，1766—1844 年），在圣诞节前夕买了一件礼物——一双"棕灰色"的袜子送给妈妈。妈妈看到袜子后，感到袜子的颜色过于鲜艳，就对道尔顿说："你买的这双樱桃红色的袜子，让我怎么穿呢？"道尔顿感到非常奇怪，袜子明明是棕灰色的，为什么妈妈说是樱桃红色的呢？疑惑不解的道尔顿又去问弟弟和周围的人，除了弟弟与自己的看法相同以外，被问的其他人都说袜子是樱桃红色的。道尔顿对这件小事没有轻易地放过，他经过认真的分析比较，发现他和弟弟的色觉与别人不同，原来自己和弟弟都是色盲。道尔顿虽然不是生物学家和医学家，却成了第一个发现色盲症的人，也是第一个被发现的色盲症患者。为此他写了篇论文《论色盲》，成为世界上第一个提出色盲问题的人。后来，人们为了纪念他，又把色盲症称为道尔顿症。

1.5.2　先天性色盲或色弱

人类的视网膜有两种细胞，一种为杆状细胞，负责夜间视力；另一种为锥状细胞，负责白昼视力和色觉。同时，锥状细胞有三种色觉细胞，分别是感红、感绿和感蓝色觉细胞，这些细胞 90％ 以上分布在眼底的"黄斑部"。经由此三种色觉细胞的交互作用，可感受由深靛蓝紫色到鲜红色各种不同的颜色。

当然，颜色的感受及分辨需要由眼睛和大脑复杂的光化学反应才能产生。锥状细胞的色素形成则是由遗传基因来控制，当遗传基因发生异常时，就会丧失或改变某一种或所有的色觉，形成所谓的"部分色盲"或"全色盲"。这种因为先天基因异常引起的色盲称为先天性色盲。

先天性色盲或色弱是遗传性疾病，且与性别有关。临床调查显示，男性色盲占 4.9％，女性色盲仅占 0.18％，男性患者人数大大超过女性，这是因为色盲遗传基因存在于性染色体的 X 染色体上，而且采取伴性隐性遗传方式。通常男性表现为色盲，而女性却为外表正常的色盲基因携带者，因此色盲患者男性多于女性。

1.5.3　后天色盲或色弱

少数色觉异常亦见于后天性者，后天性色盲的发生原因可能与视网膜、视神经病变有关，例如外伤、青光眼。这类眼病引起的色觉障碍程度较轻，且随着原发性眼病的恢复而消失，所以多未引起患者的注意。但是，后天色盲目前尚缺乏特效治疗，可以针对性地戴用红或绿色软接触眼镜来矫正。有人试用针灸或中药治疗，据称有一定效果，但仍处于临床研究阶段。

第 2 章 光与颜色视觉

2.1 可 见 光

光是以电磁波的形式辐射，按照波长或频率进行划分如图 2-1 所示。在整个电磁波谱中，使人产生视觉感受的仅是在非常窄的范围内，其波长范围大约在 380～780nm。这种能刺激人眼引起视觉明亮感觉的电磁辐射波段称为可见光波段或可见光。比可见光波长更短一些且相邻的不可见电磁辐射称为紫外光，比可见光更长一些且相邻的不可见电磁辐射称为红外光。也将这些电磁辐射称为红外辐射和紫外辐射。

牛顿通过色散实验表明白光（如太阳光）由各种类型的彩色光组成。更具体地说，他让太阳光通过棱镜来展示以下事实，如图 2-2 所示。

（1）入射在棱镜上的白色太阳光被分成七种不同的颜色，正如在彩虹中观察到的那样。七种颜色分别是红色、橙色、黄色、绿色、蓝色、靛蓝和紫色。

（2）七种颜色（即颜色不同的

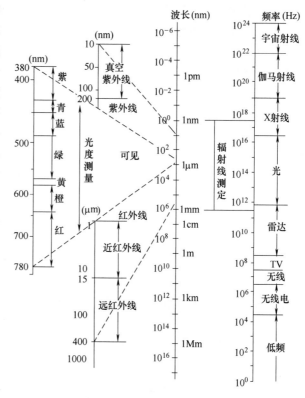

图 2-1 光和波长的电磁辐射

七种光成分）可以重新组合，通过将各颜色聚焦在光屏同一位置上可得到白光。

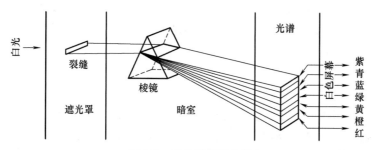

图 2-2 白光的棱镜分散

（3）如果单独一种颜色成分入射到棱镜上，则不能将其进一步分解而得到其他颜色。

可见光中包括许多颜色，但不能全部给出不同的颜色名称。因此，按照颜色对将可见光波长从长到短大体划分为：

红色 780～620nm　　　橙色 620～590nm

黄色 590～560nm　　　黄绿色 560～530nm

绿色 530～500nm　　　青色 500～470nm

蓝色 470～430nm　　　紫色 430～380nm

这种划分只是给出大致的范围，实际上颜色是连续渐变的，不存在严格的界限。当一束白光按其波长顺序进行棱镜色散时形成一条彩带。选择任一具有单一波长或近似单一波长的光再次通过棱镜分散时不会再分解的色光，我们称为单色光。因此，自然光和大多数光源发出的光都是由单色光复合而成的，不同比例的单色光可混合成不同的颜色感觉。例如白光分解得到的单色光，其中一个或多个单色光在强度降低，则获得彩色光不是原始白光。因此，如果用白光照射物体反射的分量取决于物体本身的反射率，最终是由单色光混合得到物体的颜色。例如，红色物体在从紫色到黄色的范围内反射得并不多，而对于红色波长反射得较多，所以在白光照射下，物体呈现红色。一般来说，物体表面的颜色大部分通过对照射光的反射或透射，改变单色光的比例，产生相对应的颜色效果。

2.2　光度学基本概念

2.2.1　光度学定义

在日常生活中，"亮度"一词的使用并未仔细斟酌其真正的含义。例如，我们都认为激光辐射是"明亮的"，但是如果用它来照亮房间，其亮度远远不够。另一方面，一些荧光灯可以为室内照明提供足够的光线，常常是单个灯就可以达到照明的要求，但它们并不被认为与激光一样"明亮"。为了解释这种明显的区别，引入亮度这一概念。正如判断物质单位体积轻重的密度一样，光的亮度是通过立体角或面积归一化的值来判断。测光包括测量光线的"亮度"并将其以各种方式标准化地获得光度量。

光度量包括光量、光通量、发光强度、照度、发光度和亮度。光通量是指按照国际规定的标准人眼视觉特性评价的辐射通量的导出量。通过对光通量随时间的积分获得光量，其他量通过各种几何归一化获得。因此，通过根据标准光谱光视效率函数评估相应的辐射量可以获得任何光度量。如上所述，光谱光视效率函数的适当值取决于辐射的波长和所涉及的视觉类型（明视，暗视或中视）。辐射度量是以诸如焦耳（J）或瓦特（W）为单位测量的物理量，而光度量是用于表示人类视觉系统评估相应辐射测量（物理量）的方式的操作上定义的量，它被称为心理物理量。稍后将描述的颜色的三刺激值也是心理物理量。

2.2.2　光度学单位

1960 年第十一届国际计量大会决定以米（m）、千克（kg）、秒（s）、安培（A）、开尔文（K）和坎德拉（cd）为基本单位的实用计量单位制命名为"国际单位制"，并规定其符号为"SI"。1974 年的第十四届国际计量大会又决定增加将物质的量的单位摩尔

（mol）作为基本单位。国际单位制除了这七个基本单位以外，还有两个辅助单位，即平面角度的弧度（rad）和立体角度的弧度（sr）。

表 2-1 　　　　　　　　　　　　　　辐射量和光度量的定义

辐射量		
名　　称	定　　义	单　　位
辐射能	Q_e	J
辐射通量	$\Phi_e = dQ_e/dt$	W（J/S）
辐射强度	$I_e = dQ_e/dw$	W/sr
辐照	$E_e = dQ_e/ds$	W/m²
辐射出射度	$M_e = dQ_e/ds$	W/m²
辐射	$L_e = dQ_e/(ds \cdot \cos\theta \cdot dw)$	W/（s·m²）
光度量		
名　　称	定　　义	单　　位
光量	Q_v	lm·s
光通量	$\Phi_v = dQ_v/dt$	lm
发光强度	$I_v = dQ_v/dw$	lm/sr（cd）
照度	$E_v = dQ_v/ds$	lm/m²（lx）
光出射度	$M_v = dQ_v/ds$	lm/m²
亮度	$L_v = dQ_v/(ds \cdot \cos\theta \cdot dw)$	lm/（sr·m²）

对于表 2-1 中列出的辐射量，焦耳（J）是辐射能量的单位，瓦特（W）是辐射通量的单位。对于光度量，基本单位是坎德拉（cd）。坎德拉的单位包括用于光通量的流明（lm）和用于照度的勒克斯（lx）。如表 2-1 所示，流明被定义为一烛光（cd，坎德拉 Candela，发光强度单位，相当于一只普通蜡烛的发光强度）在一个立体角（半径为 1m 的单位圆球上，1 平方米的球冠所对应的球锥所代表的角度，其对应中截面的圆心角约 65°）上产生的总发射光通量。勒克斯被定义 1 平方米面积上所得的光通量是 1 流明时，它的照度是 1 勒克斯。

随着时间的推移、坎德拉标准的发展，其他的一些单位的精度也随之提高，比如说米，在较早的时间，根据采用一只脚的长度来作为长度的基本单位。后来需要一个更普遍的单位，于是引入了"米"，最初定义为通过敦刻尔克的象限从赤道到北极的千万分之一。然而，光波长测量精度的发展导致采用氪光谱线波长的定义。现在，1 米被定义为在 1/299792458 秒的时间间隔内光在真空中行进的路径长度。

同样，在早些时候，通过燃烧由鲸油制成的指定蜡烛来作为发光强度的标准，这是单位名称"烛光"或"坎德拉"的来源。还有一段时间，人们用一个更稳定的戊烷灯取代鲸油蜡烛提供标准。1948 年，将坎德拉定义为："在 101.325kPa（1 大气压）下，在铂的凝固点（2042K）的温度下，与黑体 $1/60\text{cm}^2$ 面积的面垂直方向的发光强度。"

如上所述，光度测量单位的标准是从一个具体的概念（如蜡烛）开始的，到现在。根据单色光的辐射量来精确定义。然而，这里应该再次强调光度量是心理物理学的。在 $540 \times 1012\text{Hz}$ 以外的频率下，它们必须为人类视觉系统响应的惯例（V 曲线）与辐射量相关联。

对于工业领域的实际应用，标准发光强度由各国国家计量机构标定的标准光度计光源来提供，因此难以直接实现上述定义。

在光度量中，照度和亮度在工业领域中被广泛使用。用于这些和其他光度量最简单的单位系统是 SI。在这个系统中，照度以 lm/m^2（通常称为勒克斯，缩写为 lx）来测量，亮度以 cd/m^2（有时称为 nits，缩写为 nt）来测量，也可根据需要和应用习惯使用各种其他单位。例如，1 照度下的理想漫射平面的亮度为 1 光照。在相机灵敏度的测量中，传统上使用照度单位为米烛（m/cd），一米烛光作为于一个勒克斯。

2.3　物体的光谱特性

根据物体对照明光的反射、透射量的大小及光束的几何分布的不同，可以将物体分为四类。

① 不透明非金属物体。主要产生漫反射光。

② 金属表面。主要产生镜面反射光。

③ 半透明物体。主要产生漫透射光。

④ 透明物体。主要产生规则透射光。

物体的颜色外貌是通过它们反射或透射的光来反映的，其可包括两部分：一是它的颜色特性；二是反映物体表面光的空间几何分布特性。颜色特性是一个三变量函数，可用三个量来表示，例如明度、色相、饱和度。影响颜色特性的主要因素是物体的光谱特性，这是本节主要介绍的内容。而几何特性不可能用几个量来表示，较为复杂，只能用不同度量方法来测定，例如物体光泽度、不透明度等。

2.3.1　物体与光的相互作用

各种物体在光的照射下呈现出不同的颜色特征，原因在于物体对在其表面的光进行选择性的反射、透射、吸收，改变了入射光的光谱成分，物体表面的反射光是由剩余的单色光混合而成的，形成了特定的颜色刺激，这个过程称为光的选择性吸收。整个过程具体体现在如下四种主要作用：

① 物体表面的镜面反射（specular reflection），也称规则反射（regular-reflection），产生光泽。

② 在物体材料内部的散射（scattering），产生漫反射（diffuse reflection）和漫透射（diffuse transmission）。

③ 物体材料内部的吸收（absorption），产生颜色。

④ 直接透过物体的规则透射（regular transmission），只有在透明物体上才会产生，

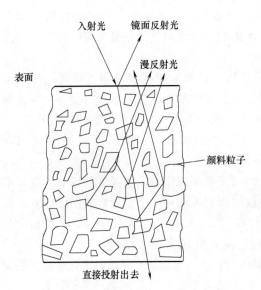

图 2-3　光与物体的相互作用

其受到物体的透明度的影响。

金属材料表面常常具有很高的首层表面反射，渗透到金属内部的光很少，主要呈现出镜面反射特征，也就是说金属光泽度高。金属材料表面具有镜面反射特性，使金属材料最终呈现出颜色。

非金属物体与金属物体相比，存在的反射、透射、折射、吸收、散射等物理现象相对复杂。当光束照射到非金属物体表面时，一小部分光会发生首层表面反射而不再进入到物体内部，这一部分光的多少由物体表面的光滑程度、物体材料的折射率及光的入射角来决定。同时，照射光束的大部分光进入到物体内部，其中一部分光与物体内部颗粒的许多内表面发生多次内反射，形成了多重内反射。剩余的大部分光经过物体的漫反射从物体的首层表面返回到空气中，最终物体呈现出颜色。

每种物质都有自己的选择性吸收特性，因而改变入射光的光谱成分，可以使物体呈现出各种颜色。如果物体是透明的，经过物体内部的规则透射光，因物体选择吸收，光谱组成发生了变化，透过物体的光会产生不同的颜色。如果物体是半透明的非金属材料，会产生镜面反射和漫反射，同时有一部分光透过。透射向各个方向的光，称为漫透射光，漫反射光和漫透射光均有光谱选择性。

还有一种材料称为荧光材料。荧光材料与上述材料不同，除了反射、透射、吸收等物理现象除外，它还能将吸收的一定波长的光转化为其他波长的光发射出去，发射的光是向各个方向的。为了提高纸张的白度，常常添加荧光增白剂，使纸张产生类似闪闪发光的效果，人眼看着纸张更白，达到增白的效果。如荧光增白剂吸收波长在 300～400nm 不可见的紫外光，并将其转换成 400～500nm 蓝光或紫色的可见光，因此可以掩盖纸张本身所存在的发黄现象，同时反射出更多的可见光，从而使制品显得更白、更亮、更鲜艳。荧光材料既吸收又发射，一旦停止入射光，发光现象也随之消失。

在光源与物质相互作用过程中涉及光的反射、光的透射、光的吸收等物理现象，影响颜色的主要因素是这些物理现象对物体本身的光谱特性的作用，下面将详细介绍物体的光谱特性。

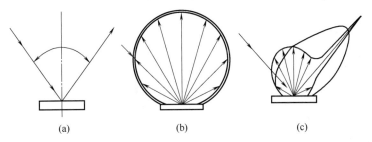

图 2-4　物体表面对光反射三种情况

（a）镜面反射　（b）完全漫反射　（c）镜面反射与漫反射

2.3.2　光 的 反 射

一束光照射到不透明物体表面时，将有一部分光发生反射。图 2-4 表示物体表面对光的反射所存在的三种情况。图 2-4（a）所示的是镜面反射的情况，反射光遵守几何光学反射定律，这部分反射光称镜面反射光，也称规则反射光。图 2-4（b）所示的是完全漫反射体的反射特性，完全漫反射体能全部将入射的辐通量反射出去，而且在各个方向上具有相同的辐亮度。通常把具有各个方向上反射的辐亮度不变的面称作朗伯表面。自然界中大部分物体既不是理想的镜面，也不是完全漫反射体，而是镜面反射与漫反射同时存在，如图 2-4（c）所示的特异形状，它是镜面反射与漫反射的综合结果。

为了表征物体对光的反射情况，可用反射率 ρ 来表示。光的反射率定义为"被物体表面反射的光通量 Φ_ρ 与入射到物体表面的光通量 Φ_i 之比"，用公式表示为：

$$\rho = \frac{\Phi_\rho}{\Phi_i} \qquad (2-1)$$

同理，根据物体对不同波长光的反射特性，以光谱反射率分布曲线来进行描述。光谱反射率 $\rho(\lambda)$ 定义为在波长的光照射下，物体表面的光通量 $\Phi_\rho(\lambda)$ 与入射光通量 $\Phi_i(\lambda)$ 之比，用公式表示为：

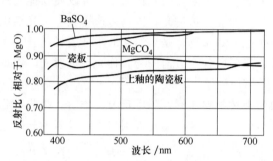

图 2-5　常用作为工作标准白板
材料的光谱反射比曲线

$$\rho(\lambda) = \frac{\Phi_\rho(\lambda)}{\Phi_i(\lambda)} \qquad (2-2)$$

国际照明委员会（CIE）推荐用完全漫反射体作为测量光谱反射率的标准。在实际中并不存在理想的完全漫反射体材料，在应用中我们常采用近似的材料来加以替代，如 $BaSO_4$、$MgCO_4$、瓷板或上釉的陶瓷板，它们都具有较高的光谱反射率，近似满足完全漫反射体的特性，故用于作为颜色标定和测试的标准，如图 2-5 所示。

2.3.3　光的透射

光照射到透明或半透明物体上，部分光通过折射进入物体内部，另一部分透过。如果是均匀透明物体，透射光线仍按照原入射方向行进，这样透过物体的光称为规则透射光，如图 2-6（a）所示；如果光照射到不均匀的半透明物体上，一部分光束在物体内被分散，从各个方向透过物体，称为漫透射光，如图 2-6（b）所示。在测量时用积分球可以收集到全部透过物体的光能，这样测得的透射比称为全透射比。当积分球离开物体一段距离，如图 2-6（c）所示，

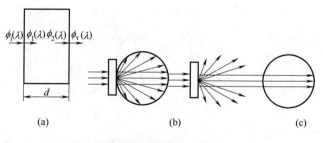

图 2-6　光的吸收和投射

这样测到的透射比称为规则透射比。全透射比减去规则透射比则可得到漫透射比。

为了表征物体对光的透射情况，可采用透射率 τ 来表示。光的透射率定义为"物体表面透射的光通量 Φ_τ 与入射到物体表面的光通量 Φ_i 之比"，用公式表示为：

$$\tau = \frac{\Phi_\tau}{\Phi_i} \qquad (2-3)$$

同理，根据物体对不同波长光的透射特性，以光谱透射率分布曲线来进行描述。光谱透射率 $\tau(\lambda)$ 定义为在波长 λ 的光照射下，物体表面的透射光通量 $\Phi_\tau(\lambda)$ 与入射光通量 $\Phi_i(\lambda)$ 之比，用公式表示为：

$$\tau(\lambda) = \frac{\Phi_\tau(\lambda)}{\Phi_i(\lambda)} \tag{2-4}$$

如图 2-7 所示为理想绿滤色片对白光的透射情况。由图可知，绿滤色片只让绿色光透射过去，而把红色光和蓝色光进行吸收，这个透射物体看起来就是绿色的感觉。

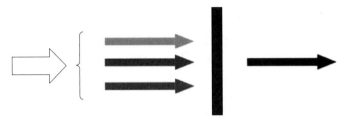

图 2-7 绿滤色片对白光的透射情况

2.3.4 光的吸收

物体对光的吸收有两种形式。一种是非选择性吸收，物体对入射的光等比例吸收，例如白光照射到灰色物体上，一部分白光被等比例吸收，使白光的能量减弱而变暗。另一种是非选择性吸收，白光照射到物体上，物体吸收了某些波长的色光，而对其他波长的色光没有吸收，最终物体呈现出颜色的现象。例如白光照射到红色物体上，红光被物体反射，其他色光则被物体吸收，最终物体呈现出红色。

物体表面之所以能够吸收一定波长的光，是由其自身的分子和原子结构特性所决定的。由于不同物体本身的分子和原子结构不同，其具有的本征频率也不相同。可见光的本征频率为 $4.3 \times 10^{14} \sim 7.2 \times 10^{14} \, \text{Hz}$，当单色光与物体的本征频率相匹配时，物体就会吸收这一波长的光辐射能，使电子的能级发生跃迁到高能量级轨道上，形成了光的吸收过程。

通过图 2-8 所示透射物体的颜色可通过它的吸收特性来表现出来，这时光的能量发生减弱，能量降低；同时，我们也可以看出物体对光线的选择性吸收。

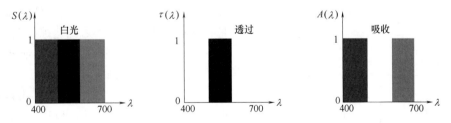

图 2-8 透射物体对白光吸收的示意图

在光的照射下，光粒子与物体结构相互作用，吸收了部分可见光的能量，致使光强变弱，使得物质呈现出自身的颜色。物体对光吸收作用的大小受其本身厚度和浓度的影响，直接决定着其颜色的明暗和深浅，具体由朗伯-比尔定律来表示。朗伯-比尔定律指出，一束单色光照射于物体表面，光的吸收量与吸光物质的厚度及其浓度成正比，是光吸收的基本定律，用公式表示为：

$$D_\tau = \lg \frac{\Phi_i(\lambda)}{\Phi_\tau(\lambda)} = \alpha_\lambda \cdot l \cdot c \tag{2-5}$$

式中，α_λ 是吸收物体的消光系数或吸光系数，它与照射光的波长、物体结构有关的常数；l 是物体（如印刷墨层、胶片）的厚度，c 是物质的浓度（单位体积内含色料的数量），D_τ 是物体的吸光度或光密度。物体的厚度越厚、浓度越大，对光的吸收越多，物体的透射率越低，则光密度越大，物体看起来越暗。光密度是印刷行业中用来计算照相软片的透光率和墨层厚度的一个常用物理量。如墨层厚度与油墨光密度在一定范围内是成正比的，通过密度计测量油墨的密度值，推算出墨层厚度，从而得知印刷品颜色的再现情况。

2.4 颜色的感知

2.4.1 人眼的机制

视觉系统与照相系统非常相似，它们都对光线，特别是对图像作出响应。人的眼球是直径约 24mm 的球体，其机理类似于照相机和照相胶片。图 2-9 示意性地展示出了眼睛和相机相对应的部分：相机—眼睛；黑盒—巩膜和脉络膜；透镜—角膜和晶状体；快门—眼皮；光圈—虹膜；胶片—视网膜。

入射到眼睛上的光在视网膜中引起光化学反应，这对应着照相胶片感光。该化学反应产生的神经冲动传递到大脑，在大脑中形成视觉感受。视网膜是厚度约 3mm 的透明膜，其覆盖了眼球内表面的三分之二，是由多种类型的细胞构成的复杂结构。入射光线通过角膜、瞳孔、晶状体和玻璃体进入视网膜，并到达光敏神经上皮层。位于神经上皮层前面的视神经层执行各种类型的信号处理。这里要强调的是，入射光是在穿过透明视神经层后到达神经上皮层的。

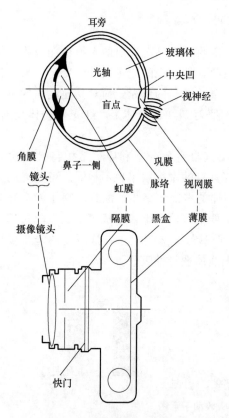

图 2-9 眼睛和相机的结构

具有感光性能的视细胞相当于照相胶片上具有感光性能的卤化银（例如 AgCl，AgBr 或 AgI）晶粒，视细胞感光神经上皮层由锥体细胞和杆体细胞两种类型的细胞组成，包括了在相对黑暗的环境中感知亮度或黑暗的杆体细胞，以及在相对较亮的环境中感知颜色的锥体细胞，"杆"和"锥"的名字来源于细胞的形状。锥体细胞具有三种类型，分别是对长波长、中波长和短波长的光响应，约以 32：16：1 的比例存在。因此，眼睛可以被认为是由高速黑白胶片（杆体）和中速彩色胶片（锥体）构成的。

在人类视网膜上有大约 1 亿个杆体细胞和约 700 万个锥体细胞。每个神经上皮细胞的末端被称为外部节点，其直径在 $1\sim2\mu m$，且含有感光的光敏颜料。一般摄影卤化银颗粒的直径在 $0.05\sim3\mu m$，且含有感光性能的卤化银，所以其与外部节点的功能大致相同。人眼在视网膜中心每平方毫米约有 6 万个元素，电子照相机约有 2 万个，彩色照片约为 3 万个。

图 2-10 显示了视网膜神经上皮细胞的分布。锥体细胞集中在中央凹附近。中央凹是视网膜的一个狭窄部分，直径约 1.5mm，其中大约 $100000\sim150000$ 个锥体集中。因此在这个狭窄的部分达到了最大分辨率。与锥体细胞相比，在中央凹附近很少发现杆体细胞，杆体细胞较多的分布在视网膜的边缘区域。因为在黑暗环境中是杆体细胞而不是锥体细胞起作用，所以夜间天空中处于视角边缘的星星更容易被看到。

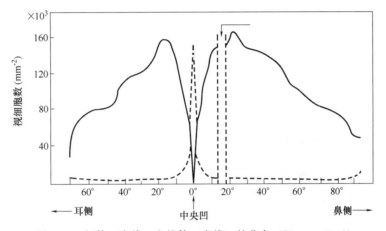

图 2-10　杆体（实线）和锥体（虚线）的分布（Pirenne 1948）

由神经上皮细胞中的光敏色素对光信号进行处理，然后将处理的信号通过大约一百万个视神经传递到大脑。因为在视神经穿过的视网膜部分不存在视觉细胞，所以这部分不能感觉到光，被称为盲点。盲点位于从视线（光轴）偏离 15°角处大约 5°的范围内。这通过使用图 2-11 的视觉实验很容易地证

图 2-11　盲点检测

实。如果观察者在闭上左眼时，将右眼固定在十字架上并将眼睛和十字架之间的距离调整到约 20 厘米，则实心圆圈从视线中消失，这是因为实心圆在盲点上成像。

2.4.2　人眼的适应性

在日常生活中使用的自然光源和人造光源的亮度（更正确地说是照度）范围很广，如图 2-12 所示。在照度约为 100000lux 的直射阳光下，或者在夜间照度约为 0.0003lux 的月光下，人的眼睛可以看到一个物体。为了使眼睛适应如此广泛的照度，瞳孔通过改变其尺寸来调节到达视网膜的光量。因此，瞳孔的功能就像照相机的光圈。由于瞳孔的直径在 2 $\sim$7mm 变化，所以用这种方式调节的光量范围仅为 12 倍。

因此，瞳孔直径的变化不足以完全控制光量。通过改变视网膜的响应度，即杆体细胞

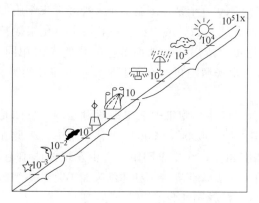

图 2-12　亮度近似值（照度）

(Shoumei Gakkai 1967)

和锥体细胞分工协作。在相对较亮的环境中，锥体单独起作用以产生明视觉。在相对较暗的环境中，杆体细胞单独起作用以实现暗视觉。在明视觉和暗视觉之间具有中等亮度的环境中，杆体细胞和锥体细胞共同起作用以提供中间视觉。明视觉通过其运作的亮度范围与暗视觉区分开来。对于约 $3cd/m^2$ 或更高的亮度发生明视觉，对于约 $0.003cd/m^2$ 或更低的亮度发生暗视觉。这些数字在某种程度上取决于其他条件，如产生刺激的颜色。

当一个人从黑暗的环境进入明亮的环境时，他的视觉就会从暗视觉变为明视觉。这一改变大约在 1min 内完成，眼睛很容易适应明亮的环境。相反，当一个人从明亮的环境进入黑暗的环境时，视觉从明视觉转变为暗视觉的速度要慢得多，完全完成适应需要大约 30min，如图 2-13 所示。

在明视觉中，杆体细胞中的光化学反应饱和，此时它们对光呈惰性，只有锥体细胞单独保持活性。锥体细胞中的光化学反应最大可达到上限，约 $10^6 cd/m^2$。如果超过这个限度，会产生一种不舒服的感觉，甚至可能会损伤眼睛。如图 2-13 所示，从明适应转换为暗适应时，人眼睛里明度从曲线 A 变为曲线 B。

图 2-13 的纵坐标是以毫安（毫升）为单位的亮度。这些可以通过使用 1mL =

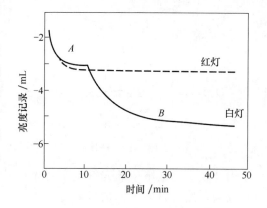

图 2-13　暗适应的进展 (Chapanis 1947)

$3.183cd/m^2$ 的转换因子转换为 cd/m^2。在暗适应的初始阶段（大约 10min），锥体细胞起到曲线 A 的作用，但在后期阶段，具有较高响应率的杆体细胞响应以产生曲线 B。然而，在红光下，曲线 B 的部分在杆体细胞功能没有出现，这是因为杆体细胞不响应长（红）波长。

在暗视觉中，杆体细胞非常活跃，对光具有相对较高的响应。然而，随着亮度的降低，杆体细胞最终变得不灵敏（取决于实验条件），杆体细胞失去灵敏度的亮度界限约为 $10^6 cd/m^2$。考虑到人眼内部光的吸收和散射以及视网膜的吸收效率，该限制对应于入射在杆体细胞上的 5～14 个光子。另一方面，锥体细胞在响应之前需要 100～1000 个光子。对比而言，需要四个或更多个光子在高速摄影胶片的细卤化银颗粒中引发反应。可以看出，杆体细胞具有与照相胶片相似的特性。

2.4.3　光谱光视效率

光谱光视效率函数是指在明视觉条件下，人眼对 380～780nm 可见光谱范围的不同波长辐射的，产生感觉的效率，即各种色光具有不同的感受性。对于等能量的各色光，人眼觉得黄绿色最亮，其次是紫、蓝、最暗是红色。

人眼对不同色光感觉性不一样，可用光谱光视效率函数来表征，并用光谱光视效率曲线来表示。所谓光谱光视效率函数就是达到同样亮度时，不同波长所需能量的倒数，即：

$$V(\lambda) = 1/E_\lambda \tag{2-6}$$

式中：$V(\lambda)$ 为光谱光视效率函数值，E_λ 为单色光能量。由于视网膜含两种不同的感光细胞，在不同照明水平下，$V(\lambda)$ 函数会发生变化。当亮度大于 $3\mathrm{cd/m^2}$ 时，为明视觉，锥体细胞起主要作用，$V(\lambda)$ 的峰值产生在 $550\sim560\mathrm{nm}$ 的位置；光亮度小于 $0.03\mathrm{cd/m^2}$ 时，为暗视觉，杆体细胞起主要作用，$V(\lambda)$ 的峰值向短波方向移动，相当 $500\sim510\mathrm{nm}$ 的蓝绿色部位。当亮度在 $0.03\sim3\mathrm{cd/m^2}$ 时，锥体细胞和杆体细胞共同起作用，称为中间视觉。中间视觉的视觉函数并不能由明视觉函数和暗视觉函数的线性组合来模拟。因为在中间视觉范围内的杆体细胞和锥体细胞存在着相互作用。

人眼的视觉神经对各种不同波长光的光谱灵敏度是不一样的。对绿光最敏感，对红、蓝光灵敏度较低。另外，由于受生理和心理作用，不同的人对各种波长光的感光灵敏度也有差异。国际照明委员会（CIE）根据大量地观察结果，确定了人眼对各种波长光的平均相对灵敏度，称为标准光度观察者的"光谱光视效率"，或称为"视见函数"。

一个由辐射能量输入光电探测器产生的输出称为它的响应，该术语可以应用到人眼以及物理探测器，对于眼睛，输出是一个亮度响应。在过去，使用的术语是灵敏度，但响应更能表现其含义。当响应表示为波长的函数，称为光谱响应曲线。对于人眼来说，辐射能量的等效量变得不太明显，且两侧的波长都有最大或者最小值。在可见光区域外，辐射变得看不见了。因此，眼睛的光谱响应是波长的函数，逐渐减小到相当于零的紫外线和红外线区域。

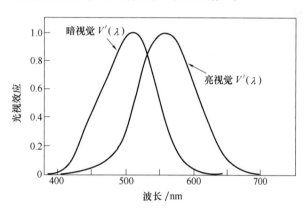

图 2-14　光谱光视函数

一般来说，光谱响应函数指光阴极量子效率与入射波长之间的关系，是通过引入已知的辐射能确定每个波长的单色光，然后测量光电响应的形式，而眼睛的反应，不是物理测量，而是亮度的感觉。更具体地说，在匹配方法中，使用具有一定波长的参考光，以便任意波长的测试光的亮度可以与参考光相匹配。设匹配好的待测光的辐射能为 Φ_v，则：

$$\Phi_\mathrm{v} = K\Phi_\mathrm{e} \tag{2-7}$$

$$K(\lambda) = K_\mathrm{m}V(\lambda) \tag{2-8}$$

$$K'(\lambda) = K'_\mathrm{m}V'(\lambda) \tag{2-9}$$

其中，K 是一个衡量单位辐射能的亮度。因此，K 是眼睛的响应。在这个阶段，没有被定义的亮度和辐射能的数量和单位，因此 K 的单位是任意的。$V(\lambda)$ 和 $V'(\lambda)$ 分别是在明视觉和暗视觉的光谱光效率。因为 $K(\lambda) \leqslant K_\mathrm{m}$ 和 $K'(\lambda) \leqslant K'_\mathrm{m}$，$V(\lambda)$ 和 $V'(\lambda)$ 的最大值是 1.0。一旦亮度的光谱响应是已知的，不同颜色灯的亮度可以定量处理。然而，在全球范围内比较亮度，每个人都必须使用相同的光谱响应函数，国际照明委员会（CIE）已建立了两个普遍的光谱响应曲线。

2.5　颜色视觉理论

众所周知，在人类视觉系统中存在着两种感光细胞：锥体细胞和杆体细胞，前者形成明视觉，后者形成暗视觉。锥体细胞必须在照度足够高的前提下，才能分辨出颜色。但是，人的视觉系统究竟是如何感知颜色，颜色产生的机理到底是什么等问题亟须解决，这样才能实现对颜色的模拟，最终完成颜色从定性到定量描述，满足实际的印刷需求。为此，大量的科学家一直以来对此进行不懈的研究，逐渐形成了两大学说：一个是 Yong 在 1807 年提出的三色学说，认为在视网膜上存在三个独立的颜色处理通道，且三个通道含有不同类型的视色素起决定性作用。三色学说能说明红、绿、蓝三原色能混合成各种颜色，它还说明颜色不仅仅只能单色光来实现，还可以通过三原色按照比例混合得到。后来到 1862 年 Helmholtz 通过实验论证进一步支持了该学说的发展。另一种学说是 Hering 根据色盲现象在 1872 年提出的四色学说，又称为"对立学说"，他认为根据色盲现象在视网膜上存在着三组对立色，对立色之间不能相互混合，并通过心理物理学实验得到了验证。但这两种学说都有一些视觉现象无法解释，如三色学说无法解决色盲现象，四色学说无法解决三原色混合得到光谱色的现象。因此，三色学说和四色学说并不是最完善的颜色视觉理论。直到现代颜色视觉理论的出现，将这两个学说加以统一，清晰地解释各种视觉现象，形成了阶段学说。

2.5.1　三　色　学　说

1807 年 Yong 提出了长波（红原色）、中波（绿原色）、短波（蓝原色）三种波段以不同比例混合产生各种颜色的假设。他假设人眼视网膜上有三种神经纤维：亲红纤维、亲绿纤维和亲蓝纤维，且分别对长波、中波和短波敏感。当外界光线进入到人眼之后，这三种纤维分别按照其自身敏感性进行光线吸收，三种纤维依据吸收量的多少来产生不同程度的光化学反应，从而引起神经兴奋，兴奋信号经视神经传递到大脑，大脑按照信号的大小和比例关系，将这些信号综合分析后产生颜色感觉。例如，亲红纤维神经兴奋会产生红色感觉，亲绿纤维神经兴奋会产生绿色感觉，亲蓝纤维神经兴奋会产生蓝色感觉；当亲红纤维和亲绿纤维神经兴奋的比例不断变化，而亲蓝纤维没有兴奋时，将会产生橙色或黄绿色的颜色感觉；当三种纤维同时等比例神经兴奋，且兴奋程度越大，就会更加明亮的白色感觉。

在此基础上，Helmholtz 结合心理物理学实验结果提出了一个颜色视觉的生理学理论，他描述出来三种神经纤维的兴奋曲线，如图 2-15 所示。通过图中可知，三种神经纤维的兴奋曲线对光谱中的每一个波长都有不同的数值，反映了其在各个波长上的吸收情况。三种神经纤维不同程度的兴奋就会产生不同的颜色感觉，总亮度是每个纤维感受亮度的叠加和。

随着生理学的发展，人们发现在视网膜上确实存在三种不同类型的锥体细胞，分别为感红锥体细胞、感绿锥体细胞和感蓝锥体细胞，其功能与 Yong-Helmholtz 提出的神经纤

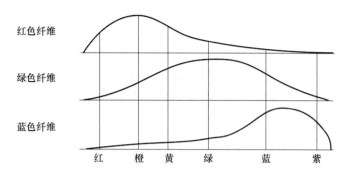

图 2-15　Helmholtz 描述的神经纤维兴奋曲线

维功能相一致。通过测量得到了视网膜各种锥体细胞的光谱吸收曲线，如图 2-16 所示。从图上我们可以看出，感红锥体细胞的光谱吸收峰值为 560～570nm 处，感绿锥体细胞的光谱吸收峰值为 530～540nm 处，而感蓝锥体细胞的光谱吸收峰值为 440～450nm 处。

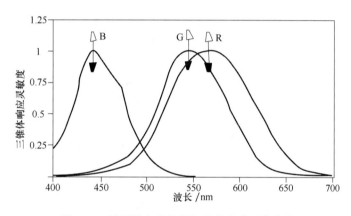

图 2-16　视网膜各种锥体细胞的光谱吸收曲线

　　三色学说可以很好地解释各种颜色混合现象，即红、绿、蓝三种原色以不同比例混合可以产生各种颜色。太阳光（白光）包括光谱中各种波长的单色光，当用白光刺激人眼时同时引起三种锥体细胞的等比例兴奋，等同于采用红、绿、蓝三原色等比例混合得到白光，最终在视觉上产生白色感觉。同理，当用黄色光刺激人眼时同时引起感红、感绿两种锥体细胞等比例兴奋，而感蓝锥体细胞几乎不兴奋，等同于采用红、绿两原色等比例混合得到黄光，最终在视觉上产生黄色感觉。其他颜色也是如此过程。三色学说是现代颜色科学的基础，直接决定着颜色定量描述与测量，为彩色印刷、呈色设备、照相摄影等领域提供了理论支撑。

　　但是，三色学说也存在一定理论缺陷。最主要的是它不能对色盲现象进行理论上的解释。因为色盲通常是红-绿色盲、黄-蓝色盲或者全色盲三种组成，不存在单独的红色盲、绿色盲、或蓝色盲；同时，如果缺少感红和感绿锥体细胞就应该不再会产生黄色神经兴奋，而事实上，红-绿色盲确实可以具有黄色感觉，这都与三色学说中的颜色混合规律相矛盾。而对于全色盲来说，应该缺少三种锥体细胞，不能感受到明亮感觉；而事实上，全色盲仍然能够感受到明亮感觉。三色学说同时还不能很好地解释颜色对比和颜色适应等现象，导致三色学说仍然不是一个完善的理论。

2.5.2　四色学说

四色学说是 1864 年 Hering 根据心理物理学实验结果提出的颜色对立机制假说，又被称为对立学说。心理物理学实验结果显示有些颜色看起来就是独立的纯色，无法通过其他颜色混合得到，而对于其他颜色则可以由这些纯色混合得到。正如，我们会把红、绿、黄、蓝看成纯色，而橙色和紫色则分别可以由红和黄、红和蓝纯色混合得到。同时，我们从来没有看到过偏绿的红、偏蓝的黄，红色和绿色以及黄色和蓝色都混合不出其他颜色，只能呈现出灰色或白色。结合色盲现象，Hering 提出了人眼视网膜上存在三对视素：红-绿视素、黄-蓝视素和白-黑视素，每对视素的代谢作用包括合成（同化）和分解（异化）两个对立过程。对于红-绿视素来说，红光作用时红-绿视素分解引起红色感觉；而绿光作用时红-绿视素合成引起绿色感觉。对于黄-蓝视素来说，黄光作用时黄-蓝视素分解引起黄色感觉；而蓝光作用时黄-蓝视素合成引起蓝色感觉。对于白-黑视素来说，有光作用时白-黑视素分解引起白色感觉；而无光作用时白-黑视素合成引起黑色感觉。另外，由于每一种颜色都具有一定的明度，所以在引起其本身视素的神经兴奋时，还会引起白-黑视素的兴奋。三对视素的代谢作用如图 2-17 所示。图中横坐标以上代表着合成作用，以下代表着分解作用。曲线 R-G 是红-绿视素的感光作用，曲线 Y-B 是黄-蓝视素的感光作用，合成与分解是相互独立的，非此即彼，不会同时存在。曲线 W-K 是白-黑视素的感光作用，其代谢过程都在横坐标以上，白黑感觉可同时存在，形成不同明度的灰度，其形状与人眼光谱光视效率函数形状相类似，在黄绿色光谱色部分敏感度最高。同时，还可以看出任何一个光谱色都可以引起白-黑视素的兴奋，产生白色感觉。

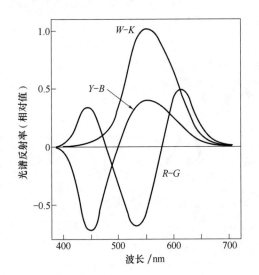

图 2-17　Hering 四色学说的视素代谢作用

Hering 的四色学说很清晰地解决了色盲现象：色盲现象是人眼缺少一种对立视素（红-绿视素或黄-蓝视素）或者两种对立视素，而引起人眼对颜色感受的缺失。这种解释与色盲常出现的事实相一致，如红-绿色盲、黄-蓝色盲、全色盲。尽管全色盲缺少两种对立视素，没有色彩感觉，但是其仍然有白-黑视素，能够感受到明、暗感觉。

Hering 的四色学说也很好地解释颜色对比、色适应和负后像等视觉现象。但是，Hering 的四色学说最大缺陷是不能解释为什么红、绿、蓝三原色能混合得到一切的光谱色这一现象，而这一现象恰恰在我们现实生活中应用非常广泛，导致四色学说仍然不是一个完善的学说。

2.5.3　现代颜色视觉理论

三色学说和四色学说都能够很好地解决部分视觉现象，而这些视觉现象恰恰是另一个学说所无法解决的。因此，如果我们对立这两个学说，肯定一个学说而去否定另外一种学说，则无法满足事物发展的规律。如果能够把这两个学说的优势集合在一起，才能更好地为人眼视觉机制的研究提供基础。随着现代生理学技术的发展，三色学说和四色学说并不是不可调和的，且可以统一到一起，相互补充让人们对颜色视觉的理论有了较为全面的认识，从而形成了阶段学说。

阶段学说认为，在视网膜上存在三种不同的锥体细胞，分别为对长波段敏感的感红锥体细胞、对中间波段敏感的感绿锥体细胞和对短波段敏感的感蓝锥体细胞，根据照射光的波段产生不同的颜色感受，完全符合三色学说的假设；同时，视神经传输过程中，由锥体细胞产生的神经兴奋在视神经中又重新进行组合，形成了红-绿、黄-蓝和白-黑三对神经反应，产生相对应地颜色感觉，完全符合四色学说的假设。

如图 2-18 所示，颜色视觉的过程分为三个阶段：第一阶段是视网膜阶段，视网膜上的三种相互独立的锥体细胞有选择性地吸收不同波长的辐射，同时每一种锥体细胞又可以单独产生白和黑的反应。在强光的作用下产生白色的反应，无外界刺激时产生黑色反应。第二阶段是视神经传输阶段，把从第一阶段三种锥体细胞产生的神经刺激进行重新编码，形成了三种颜色编码信号：红-绿信号、黄-蓝信号、白-黑信号。红-绿信号来自

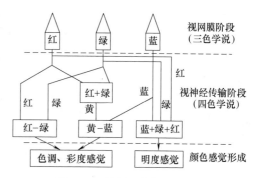

图 2-18　颜色视觉模型示意图

红、绿两种锥体细胞的输入，然后按照它们的相对强弱产生信号；黄-蓝信号与红-绿信号产生的原理相一致，只不过黄信号由红和绿锥体细胞输入叠加得到。同时，三种锥体细胞输入都可以产生光的亮度（白-黑信号）信息。第三阶段是视觉中枢阶段，大脑皮层的视觉中枢接受第二阶段输送的颜色信息，最终产生各种颜色感觉。可见，三色学说和对立学说终于在颜色视觉的阶段学说中得到了统一。

2.6　颜色的分类与视觉属性

2.6.1　颜色的分类

按照物体对光的吸收特征，可以分为选择性吸收的彩色和非选择性吸收的非彩色，也就是我们平时所说的彩色系和非彩色系。

（1）非彩色系　非彩色是指白色、黑色和由白色黑色调和形成的各种深浅不同的灰色。无彩色按照一定的变化规律，可以排成一个系列，由白色渐变到浅灰、中灰、深灰到黑色，色度学上称此为黑白系列。黑白系列中由白到黑的变化，可以用一条垂直轴表示，一端为白，一端为黑，中间有各种过渡的灰色。纯白是理想的完全反射的物体，纯黑是理想的完全吸收的物体。可是在现实生活中并不存在纯白与纯黑的物体，颜料中采用的锌白和铅白只能接近纯白，煤黑只能接近纯黑。无彩色系的颜色只有一种基本性质——明度。它们不具备色相和纯度的性质，也就是说它们的色相与纯度在理论上都等于零。色彩的明

度可用黑白度来表示，越接近白色，明度越高；越接近黑色，明度越低。黑与白作为颜料，可以调节物体色的反射率，使物体色提高明度或降低明度。

（2）彩色系 彩色是指红、橙、黄、绿、青、蓝、紫等颜色，不同明度和纯度的红橙黄绿青蓝紫色调都属于彩色系。彩色是由光的波长和振幅决定的，波长决定色相，振幅决定色调。

彩色就是非彩色颜色之外的其他所有颜色，彩色具有不同的色彩感受，不仅丰富了视觉感受，还可以表达比非彩色更多的信息。因此，彩色除了明度感受的变化之外，还有颜色种类上的变化，包括色相上的感觉和彩度上的感觉。因此，彩色需要三个属性来进行描述，分别为明度、色相和彩度。

2.6.2 颜色的视觉属性

在观察颜色时，我们会对颜色产生明度、色相和彩度三个方面的视觉感觉，基于颜色的这三个属性，就可以容易地判断出颜色的特征和颜色间的差异，因此设计人员可凭借着这三属性对颜色进行挑选和设计。在这三个颜色感觉属性中，明度是颜色的非彩色属性，而色相和彩度是颜色的彩色属性。

（1）明度 明度与亮度不等价。亮度可以使用光度计直接测量得到，是一个与人眼视觉无关的客观量；而明度是人眼对颜色明亮程度的感觉，是一个从感觉上说明颜色性质的主观量。

非彩色系列是由白色、黑色和其相互混合得到的灰色，按照明度值的大小用数轴可表示这种颜色变化，如图 2-19 所示。数轴的最上端是纯白色，随着明度值的减少，依次为浅灰、中灰、深灰，数轴的最下端是纯黑色。在实际应用中，当物体表面的光谱反射率在90%以上时，物体看起来都是近似为白色了，明度值很高；当其光谱反射率在 4% 以下时，物体看起来都是近似呈现为黑色，只有很低的明度感觉。不管明度值为多少的非彩色对光都是非选择性吸收，我们又称它们为中性色。

彩色颜色也具有一定的明亮感觉。相同能量的白光进行照射，彩色物体表面对光的反射率越高，则反射的能量也就越多，人眼的明亮感觉也就越大。如图 2-20 所示，物体 A

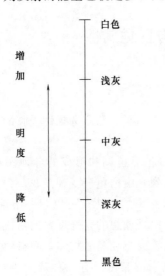

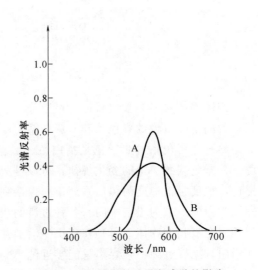

图 2-19 用数轴描述颜色明度变化　　　　图 2-20 光谱分布对明度感觉的影响

要比物体 B 看起来更亮一些。由于光谱反射率曲线代表着辐射能量随波长变化的情况，所以当相同能量的光照射时，光谱反射率曲线与波长轴包围的面积越大，则反射的能量也就越大，物体表面对人眼的明亮感觉也就越大。

色彩的明度变化往往会影响到纯度，如红色加入黑色后明度降低，同时彩度也降低；如果红色加白则明度提高了，彩度却降低了。彩色的色相、彩度和明度三特征是不可分割的，应用时必须同时考虑这三个因素。

（2）色相　色相又称为色调，是颜色的基本相貌，是各种彩色彼此相互区分和颜色命名的基本依据。在日常生活中，具有正常视觉的人眼能够容易地分辨出红色与蓝色之间的差别。色相的感觉取决于光源的光谱成分和物体表面的选择性吸收后反射到人眼形成的视觉感受。从人的颜色视觉的生理特性来理解色相，主要是人眼的三种锥体细胞受到不同波长的单色光刺激共同引起不同的颜色感觉，形成不同的颜色心理反应。不同波长的单色光呈现出不同的颜色，如红、橙、黄、绿、青、蓝、紫等，产生不同的色相感觉。对于复色光来说，由单色光共同作用于人眼产生颜色感觉，色相决定于复色光中各波长色光所占的比例，比例越大，颜色就偏向于那个波长。如图 2-21 所示，曲线 A 与曲线 B 的波峰对应的波长不同，即主波长不同，其主要的光刺激分别分布在短波段和长波

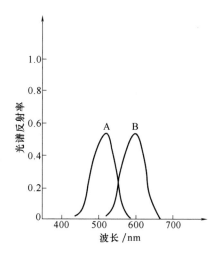

图 2-21　光谱分布对色调感觉的影响

段，因此它们的色相分别是蓝绿色和橙色。由图还可以看出，物体 A 和物体 B 的光谱反射率曲线形状和大小相似，其对应的明度相同，但是其主波长不同，色相也不相同。

（3）彩度　彩度是描述颜色感觉中包含彩色成分多少的属性，也是颜色的纯洁性和鲜艳程度感觉的属性。可见光波段中的单色光是最饱和的彩度，当单色光中加入白光时，就变的不饱和了；当掺入的白光比例越高，则颜色的彩度也就越低。若比例达到一定的程度，人眼就完全感受不到原来的颜色，而呈现出白色。

物体色的彩度不是取决于物体对整体可见光波段的反射能力，而是对光谱某一较窄波段的反射能力；在该较窄波段，光谱反射率高，而在其他波段反射率很低或没有反射，则表明物体表面颜色具体很高的彩度。如图 2-22 所示，物体 A 的彩度要明显大于物体 B，原因就是 A 曲线所包含的波长范围窄。但二者的主要波长分布都在570nm 附近，因而色调基本一样，并且两条曲线下包围的面积差不多，表明两个颜色刺激所对应的明度大小接近，因而产生的明度感觉也接近。

物体的彩度还受物体表面的平滑程度影响。在光滑的物体表面上，光的反射呈镜面发射，在

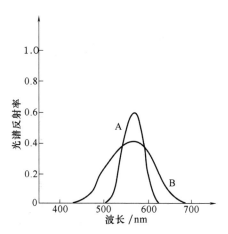

图 2-22　光谱分布对彩度感觉的影响

观察物体颜色时，我们可以避开白光反射的方向，观察颜色的彩度；而粗糙的物体表面反射是漫反射，无论从什么方向都无法回避白光的影响，因此我们观察光滑物体表面的颜色时要比粗糙表面的颜色鲜艳。例如，在印刷品上上光覆膜，目的就是增加印刷品表面的光滑度，使颜色看起来更加鲜艳。

2.7 颜色视觉现象

2.7.1 颜色对比

所谓颜色对比，是指两种颜色在空间或时间的分布中由于它们相互作用的结果而使得彼此差别更明显或者说更加强调了彼此的不同特征的一种色觉现象。颜色对比分为两类，一类是同时对比（Simultaneous Contrast），一类是继时对比或称相继对比（Successive Contrast）。前者出现在当两个色块在空间中并置排列时，后者出现在两种色在时间上先后刺激人眼时。

同时对比的规律是：当两个不同的色块并置在一起时，每种色都会在自己的周围诱导出自己的补色。当两个互补色块并放在一起时，各种色在对方区域诱导并叠加上自己的补色，因此会使两个互补色都增大彩度，使本来互相对立的两种色看起来差别更加明显。同时对比说明颜色的三种属性都会受到它所处的色彩环境的影响，它也会对周围的颜色产生影响。两色的对比是颜色三属性的对比，其中明度对比与色相对比最常用。研究同时对比的各种情况，我们可以得出如下一些结论：

① 当一种色把另一种色包围起来并相邻接时，对比的效果会更加明显。

② 相互并置的两色放在同一个平面内时，比不在一个平面内时对比效果明显。

③ 被影响的色块面积越小，施加影响的色块面积越大，其对比效果越大。

④ 两色的明度和色品差别越大，对比效果越明显。

⑤ 每一色都将在对方色块上诱导出并迭加上自己的补色，但并不严格。

⑥ 在两种色的明度相同时，它们的色相对比更容易显现。

⑦ 施加影响的色块的彩度高时，两色对比性加强。

⑧ 两色并置的间隔越宽，对比性越弱。

⑨ 用薄透明纸或薄纱将并置两色覆盖起来，则它们的对比效果显著增大。覆盖后两个表面色就失去了光泽和硬度感，更加强调了色的质感，因而对比效果更容易显现。

先让观察者注视一种色（眼睛对这种色曝光适应）一分钟后再转而注视另一种色，则在后见色上会迭加上初见色的补色，这种现象叫做继时对比或连续对比，又称为先后对比。例如先注视黄纸一段时间，再转而看白纸或灰纸，就会发现白纸或灰纸上带有淡蓝色。

2.7.2 色 适 应

人眼对某一色光适应后，观察另一物体的颜色时，不能立即获得客观的颜色印象，而带有原适应色光的补色成分，需经过一段时间适应后才会获得客观的颜色感觉，这一过程就是色适应的过程。假定视觉系统已经适应于白炽灯照明（黄光成分比较丰富）下对一张白纸的观察，如果把白纸移往室外，由日光照明（蓝光成分比较丰富），则开始时会感觉到纸张有些偏蓝色，但经过一段时间后，又将感觉到纸张是白色的；反之，如果改用 A 光源（红光成分比较丰富）照明，则感觉到的颜色将从偏红逐渐恢复成白色。这里的颜色变化过程都是色适应的过程。前一过程的机理可以用眼睛视蓝锥体细胞的灵敏度被逐渐降低，以抵消日光中多余蓝光的影响来解释，后一过程可以用视红锥体细胞的灵敏度降低以抵消 A 光源中多余红光的影响来解释。颜色适应现象包括亮度适应和彩色适应。

（1）亮度适应　人眼具有能在照明条件相差很大的情况下进行工作的能力，但需要有一个眼睛生理调节过程，通过对光的亮度这一调节过程中的人眼适应，以实现相对清晰的真实影像再现，这个适应过程称为亮度适应。这里的生理调节过程包括瞳孔的缩放和视觉二重功能的更替两个方面。亮度适应分为明适应和暗适应两种情况。

（2）彩色适应　在明视觉状态下，视觉系统对照明方式突然发生变化时，人眼会感受到这种颜色变化，但是经过一段时间之后，眼睛习惯了新的照明方式，人眼观察物体感觉又回到原始不失真的物体外貌，这种适应叫做彩色适应。当眼睛适应了某种环境光以后，就会对这种环境光中的彩色产生抵消作用，使眼睛对这种彩色光不敏感，此时再观察颜色样品时，颜色感觉中就会缺少这种彩色的感觉。例如，我们在日光下观察一张白纸，感觉是白色，然后将纸拿到 400 瓦的白炽灯下，第一印象就是纸是淡黄色，经过几分钟之后，又感觉纸张不再发黄，呈现出白色。在这整个过程中，物体的颜色没有改变，唯一变化的就是人眼的视觉特征。

2.7.3　颜色恒常性

色源的照明光谱和照明水平发生较大变化而色源的颜色看起来是不变化的，这种现象叫做颜色恒常性。例如，中午和黄昏，外界的照明水平有很大差异，日光和白炽灯、日光灯所发光的光谱分布很不相同，但是红花、绿叶看起来几乎是不变的。

颜色恒常性是人眼视觉的一个重要特性，正是由于这一特性，使人类对自然界和生活工作中的各种物体的颜色有一种稳定的感受。假若没有这一特性，红花绿叶在白天、夜晚、晴天、阴天等不同照明条件下会各不相同，这听起来是多么不可思议！但是，颜色恒常性所涉及的照明光谱或照明水平的变化都是有一定限度的，当这些变化太大时，被照明物体的颜色就不再保持不变了。我们都知道，肉店常用含红光多的灯光照明，金银首饰店常用含黄光多的灯光照明，其目的都是用特殊的灯光照明招徕顾客。

与颜色恒常性相联系的是颜色匹配恒常性。在一种照明下相互匹配的一对异谱同色，在另外一种光谱分布和照明水平类似的照明下，这一对异谱同色仍然是相互匹配的，眼睛仍然把这对颜色看作相同的。当然，颜色匹配恒常性也同样要在变化不太大的照明条件下才能保持，超过一定的限度，这种恒常性也就不能再继续存在。

2.7.4　负　后　像

一般来说对某一颜色光预先适应后再观察其他颜色，则其他颜色的明度和饱和度都会降低。在一个白色或灰色背景上注视一块颜色纸片一段时间，当拿走颜色纸片后，仍继续注视背景的同一点，背景上就会出现原来颜色的补色，这一诱导出的补色时隐时现，直至最后完全消失，这种现象称为负后像现象，也是色适应现象的一种。因此，在颜色视觉实验中，如果先后在两种光源下观察颜色，就必须考虑视觉对前一光源色适应的影响。

负后像是经兴奋疲劳过度所引起的，因此它的反应与正后像相反。例如：当长时间（2min 以上）的凝视一个红色方块后，再把目光迅速转移到一张灰白纸上时，将会出现一个青色方块。这种现象在生理学上可解释为：含红色素的视锥细胞，长时间的兴奋引起疲劳，相应的感觉灵敏度也因此而降低，当视线转移到白纸上时，就相当于白光中减去红光，出现青光，所以引起青色觉。由此推理，当你长时间凝视一个红色方块后，再将视线移向黄色背景，那么，黄色就必然带有绿味（红视觉后像为青，青＋黄＝绿）。

2.8　颜色混合理论

颜色混合，是指两种或者多种颜色混合在一起会产生一种新的颜色。在日常生活中我们看到的颜色，大多是通过颜色混合得来的。颜色混合有两种，即色光混合和颜料混合。不同的彩色灯光重叠在一起，如彩色电视的色彩是色光混合；彩色印刷，用水彩画画和颜料染布是颜料混合。色光混合得来的颜色，是各种参加混合色强度的相加，因而更亮；颜料混合时，参加混合的各种颜色对光进行吸收，我们最后看到的都是彼此都不吸收的剩余光呈现出的颜色，其明度也会比参加混合的颜色暗。颜色混合的三条基本规律：

（1）补色律　凡两个以适当比例相混合产生白色的颜色光是互补色。例如，红色和青色、黄色和蓝色、绿色和品红色等，都是一对对互补色。

（2）间色律　在混合两种非补色时，会产生一种新的介于它们之间的中间色。例如红与黄混合产生橙色，蓝与红混合产生紫色。中间色的色调偏于较多的一色，饱和度决定于二色在光谱轨迹中的位置，越近则越饱和。

（3）代替律　如果颜色 A＋颜色 B＝颜色 C，若没有颜色 B，而颜色 X＋颜色 Y＝颜色 B。那么 A＋（X＋Y）＝C。说明每一种被混合的颜色本身也可以由其他颜色混合结果而获得。例如，如黄和蓝相混合时，黄色可以由红加绿来代替，因"红＋绿＝黄"。

红、绿、蓝（蓝紫）是加色混合的色光三原色。加色混合可得出红光＋绿光＝黄光；红光＋蓝光＝品红；蓝光＋绿光＝青光；红光＋绿光＋蓝光＝白光。如果改变三原色的混合比例，还可得到其他不同的颜色。如红光与不同比例的绿光混合可以得出橙、黄、黄绿等色；红光与不同比例的蓝光混合可以得出品红、红紫、紫红蓝；紫光与不同比例的绿光混合可以得出：绿蓝、青、青绿。如果蓝、绿、红三种光按不同比例混合可以得出更多的颜色，一切颜色都可通过加色混合得出。由于加色混合是色光的混合，因此随着不同色光混合量的增加，色光的明度也渐加强，所以也叫加光混合，当全色光混合时则可趋于白色光，它较任何色光都明亮。

第3章 CIE标准色度系统

标准色度系统有两种，一种是孟塞尔显色系统，它基于颜色外观；另一种是CIE混色系统，基于加色混合物。由于孟赛尔系统是由实际的彩色色卡构成系统的基础，所以可以直观地理解孟塞尔色系。然而，对于任意颜色的标定，肯定需要进行诸如插值或外插等附加操作，因此标定的精度相对较低。另一方面，通过使用分光光度法可以在CIE系统中实现高精度，并且可以针对任意颜色刺激精确地确定颜色。因此，CIE系统通常用于工业和其他定量应用。在本章中，详细介绍了CIE标准色度系统。

3.1 颜色匹配

3.1.1 颜色匹配实验

三原色匹配或混合是CIE标准色度系统的物理基础。把两个颜色调整到视觉相同的方法叫颜色匹配，颜色匹配实验是利用色光加色来实现的。图3-1中左方是一块白色屏幕，上方为红R、绿G、蓝B三原色光，下方为待配色光C，三原色光照射白屏幕的上半部，待配色光照射白屏幕的下半部，白屏幕上下两部分用一个黑挡屏隔开，由白屏幕反射出来的光通过小孔抵达右方观察者的眼内。人眼看到的视场如图右下方所示，视场范围在2°左右，被分成两部分。图右上方还有一束光，照射在小孔周围的背景白板上，使视场周围有一圈色光作为背景。在此实验装置上可以进行一系列的颜色匹配实验。待配色光可以通过调节上方三原色的强度来混合形成，当视场中的两部分色光相同时，视场中的分界线消失，两部分合为同一视场，此时认为待配色光的光色与三原色光的

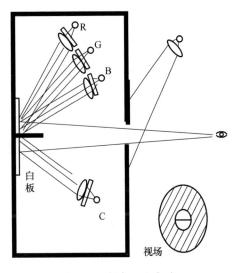

图3-1 颜色匹配实验

混合光色达到色匹配。不同的待配色光达到匹配时三原色光亮度不同，可用颜色方程表示：

$$C \equiv R(R) + G(G) + B(B) \tag{3-1}$$

式中 C 表示待配色光；(R)、(G)、(B) 代表产生混合色的红、绿、蓝三原色的单位量；R、G、B 分别为匹配待配色所需要的红、绿、蓝三原色的数量，称为三刺激值；$\equiv$ 表示视觉上相等，即颜色匹配。

3.1.2　颜色的矢量表示与匹配方程

国际照明委员会（CIE）规定红、绿、蓝三原色的波长分别为 700nm、546.1nm、435.8nm，在颜色匹配实验中，当这三原色光的相对亮度比例为 1.0000：4.5907：0.0601 时就能匹配出等能白光，所以 CIE 选取这一比例作为红、绿、蓝三原色的单位量，即 R：G：B＝1：1：1。尽管这时三原色的亮度值并不等，但 CIE 却把每一原色的亮度值作为一个单位看待，所以色光加色法中红、绿、蓝三原色光等比例混合结果为白光，即 R＋G＋B＝W。

CIE 1931 RGB 光谱三刺激值是通过 317 位正常视觉者，用 CIE 规定的红、绿、蓝三原色光，对等能光谱色从 380～780nm 所进行的专门性颜色混合匹配实验得到的。实验时，匹配光谱每一波长为等能光谱所对应的红、绿、蓝三原色数量，称为光谱三刺激值，记为 $\bar{r}(\lambda)$、$\bar{g}(\lambda)$、$\bar{b}(\lambda)$，它是 CIE 在对等能光谱色进行匹配时用来表示红、绿、蓝三原色的专用符号。因此，匹配波长为 λ 的等能光谱色 $C(\lambda)$ 的颜色方程为：

$$C(\lambda) \equiv \bar{r}(\lambda)(R) + \bar{g}(\lambda)(G) + \bar{b}(\lambda)(B) \tag{3-2}$$

式中 (R)、(G)、(B) 为三原色的单位量，分别为 1.0000、4.5907、0.0601；$C(\lambda)$ 在数值上表示等能光谱色的相对亮度，其中最大值为 $C(555)$，且有 $C(555)=1$，即：

$$C(555) \equiv \bar{r}(555)(R) + \bar{g}(555)(G) + \bar{b}(555)(B) = 1.000 \tag{3-3}$$

在很多情况下光谱三刺激值是负值（负刺激值），这是因为待配色为单色光，其饱和度很高，而三原色光混合后饱和度必然降低，无法和待配色实现匹配。为了实现颜色匹配，在实验中须将上方红、绿、蓝一侧的三原色光之一移到待配色一侧，并与之相加混合，从而使上下色光的饱和度相匹配。例如，将红原色移到待配色一侧，实现了颜色匹配，则颜色方程为：

$$C(\lambda) + \bar{r}(\lambda)(R) \equiv \bar{g}(\lambda)(G) + \bar{b}(\lambda)(B) \tag{3-4}$$

因此，待配色为：

$$C(\lambda) \equiv -\bar{r}(\lambda)(R) + \bar{g}(\lambda)(G) + \bar{b}(\lambda)(B) \tag{3-5}$$

所以 (λ) 出现了负值。

颜色匹配实验的结论从大量的颜色匹配实验中，可以得到如下的结论：

① 红、绿、蓝三种颜色以不同的量值（有的可能为负值）相混合，可以匹配任何颜色。

② 红、绿、蓝不是唯一的能匹配所有颜色的三种颜色，只要其中的每一种都不能用其他两种混合产生出来，就可以用它们匹配所有的颜色。

3.1.3　格拉斯曼颜色混合定律

根据颜色相加混合现象，格拉斯曼（H. Grassmann）于 1854 年总结出几条基本定律，为颜色的测量和匹配奠定了理论基础。需要指出的是，格拉斯曼颜色混合定律只适用于各种色光的相加混合方法，下面具体阐述该定律的基本内容：

① 人的视觉只能分辨色彩的三种变化：明度、色调、饱和度。

② 在由两个成分组成的混合色中，如果一个成分连续地变化，混合色的外貌也连续地变化。

补色律：每一种色彩都有一个相应的补色。如果某一色彩与其补色以适当比例混合，便产生白色或灰色；如果二者按其他比例混合，便产生偏向于比重大的色彩成分的非饱和色。

中间色律：任何两个非补色相混合，便产生中间色，其色调决定于两色彩的相对数量，其饱和度决定于二者在色调顺序上的远近。

③ 色彩外貌相同的光，不管它们的光谱组成是否一样，在色彩混合中具有相同的效果。换言之，凡是在视觉上相同的色彩都是等效的。

代替律：相似色混合后仍相似。

如果色彩 A＝色彩 B，色彩 C＝色彩 D，

那么：色彩 A＋色彩 C＝色彩 B＋色彩 D

代替律表明：只要在感觉上色彩是相似的，便可以互相代替，所得的视觉效果是同样的。

设 A＋B＝C，而 B＝X＋Y，那么 A＋（X＋Y）＝C，这个由代替而产生的混合色与原来的混合色在视觉上具有相同的效果。

根据代替律，可利用色彩混合方法来产生或代替某种所需要的色彩。色彩混合的代替律是一条非常重要的定律，现代色度学就是建立在这一定律基础上的。

④ 混合色的总亮度等于组成混合色的各色彩光亮度的总和。这一定律叫做亮度相加律。

3.2　CIE 标准色度系统

3.2.1　CIE 1931 RGB 标准色度系统

在颜色混合系统中，一旦确定了颜色的匹配函数，就可以确定任意色彩的三色刺激。然而，为了能够比较测色结果，必须要进行标准化，因为颜色匹配函数随着原色刺激，基本刺激的变化而变化。为此，国际照明委员会（CIE）根据以下原则（CIE 1986，2004a）于 1931 年确立了标准颜色匹配函数。

① 三原色刺激 ［R］，［G］ 和 ［B］ 分别是波长 $\lambda_R＝700.0nm$，$\lambda_G＝546.1nm$ 和 $\lambda_B＝435.8nm$ 的单色光。

② 基本刺激是等能光谱的白色刺激。匹配基本刺激所需的原色刺激 ［R］，［G］ 和 ［B］ 的量以光度单位表示时为 1.0000：4.5907：0.0601，当以辐射度表示时为 72.0966：1.3791：1.0000 单位。

因此，1.0000＋4.5907＋0.0601＝5.6508lm 的等能量白光可以通过原色刺激 ［R］、［G］ 和 ［B］ 以 1.0000，4.5907 和 0.0601lm 的加色混合来匹配。通过将这些量除以各自的发光效率，可以获得三种刺激的辐射量的比例，即 243.783：4.66333：3.38134＝72.096：1.3791：1.0000。在建立配色函数时，CIE 采用了来自莱特和吉尔德获得的数据报告的平均值。这样获得的匹配函数被认为是代表了具有正常色觉的人的平均值，颜色匹配函数如图 3-2 所示。

如前所述，颜色匹配函数是与某单色刺激匹配所需的原色刺激 ［R］、［G］ 和 ［B］

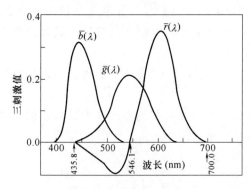

图 3-2 CIE 1931 RGB 标准色
度系统的颜色匹配函数

的混合量。然而，如图 3-2 所示，颜色匹配函数包括负值部分就表示负的混合量而难于理解。实际上是这样的情况，用三原色 [R]、[G] 和 [B] 匹配任何单色光刺激 [F_λ]；因为该单色过于鲜艳，用三个原色刺激不论怎么混合都无法匹配。在实际的色彩匹配实验中，例如通过将 [F_λ] 与 [R] 混合，然后通过 [G] 和 [B] 的混合就能与之匹配。在这种情况下的颜色方程表示为：

$$[F_λ]+R[R]=G[G]+B[B] \qquad (3-6)$$

格拉斯曼定律用该方程可转换成以下形式：

$$[F_λ]=-R[R]+G[G]+B[B] \qquad (3-7)$$

因此，第一项 $-R[R]$ 为负，这就是获得部分负色匹配函数的原因。通过采用 [R]、[G] 和 [B]，该颜色方程可以被认为是三维空间中的向量方程作为矢量分量。如此构造的三维空间用于颜色的几何表达，称为颜色空间，如图 3-3 所示，任何颜色 [F] 可以位于由 [R]、[G] 和 [B] 的匹配量（即 R、G 和 B）定义点所处的空间中。交叉矢量 [F] 和单位面积 $R+G+B=1$ (r, g, b) 通常用于根据公式表示颜色 [F]。三个坐标中的两个坐标 [例如 (r, g)] 足以将单位

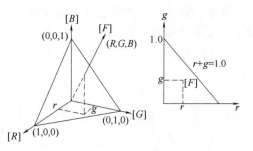

图 3-3 颜色 [F] 的三维表示与色度图

平面中的颜色 [F] 定位。以这种方式确定的坐标 (r, g, b) 称为色度坐标，表示平面中的两个色度坐标的图称为色度图。

颜色 [F] 的色度坐标定义了色度图中被称为色度点的点。由色度坐标定义的心理物理性质称为 [F] 的色度。单色刺激的色度坐标称为光谱色度坐标，通过以波长顺序连接单色刺激的色度点获得的曲线被称为光谱轨迹。连接光谱轨迹两端的直线称为紫色边界，它表示位于可见光谱末端的单色刺激（蓝色和红色）的加性色混合物。沿着紫色边界，颜色从蓝色经过各种各样的紫色变化到红色。

用于表达由上述定义和标准化建立的颜色系统称为 CIE 1931 RGB 标准色度系统。图 3-4 显示了该系统的 rg 色度图和等能量白色的色度点 WE (1/3, 1/3)。所有真实颜色的色度点，即在实践中可以存在的色

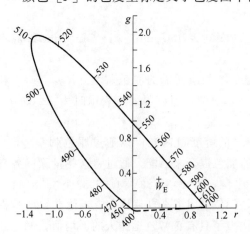

图 3-4 CIE 1931 RGB 色彩系统色度图，
色能点 WE 为等能量白色

度点位于由光谱轨迹和紫色边界包围的区域内部。然而，从数学角度可以考虑该区域之外的颜色，例如 $r=1.0$ 和 $g=1.0$ 的色度点。这些颜色在实践中不可能存在，因此被称为假想色彩。而虚拟颜色用于将 RGB 标准色度系统转换为方便的 XYZ 标准色度系统。

3.2.2　CIE 1931 XYZ 标准色度系统

图 3-2 显示了 RGB 系统中的色彩匹配函数有一些负值。在较早的时候，当三刺激值必须手动计算时，存在负值和正值都使计算复杂化。通过简单的原色转换可以获得不同参考刺激集的颜色匹配函数。这允许 CIE 通过建立参考刺激 $[X]$、$[Y]$ 和 $[Z]$，使得颜色匹配函数具有全部正值，从而引入了除 RGB 颜色系统之外的 1931 XYZ 颜色系统。因为 XYZ 系统是基于 CIE 1931 RGB 系统，因此在 $2°$ 的视角下的色彩匹配实验，被称为 CIE 1931 XYZ 标准色度系统（CIE 1986，2004a），或者 CIE2°色度系统的颜色匹配函数 $\bar{x}(\lambda)$，$\bar{y}(\lambda)$ 和 $\bar{z}(\lambda)$，如图 3-5 所示。具有这些颜色匹配函数的虚拟观察者称为 CIE 1931 XYZ 标准色度观测者或 CIE $2°$ 色度观测者。

XYZ 色彩系统的另一个特点是根据 Judd 的建议，y 被设置为与光谱发光效率函数 V 相同，这很方便，因为它意味着三色刺激值 Y 直接表达光度数量。XYZ 系统的另一个特征是连接色度图中的参考刺激 $[X]$ 和 $[Y]$ 的直线与长波长端 $\lambda \geqslant 650\mathrm{nm}$ 的频谱轨迹相切。因此，对于 $\lambda \geqslant 650\mathrm{nm}$ 的时候 $\bar{z}(\lambda)=0$，并且可以通过较少的计算步骤获得三刺激值 Z。此外，另一个优点是 $\bar{z}(\lambda)$ 匹配人类色觉系统的大致一个基本的光谱响应。RGB 系统可以与 XYZ 系统三维相关，如图 3-6 所示。

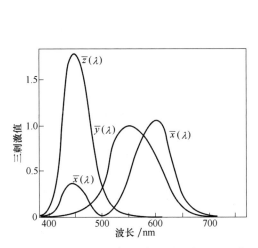

图 3-5　CIE 1931 XYZ 颜色系统颜色匹配函数

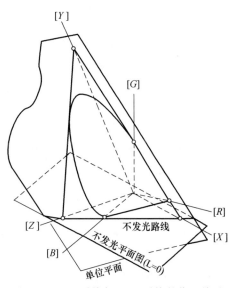

图 3-6　RGB 系统与 XYZ 系统的位置关系

3.2.3　CIE 1931 RGB 系统向 CIE 1931 XYZ 系统的转换

RGB 系统和 XYZ 系统可以根据以下关系进行相互转换。三刺激值 R、G 和 B 可以转换为三刺激值 X、Y 和 Z：

$$\begin{pmatrix} X \\ Y \\ Z \end{pmatrix} = \begin{pmatrix} 2.7689 & 1.7517 & 1.1302 \\ 1.0000 & 4.5907 & 0.0601 \\ 0.0000 & 0.0565 & 5.5943 \end{pmatrix} \begin{pmatrix} R \\ G \\ B \end{pmatrix} \qquad (3\text{-}8)$$

相反的，三刺激值 X，Y 和 Z 也可以通过下列公式转换为 RGB：

$$\begin{pmatrix} R \\ G \\ B \end{pmatrix} = \begin{pmatrix} 2.7689 & 1.7517 & 1.1302 \\ 1.0000 & 4.5907 & 0.0601 \\ 0.0000 & 0.0565 & 5.5943 \end{pmatrix}^{-1} \begin{pmatrix} X \\ Y \\ Z \end{pmatrix} \qquad (3\text{-}9)$$

x、y 和 z 以及 r、g 和 b 是光谱颜色的三色值，所以由方程 3-8 和 3-9 表示的关系也适用于颜色匹配函数。此外，可以根据以下公式从 r、g 和 b 获得色度坐标 x、y 和 z，如下式所示：

$$x = (0.49000r + 0.31000g + 0.20000b)$$
$$y = (0.17697r + 0.81240g + 0.01063b)$$
$$/(0.66697r + 1.13240g + 1.20063b)$$
$$z = (0.00000r + 0.01000g + 0.99000b)$$
$$/(0.66697r + 1.13240g + 1.20063b) \qquad (3\text{-}10)$$

类似地，可以从 x、y 和 z 计算 r、g 和 b。

三刺激值 Y 可以从公式 3-11 获得：

$$Y = 1.0000R + 4.5907G + 0.0601B \qquad (3\text{-}11)$$

由于 R、G 和 B（1.0000，4.5907，0.0601）的系数与三原色 [R]、[G] 和 [B] 的发光单位一致，所以三色刺激值 Y 是光度量。公式 3-7 定义 RGB 颜色空间中的平面，其中具有相同亮度 Y 的所有颜色。

从公式 3-9 可以得到参考刺激 [X] 和 [Z] 的 R、G 和 B 坐标：

$$[Z] = (-0.0828, 0.0157, 0.1786) \qquad (3\text{-}12)$$

由于我们通过将公式 3-8 的值置于公式 3-7 中而获得 $Y = 0$，所以 [X] 和 [Z] 的亮度为零。也就是说，参考刺激 [X] 和 [Z] 是没有亮度的颜色，因此是在实际中不存在的假想颜色。

可以通过在公式 3.7 中设置 $Y = 0$ 来获得以下公式：

$$1.0000R + 4.5907G + 0.0601B = 0 \qquad (3\text{-}13)$$

这条直线称为非发光线。非发光线完全位于由光谱轨迹和紫色边界包围的色度区域之外。非发光平面和非发光线有时称为零亮度平面。

3.2.4　CIE 1964 $X_{10}Y_{10}Z_{10}$ 标准色度系统

如上所述，XYZ 颜色系统基于视角为 2° 的配色实验。以这样窄的视角进行配色实验的原因是：

① 视网膜视力最高的中央凹视野角度约为 2°。

② 由于视网膜的中心部分被称为黄斑色素的黄色物质覆盖，该中心部分的颜色匹配函数与大于 4° 的场的外围部分的颜色匹配函数不同。

由于人眼具有视觉适应能力，人们在日常生活中意识不到这种黄色素的存在。然而，当在大视野中进行配色实验时，着色区域的斑点状（称为麦克斯韦斑点）图像出现在视野的中心。当匹配的两个灯的光谱分布之间存在很大差异时，麦克斯韦特点就显得很清楚。

这可能会对配色实验产生干扰。

　　由于这些原因，1931 年建立的 XYZ 色系基于视角为 2°的色彩匹配实验，适用于任何所需尺寸的视场。在 2°视场匹配的一对颜色将不能在实际观察时存在可见的色差。从图 3-7 可以看出，观察角度为 2°的观察条件非常窄。如果距离为 250mm，则视角为 2°的半径约为 4.4mm，这对于大多数配色情况来说太小了。因此，观察到的不匹配被认为是由于视网膜上的光谱响应性发生变化。

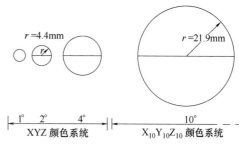

图 3-7　距离为 250mm 的视场大小

　　鉴于这些情况，通过英国的 Burch 以及苏联的 Speranskaya 进行了直径为 10°的扩大视场的配色实验。在实验中，麦克斯韦（Maxwell）斑点被忽略或被隐藏（Speranskaya）。1964 年，CIE 对 Burch 实验中的 49 人及 Speranskaya 中的 18 人（后来增加到 27 人）的实验结果进行了加权平均计算，并推荐了 CIE 1964 标准色度系统，适用于视角为 4°的新系统或更高的版本。因为 CIE 1964 系统是基于 10°视野的色彩匹配实验，它也被称为 CIE10°色度系统。CIE 1931 和 CIE 1964 系统适用于与观察者眼睛不同的视角。更具体地说，当视角为 1°～4°时推荐使用前者，后者推荐用于超过 4°的视角。

　　CIE 1964 系统是基于 10°视野的色彩匹配实验，也称为 CIE 10°色度系统。CIE 1931 和 CIE 1964 系统适用于与观察者眼睛不同的视角。

　　在 $X_{10}Y_{10}Z_{10}$ 系统中确定色彩匹配函数的方式与 XYZ 系统不同，但 CIE 以这样的方式定义了新的参考刺激 $[X_{10}]$，$[Y_{10}]$ 和 $[Z_{10}]$，使得色彩匹配函数的系统相似。与 XYZ 颜色匹配函数相比，新系统的颜色匹配函数 $\bar{x}_{10}(\lambda)$，$\bar{y}_{10}(\lambda)$ 和 $\bar{z}_{10}(\lambda)$。具有 CIE1964 系统的颜色匹配函数的虚拟观察者称为 CIE 1964 标准色度观察者或 CIE 10°色度观测者。2°色彩匹配函数和 10°色彩匹配函数之间的差异不大，但在一些应用中仍然是重要的。

3.3　三刺激值和色度坐标计算

　　颜色刺激 $\phi(\lambda)$ 的三刺激值 X、Y 和 Z 经过计算得到三刺激值 R、G 和 B，然后使用公式 3-8 将它们转换成三刺激值 X、Y 和 Z 来获得。通常，XYZ 根据以下公式直接使用颜色匹配函数 $\bar{x}(\lambda)$，$\bar{y}(\lambda)$ 和 $\bar{z}(\lambda)$ 在可见波长区域进行积分获得。

$$X = k\int_{vis}\phi(\lambda)\,\bar{x}(\lambda)\mathrm{d}\lambda$$

$$Y = k\int_{vis}\phi(\lambda)\,\bar{y}(\lambda)\mathrm{d}\lambda$$

$$Z = k\int_{vis}\phi(\lambda)\,\bar{z}(\lambda)\mathrm{d}\lambda \tag{3-14}$$

　　其中，k 是常数，XYZ 在可见波长区域进行积分。

　　对于反射物体，颜色刺激为 $\phi(\lambda)=R(\lambda)P(\lambda)$，对于透明物体，它是 $\phi(\lambda)=T(\lambda)P(\lambda)$，其中 $P(\lambda)$ 是光源的光谱分布，是反射物体的光谱反射率，$T(\lambda)$ 是发射物体的光谱透射率。例如，反射物体的三刺激值 X、Y 和 Z 可以表示为：

$$X = k \int_{vis} R(\lambda) P(\lambda) \overline{x}(\lambda) d\lambda$$

$$Y = k \int_{vis} R(\lambda) P(\lambda) \overline{y}(\lambda) d\lambda$$

$$Z = k \int_{vis} R(\lambda) P(\lambda) \overline{z}(\lambda) d\lambda \tag{3-15}$$

其中，常数 k 是：

$$k = 100 / \int_{vis} P(\lambda) \overline{y}(\lambda) d\lambda \tag{3-16}$$

常数 k 是对于理想反射物体令三色刺激值 Y 等于 100 时的值〔所有 λ，R（λ）＝1〕。通常，对于任何真实物体颜色，R（λ）＜1，因此 Y＜100。反射（发射）物体的三色刺激值 Y 称为光反射率（透射率），是与对象的亮度相关的颜色。

为了计算 1964 系统的三刺激值 X_{10}、Y_{10} 和 Z_{10}，在公式 3-10 中使用颜色匹配函数 $\overline{x}_{10}$（λ），$\overline{y}_{10}$（λ）和 $\overline{z}_{10}$（λ）代替 $\overline{x}$（λ），$\overline{y}$（λ）和 $\overline{z}$（λ）。类似地，如果是目标颜色，CIE 1964 $\overline{x}_{10}$（λ）、$\overline{y}_{10}$（λ）、$\overline{z}_{10}$（λ）颜色匹配函数可以在公式 3-15 和公式 3-16 中使用。然而，在这种情况下，虽然三刺激值 Y_{10} 大致表示亮度，CIE 并未将 $\overline{y}_{10}$（λ）作为 10°视野的光谱光视效率函数使用。与 RGB 系统一样，色度坐标 x 和 y 是通过颜色矢量（X，Y，Z）与单位面 $X+Y+Z=1$ 的交点建立的，如下所示：

$$x = X / (X + Y + Z)$$
$$y = Y / (X + Y + Z) \tag{3-17}$$

可以以完全相同的方式定义 $X_{10}Y_{10}Z_{10}$ 系统中的色度坐标 x_{10} 和 y_{10}。图 3-8 所示为 xy 色度图和 $x_{10}y_{10}$ 色度图中的光谱轨迹和紫色边界。图 3-9 所示为 xy 色度图不能用色度法的观点正确地再现，但是它示意性地表示出了颜色与色度坐标的对应关系，除了那些不能用

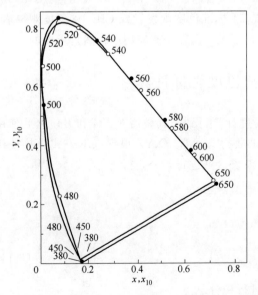

图 3-8　XYZ 标准色度系统（实心圆）的
xy 色度图和 $X_{10}Y_{10}Z_{10}$ 标准色度
系统（空心圆）的 $x_{10}y_{10}$ 色度图

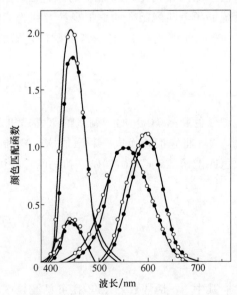

图 3-9　XYZ 系统与 $X_{10}Y_{10}Z_{10}$ 系统的
颜色匹配函数

印刷油墨再现的饱和颜色。

二维 xy 色度图经常用于绘制颜色。然而，由于需要三条信息来指定颜色，所以必须向 x 和 y 添加一个完整的标准。虽然可以使用三刺激值 X、Y 和 Z 中的任何一种，但是通常选择光度量 Y，并且通过 (x, y, Y) 表示颜色。

3.4　同色异谱

从公式 3-18 可以清楚地看出，在特定的光源下，两个颜色呈现出相同的视觉效果，两个对象在颜色上一定匹配，如果它们具有相同的 $R(\lambda)$，则为同色同谱；如果不同于 $R(\lambda)$ 的反射率 $R'(\lambda)$，则为同色异谱，且满足以下公式：

$$\int_{vis} R(\lambda)P(\lambda)\overline{x}(\lambda)\mathrm{d}\lambda = \int_{vis} R'(\lambda)P(\lambda)\overline{x}(\lambda)\mathrm{d}\lambda$$

$$\int_{vis} R(\lambda)P(\lambda)\overline{y}(\lambda)\mathrm{d}\lambda = \int_{vis} R'(\lambda)P(\lambda)\overline{y}(\lambda)\mathrm{d}\lambda$$

$$\int_{vis} R(\lambda)P(\lambda)\overline{z}(\lambda)\mathrm{d}\lambda = \int_{vis} R'(\lambda)P(\lambda)\overline{z}(\lambda)\mathrm{d}\lambda \tag{3-18}$$

该公式包括观察者的颜色匹配函数，观察场的大小，对于物体色还包含了光源的光谱分布。

在传统的彩色摄影，打印，电视和计算机显示器中，物体的反射率 $R(\lambda)$ 和再现的颜色的 $R'(\lambda)$ 通常不相等。因此，色彩再现是基于同色异谱。图 3-10 所示为在 4800K 的色温下，黑体辐射下的照相彩色胶片再现的实际皮肤颜色的光谱反射率和相同皮肤颜色的光谱反射率，图 3-11 所示为同色异谱的另一个例子，即在日光下实际皮肤颜色的光谱辐射功率和彩色电视机再现的相同皮肤颜色的光谱辐射功率（Wyszecki 和 Stiles，1982）。虽然这些元素给出了相同的三刺激值，但光谱特性有很大差异。当发光体的光谱分布发生

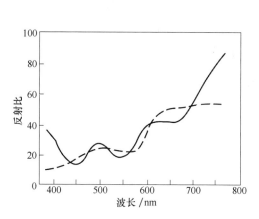

图 3-10　实际肤色（虚线）和由摄影
胶片（实线）再现的皮肤颜色

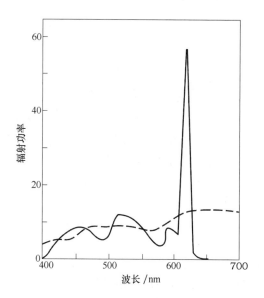

图 3-11　彩色电视（实线）中的皮肤
颜色和实际肤色（虚线）

变化或观察者的色彩匹配函数发生变化时，两个颜色将不再匹配，CIE 已经推荐了同色异谱程度的评估方法。对于同色异谱程度，CIE 在 1971 年公布了"特殊同色异谱指数"计算方法。对于参比照明体和参比观察者具有相同的三刺激值的两个色样，同色异谱指数 M_t 就等于在待测照明体 t 计算的两个色样的色差值 ΔE。因此，特殊同色异谱指数定义为在测试条件下同色异谱对之间的整体色差。

3.5　主波长和纯度

如图 3-12 所示，xy 色度图中指定色度点 W 的距离和方向用于指定色度而不是 x 和

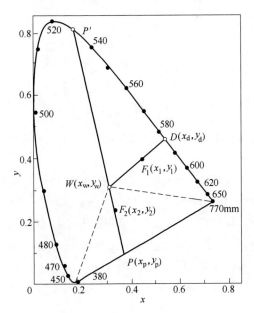

图 3-12　主波长和激发纯度

y，该点被称为白点，表示消色差刺激 $[W]$（在正常观察条件下被视为消色差的颜色刺激）。如果光谱轨迹与直线通过白点并且测试点 F_1 的交点是 D，则可以通过将白色刺激 $[W]$ 和单色光刺激 $[D]$ 适当地混合来获得由 F_1 表示的颜色 $[F_1]$。距离 WF_1/WD 的比例是指示 $[F_1]$ 到单色刺激 $[D]$ 有多接近的标度，称为 $[F_1]$ 的激发纯度 P_e。交点 D 处的单色刺激的波长称为 $[F_1]$ 的主波长，由符号 λ_d 表示。激发纯度 P_e 可以根据白点 W 的色度坐标 x_w 和 y_w，测试点 F_1 的色度坐标 x_1 和 y_1 以及交点 D 的色度坐标 x_d 和 y_d 来表示：

$$P_e = \frac{WF_1}{WD} = \frac{x_1 - x_w}{x_d - x_w} = \frac{y_1 - y_w}{y_d - y_w} \quad (3-19)$$

涉及 x 和 y 的方程在公式 3-19 中是等效的，具有较大除数而获得的结果精度更高。

当颜色在图 3-12 中由虚线限定的紫色区域中时，如颜色 $[F_2]$ 的情况，交叉点 P 不在光谱轨迹上，而在紫色边界。在这种情况下，可以按照以下方式获得激发纯度 P_e：

$$P_e = \frac{WF_2}{WP} = \frac{x_2 - x_w}{x_p - x_w} = \frac{y_2 - y_w}{y_p - y_w} \quad (3-20)$$

其中 x_p 和 y_p 是点 P 的色度坐标。使用单色刺激 $[P']$ 的波长，其中 P' 是沿 W 方向延伸的直线跨越光谱轨迹的点，而不是主波长。该波长被称为互补波长，并由符号 λ_c 表示。

对于光源，白点通常设置为 $x_w = y_w = 1/3$，而对于对象颜色，它通常设置在光源点。然后，代替使用色度坐标，主波长或互补波长可以与激发纯度结合使用以定义颜色刺激。一般来说，主波长表现色调，激发纯度表现出色度，这种规范方法有助于直接了解颜色刺激的外观。

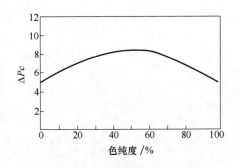

图 3-13　色度纯度差异显著（$\lambda = 650\text{nm}$，4800K 的白点）

作为显示使用纯度的示例，已经测量了色度纯度 P_e 中的明显差异，如图 3-14 所示（Wyszecki 和 Stiles，1982）。波长为 650nm 的单色光可以获得该结果，但是对于其他波长也可以获得相似的结果。图 3-14 显示了从图 3-13 所示结果得出的白光和单色光之间的有色光的可区分数。

通过主波长和纯度进行的颜色标准已被广泛使用，因为容易理解，但是最近色度坐标更受青睐。值得强调的是，色度纯度在紫色区域中具有不连续性，由于这种不便使用它的就会相对较少一些。

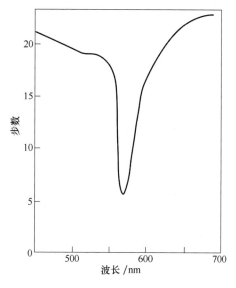

图 3-14　白光（4800K）和单色光之间的可区分步数

第 4 章 均匀颜色空间及颜色评价

CIE 1931 XYZ 表色系统在给人们进行定量化研究色彩的同时，却不能够满足人们对颜色差别量的表示。在研究中发现，用 CIE 1931 XYZ 系统来表示颜色的差别时和人眼的视觉结果差别比较大，也就是说，由于 CIE 1931 XYZ 系统本身的缺陷，不能够用来计算色差。因此，研究人员在此基础上进行了大量的研究。

4.1 颜色空间的均匀性

由于人眼分辨颜色变化的能力是有限的，故对色彩差别很小的两种颜色，人眼分辨不出它们的差异。只有当色度差增大到一定数值时，人眼才能觉察出它们的差异，我们把人眼感觉不出来的色彩的差别量（变化范围）叫做颜色的宽容量（color tolerance），有时我们也把人眼刚刚能觉察出来的颜色差别所对应的色差称为恰可分辨差 JND（Just Noticeable Difference）。两种颜色色彩的差别量反映在色度图上就是指在色度图上两者色度坐标之间的距离。由于每一种颜色在色度图上就是一个点，当这个点的坐标发生较小的变化时，由于眼睛的视觉特性，人眼并不能够感觉出其中的变化，认为仍然是一个颜色。所以，对于视觉效果来说，在这个变化范围以内的所有的颜色，在视觉上都是等效的。莱特、彼特和麦克亚当对颜色的宽容量进行了细致的研究。

莱特和彼特选取波长不同的颜色来研究视觉对不同波长的颜色的辨别能力。实验时，他们把视场分为两半，但是亮度保持相等。首先，视场的两部分呈现相同波长的光谱色，然后，一半视场的光谱色的波长保持不变，改变另一半的波长，直到观察者感觉到这两半的颜色不同。得出人眼的辨色的能力和波长的曲线关系，如图 4-1 所示。曲线表明，人眼的视觉对光谱色的不同波长的颜色差别的感受性，在波长为 490nm 和 600nm 附近视觉的辨色能力最高，只要波长改变 1nm，人眼便能够感觉出来，而在 430nm 和 650nm 附近的辨色能力很低，波长要改变 5～6nm 时才能够感觉其颜色的差别。反映在 CIE 1931 XYZ 色度图上，如图 4-2 所示，图中不同长度的线段表示人的视觉对颜色的感觉差别，其长度表示人眼对光谱色的视觉宽容量，在每一段线段内波长虽然有变化，但是，人眼的视觉不能够辨别其差异，只要当波长的变化超出其范围时，才能够感觉到其颜色的差异。从图中还可以看出，光谱色红端和蓝端的线段很短，而绿色部分的线段的长度很长，说明人眼对红色和绿色宽容量较小，而对绿色的宽容量较大。应该注意的是，色度图上的光谱轨迹的波长不是等距的，因而各线段的长度也只有相对意义，并不能够代表波长变化的绝对值的大小。莱特又用混合色做了实验，获得在色度图内部区域内的不同长度的线段。

1942 年美国柯达研究所的研究人员麦克亚当对 25 种颜色进行宽容量实验，在每个色光点大约沿 5 到 9 个对称方向上测量颜色的匹配范围，得到的是一些面积大小各异、长短轴不等的椭圆，称为麦克亚当椭圆，如图 4-3 所示（见彩色插页），不同位置的麦克亚当椭圆面积相差很大，靠近 520nm 处的椭圆面积大约是 400nm 处椭圆面积的 20 倍，这表明

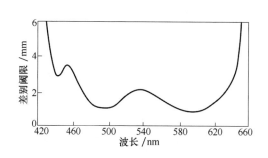

图 4-1　人眼对光谱颜色的差别感受性

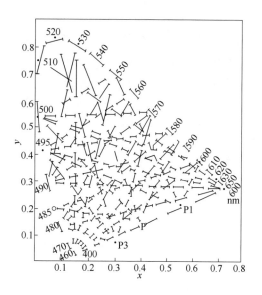

图 4-2　人眼对颜色的恰可分辨范围

人眼对蓝色区域颜色变化相当敏感，而对饱和度较高的黄、绿、青部分的颜色变化不太敏感。对于面积大小相同的区间，在蓝色部分比绿色部分，人眼能分辨出更多的颜色。就视觉恰可分辨的颜色的数量来说，色度图光谱轨迹蓝色端的颜色密度是绿色顶部密度的 300～400 倍。

麦克亚当的实验结果说明了在 x、y 色度图上各种颜色区域的宽容量的不一致性，蓝色区域量小，绿色区域量大。

在 XYZ 坐标系中，宽容量的不均匀性给颜色的计量与复现工作造成麻烦。人们曾经做过试探，将 CIE XYZ 色坐标系经过一定的线性变换（或投影变换），企图使整个色域内各点的恰可分辨差相等，麦克亚当椭圆都变成半径相等的圆。试探结果表明，上述设想是无法实现的。但是经过某种投影变换，能使各点的刚辨差的均匀性比 XYZ 计色坐标系要好得多，这就是均匀色标系（制）。

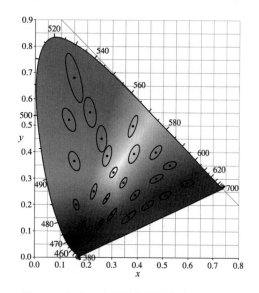

图 4-3　麦克亚当的颜色椭圆宽容量范围

4.2　均匀颜色空间

在研究 CIE 1931 XYZ 系统时，没有考虑到颜色宽容量和分辨率的问题，没能够制定出均匀的颜色空间来。出于对工业上确定产品所存在的色差和用仪器鉴定色差的迫切需要，必须创建一种新的色度图或颜色空间，且这种新的颜色空间必须"均匀化"，即在此空间中的距离与视觉上的色彩感觉差别成正比；另外，新的颜色空间的三坐标一定要由原来的 XYZ 三刺激值换算得出。并且在新的色度图上，每个颜色的宽容量最好都近似圆形，而且大小相同，即此空间中的距离与视觉上的色彩感觉差别成正比。

1960 年，CIE 根据麦克亚当的工作制定了 CIE 1960 均匀色度标尺图（CIE 1960 Uniform Chromaticity-Scale Diagram），简称 CIE 1960 UCS 图。该颜色空间和 CIE 1931 XYZ 系统相比具有较好的均匀性，能够正确地反映颜色的视觉效果，便于调整和预测人眼看到的颜色变化；该系统对色彩的判别是以色度学颜色匹配理论为基础，与颜色出现在什么介质无关，因而具有等效性；在由 X、Y、Z 向 CIE 1960 UCS 系统转换时保持了原来的亮度因数 Y 不变，使得颜色的亮度信号与色度信号分开调节，互不影响；转换方法简单、方便。

但是，CIE 1960 UCS 系统为了表示颜色的均匀性，将表示颜色明度变化的 Y 值独立出来保持不变，只是将 CIE 1931 XYZ 色度图均匀化了，实际上亮度因数 Y 的差别并不与视觉上的差异成正比。因此有必要把 CIE 1960 UCS 图的二维空间扩充为三维均匀颜色空间。

1935 年以来，曾经提出的所谓 UCS 系统空间有 20 多个，提出这些 UCS 空间的主要目的都是更好地寻找均匀颜色空间的距离和色彩感觉差别的相关性，将两个空间色度点之间的距离作为色彩感觉差别的一个度量值。但是麦克亚当后来证明，不可能从 x、y 色度系统中由线性变换得到新均匀色度系统，这就是"线性匀色制的不可能性"。

1964 年 CIE 推荐了"CIE1964 均匀颜色空间"，该颜色空间是一个三维的颜色空间，它是由 XYZ 系统经过非线性变换转换而来，具有较好的均匀性，同时还给出了色差公式，在工业上得到了广泛的应用。

但是，随着均匀性更好的颜色空间的推出，CIE 1960 UCS 系统和 CIE 1964 均匀颜色空间已经退出了历史舞台。

为了进一步改进和统一评价颜色的方法，1976 年 CIE 又推荐了两个最新的颜色空间及其相关的色差公式，它们分别称为 CIE 1976 L*a*b* 色空间和 CIE 1976 L*u*v* 色空间，现已为世界各国采纳，作为国际通用的测色标准。我国国家标准 GB/T 7921《均匀色空间和色差公式》规定 CIE 1976 L*a*b* 和 L*u*v* 表色系统与色差公式适用于一切光源色和物体色的表示以及色差的表示与计算，同时表明，CIE 1976 L*a*b* 和 L*u*v* 表色系统与色差公式是与国际照明委员会（CIE）1976 年推荐的在视觉上近似均匀的色空间和色差公式是一致的。

4.3　CIE 1976 L*a*b* 均匀颜色空间

CIE 1976 年推荐了主要用于表面色工业颜色评价的 CIE1976L*a*b* 均匀颜色空间（简写为 CIELAB），其优点是，当颜色的色差大于视觉的识别阈值而又小于孟塞尔系统中相邻两级色差时，可以较好地反映物体色的心理感受效果。

4.3.1　CIE 1976 L*a*b* 模型

CIE1976L*a*b* 均匀颜色空间及其色差公式可以按下面的方程计算：

$$
\begin{cases}
L = 116 f(Y/Y_0) - 16 \\
a = 500[f(X/X_0) - f(Y/Y_0)] \\
b = 200[f(Y/Y_0) - f(Z/Z_0)]
\end{cases}
\tag{4-1}
$$

其中：

$$f(I) = \begin{cases} (I)^{1/3} & I > (6/29)^3 \\ (841/108)I + 4/29 & I \leqslant (6/29)^3 \end{cases} \tag{4-2}$$

式中：X、Y、Z——颜色样品的三刺激值

X_0、Y_0、Z_0——CIE 标准照明体的三刺激值

L^*——心理计量明度，简称心理明度或明度指数

a^*、b^*——心理计量色度，是神经节细胞的红—绿、黄—蓝反映

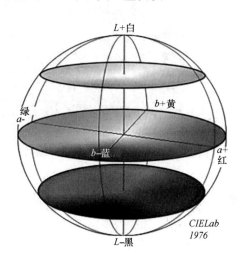

图 4-4　CIE 1976 $L^*a^*b^*$ 颜色立体

从上述公式中可以看出，由 X、Y、Z 向 L^*、a^*、b^* 变换时，包含有立方根的项，这是一种非线性变换。经过非线性变换后，原来 CIE 1931 XYZ 色度图的马蹄形光谱轨迹则不再存在。对于这种非线性变换，通常用"心理颜色空间"来表示，它是基于赫林的四色对立颜色视觉理论，所以，这种坐标系统又称为对立色坐标或心理颜色空间，如图 4-4 所示（见彩色插页），在方程中，心理色度 a^*、b^* 包含有（X—Y）和（Y—Z）部分，在这里 a^* 可以理解为神经节细胞的红—绿反应，b^* 是神经节细胞的黄—蓝反应，L^* 是神经节细胞的黑—白反应。在这一系统中，$+a^*$ 表示红色，$-a^*$ 表示绿色，b^* 表示黄色，$-b^*$ 表示蓝色，颜色的明度用 L^* 的表示。

经过对颜色三刺激值 X、Y、Z 的非线性变换，则马蹄形的二维平面色度图演变为了图 4-5 所示的形状（见彩色插页），三维立体则如图 4-6 所示。CIELAB 的均匀性也改进了很多，麦克亚当椭圆在 a-b 平面如图 4-7 所示，这些椭圆明显要比在 CIEXYZ 系统中无论是大小的差别还是形状上要一致的多。

此外，CIE 还定义彩度、色相角：

彩度 C_{ab}^*：

$$C_{ab}^* = \left[(a^*)^2 + (b^*)^2 \right]^{1/2} \tag{4-3}$$

色相角 h_{ab}^*：

$$h_{ab}^* = \begin{cases} \dfrac{180°}{\pi} \arctan(b^*/a^*) & a^* > 0 \text{ 且 } b^* \geqslant 0 \\[2mm] \dfrac{180°}{\pi} \arctan(b^*/a^*) + 360° & a^* > 0 \text{ 且 } b^* < 0 \\[2mm] \dfrac{180°}{\pi} \arctan(b^*/a^*) + 180° & a^* < 0 \\[2mm] 90° & a^* = 0 \text{ 且 } b^* > 0 \\[2mm] 270° & a^* = 0 \text{ 且 } b^* < 0 \\[2mm] 0° & a^* = 0 \text{ 且 } b^* = 0 \end{cases} \tag{4-4}$$

有人把 L^*、C_{ab}^*、h_{ab}^* 三者确定的三维立体称为 LCH 颜色空间，如图 4-8 所示。

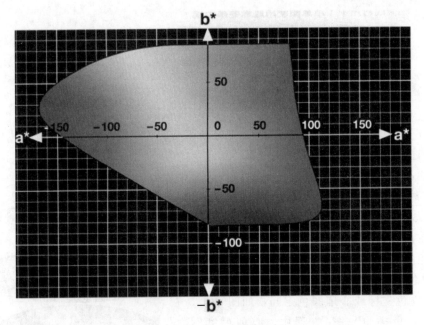

图 4-5　CIELAB 二维色度图

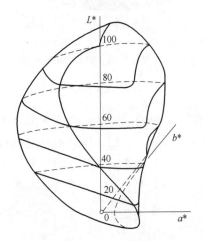

图 4-6　CIELAB 颜色空间立体的实际形状

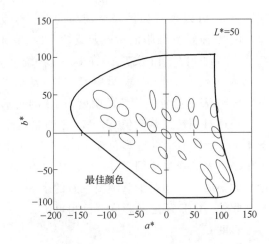

图 4-7　CIELAB 中的麦克亚当椭圆

4.3.2　色差及其计算公式

色差就是指用数值的方式表示两种颜色给人的色差感觉上的差别。若两个颜色都按照 $L^*a^*b^*$ 标定颜色，则两者的总色差及单项色差可用下列公式计算：

明度差：

$$\Delta L^* = L_1^* - L_2^* \tag{4-5}$$

色度差：

$$\Delta a^* = a_1^* - a_2^* \tag{4-6}$$

$$\Delta b^* = b_1^* - b_2^* \tag{4-7}$$

总色差：

$$\Delta E_{ab}^* = \sqrt{(L_1^* - L_2^*)^2 + (a_1^* - a_2^*)^2 + (b_1^* - b_2^*)^2}$$

$$(4-8)$$

彩度差：

$$\Delta C_{ab}^* = C_{ab,1}^* - C_{ab,2}^* \qquad (4-9)$$

色相角差：

$$\Delta h_{ab}^* = h_{ab,1}^* - h_{ab,2}^* \qquad (4-10)$$

色相差：

$$\Delta H_{ab}^* = \sqrt{(\Delta E_{ab}^*)^2 - (\Delta L_{ab}^*)^2 - (\Delta C_{ab}^*)^2} \quad (4-11)$$

在国家标准 GB/T 7921（均匀色空间和色差公式）中，把色相角、色相角差、色相差分别称为色调角、色调角差、色调差。

计算色差时，可以把其中的任意一个作为标准色，则另一个就是样品色。当计算结果出现正负值时，其意义如下（假设 1 为样品色，2 为标准色）：

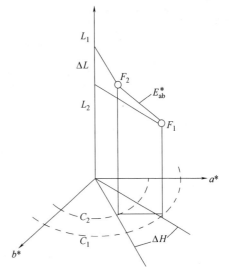

图 4-8　CIE 1976 LCH 空间立体

$\Delta L^* = L_1^* - L_2^* > 0$，表示样品色比标准色浅，明度高；若 $\Delta L^* < 0$，说明样品色比标准色深，明度低。

$\Delta a^* = a_1^* - a_2^* > 0$，表示样品色比标准色偏红；若 $\Delta a^* < 0$，说明样品色比标准色偏绿。

$\Delta b^* = b_1^* - b_2^* > 0$，表示样品色比标准色偏黄；若 $\Delta b^* < 0$，说明样品色比标准色偏蓝。

$\Delta C_{ab}^* = C_{ab,1}^* - C_{ab,2}^* > 0$，表示样品色比标准色彩度高，含"白光"或"灰分"较少；若 $\Delta C_{ab}^* < 0$，说明样品色比标准色彩度低，含"白光"或"灰分"较多。

$\Delta h_{ab}^* = h_{ab,1}^* - h_{ab,2}^* > 0$，表示样品色位于标准色的逆时针方向上；若 $\Delta h_{ab}^* < 0$，说明样品色位于标准色的顺时针方向上。根据标准色所处的位置，就可以判断样品色是偏绿还是偏黄。

4.3.3　色差单位的提出与意义

1939 年，美国国家标准局采纳了贾德等的建议而推行 Y1/2、a、b 色差计算公式，并按此公式计算颜色差别的大小，以绝对值 1 作为一个单位，称为"NBS 色差单位"。一个 NBS 单位大约相当于视觉色差识别阈值的 5 倍。如果与孟塞尔系统中相邻两级的色差值比较，则 1 个 NBS 单位约等于 0.1 孟塞尔明度值，0.15 孟塞尔彩度值，2.5 孟塞尔色相值（彩度为 1）；孟塞尔系统相邻两个色彩的差别约为 10 个 NBS 单位。NBS 的色差单位与人的色彩感觉差别用表 4-1 来描述，说明 NBS 单位在工业应用上是有价值的。后来开发的新色差公式，往往有意识地把单位调整到与 NBS 单位相接近，例如 ANLAB40、Hunter Lab 以及 CIE LAB、CIE LUV 等色差公式的单位都与 NBS 单位大略相同（不是相等）。因此，我们不要误解以为任何色差公式计算出的色差单位都是 NBS。

表 4-1 　　　　　　　　　　　NBS 单位与颜色差别感觉程度

NBS 单位色差值	感觉色差程度	NBS 单位色差值	感觉色差程度
0.0～0.50 0.5～1.51 1.5～3	（微小色差）感觉极微（trave） （小色差）感觉轻微（slight） （较小色差）感觉明显（noticeable）	3～6 6 以上	（较大色差）感觉很明显（appreciable） （大色差）感觉强烈（much）

在印刷色彩复制质量要求上，国家标准局 GB/T 7705—2008（平版装潢印刷品）中，对颜色同批同色色差的要求如表 4-2 所示。

表 4-2 　　　　　　　　　　GB/T 7705—2008 对色差的要求

	精细产品		一般产品	
	$L^*>50$	$L^*\leqslant50$	$L^*>50$	$L^*\leqslant50$
同批同色色差（ΔE_{ab}^*）	$\leqslant4.0$	$\leqslant3.0$	$\leqslant6.0$	$\leqslant5.0$

一般产品 $\Delta E_{ab}^*\leqslant5.00\sim6.00$，精细产品 $\Delta E_{ab}^*\leqslant4.00\sim5.00$。

4.4　CIE1976$L^*u^*v^*$ 均匀颜色空间

4.4.1　CIE 1976 $L^*u^*v^*$ 模型

CIE 1976 $L^*u^*v^*$ 均匀颜色空间是由 CIE 1931 XYZ 颜色空间和 CIE 1964 匀色空间改进而产生的。主要是用数学方法对 Y 值作非线性变换，使其与代表视觉等间距的孟塞尔系统相一致。然后，将转换后的 Y 值与 u、v 结合而扩展成三维均匀颜色空间。其定义公式如下：

$$\begin{cases} L^*=\begin{cases}116(Y/Y_0)^{1/3}-16 & Y/Y_0>(6/29)^3\\903.3(Y/Y_0) & Y/Y_0\leqslant(6/29)^3\end{cases}\\ u^*=13L^*(u'-u_0')\\ v^*=13L^*(v'-v_0')\end{cases} \tag{4-12}$$

其中：

$$\left.\begin{array}{l}u'=u=\dfrac{4x}{-2x+12y+3}=\dfrac{4X}{X+15Y+3Z}\\[2mm]v'=1.5v=\dfrac{9y}{-2x+12y+3}=\dfrac{9y}{X+15Y+3Z}\end{array}\right\} \tag{4-13}$$

式中：　　　　L——明度指数；

u^*、v^*——色度指数；

u'、v'——CIE 1964 系统的色度坐标；

x、y——CIE 1931 系统的色度坐标；

u_0'、v_0'、x_0、y_0——测色所用光源的色度坐标；

X、Y、Z——样品色的三刺激值；

X_0、Y_0、Z_0——光源的三刺激值。

从公式可以看出，u'、v' 是 CIE 1931 XYZ 色度坐标的线性变换，因此，用色度坐标

u'、v'的色度图如图 4-9（见彩色插页）仍然保持了马蹄形的光谱轨迹。$u'v'$色度图和 xy 色度图相比，视觉上的均匀性有了很大的改善。

与 CIE 1976 $L^*a^*b^*$ 相似，L^*、u^*、v^* 是 X、Y、Z 的非线性变换。因为它们都和 Y 的立方根函数有关，因此，经过非线性变换之后，原来的马蹄形轨迹就不存在了，其色空间如图 4-10 所示。L^*、u^*、v^* 也是直角坐标系，可用色度指数 u^*、v^* 画出"CIE 1976 u^*v^*图"，如图 4-11 所示。

此外，CIE 还定义饱和度、彩度、色相角：

饱和度 S_{uv}：

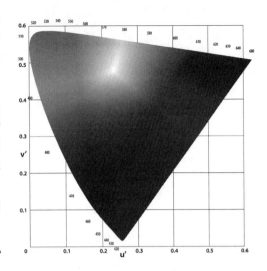

图 4-9　CIE 1976 $u'v'$色度图

$$S_{uv} = 13\left[(u'-u_0')^2 + (v'-v_0')^2\right]^{1/2} \tag{4-14}$$

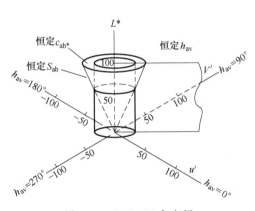

图 4-10　CIELUV 色空间

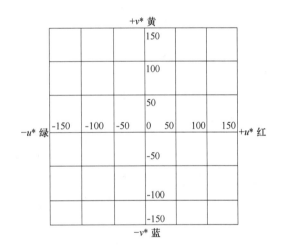

图 4-11　CIE1976 u^*v^* 图

彩度 C_{uv}^*：

$$C_{uv}^* = \left[(u^*)^2 + (v^*)^2\right]^{1/2} = L^* \cdot S_{uv} \tag{4-15}$$

色相角 h_{uv}^*：

$$h_{uv}^* = \arctan(v^*/u^*)(弧度) = \frac{180}{\pi}\arctan(v^*/v^*)(度) \tag{4-16}$$

4.4.2　色差及其计算公式

若两个颜色都按照 $L^*u^*v^*$ 标定颜色，则两者的总色差及单项色差可用下列公式计算：

明度差：

$$\Delta L^* = L_1^* - L_2^* \tag{4-17}$$

色度差：

$$\Delta u^* = u_1^* - u_2^* \tag{4-18}$$

$$\Delta v^* = v_1^* - v_2^* \tag{4-19}$$

总色差：

$$\Delta E_{uv}^* = \sqrt{(\Delta L^*)^2 + (\Delta u^*)^2 + (\Delta v^*)^2} \tag{4-20}$$

彩度差：

$$\Delta C_{uv}^* = C_{uv,1}^* - C_{uv,2}^* \tag{4-21}$$

色相角差：

$$\Delta h_{uv}^* = h_{uv,1}^* - h_{uv,2}^* \tag{4-22}$$

色相差：

$$\Delta H_{uv}^* = \sqrt{(\Delta E_{uv}^*)^2 - (\Delta L_{uv}^*)^2 - (\Delta C_{uv}^*)^2} \tag{4-23}$$

上面各项计算结果出现正负值时，其内涵的物理意义与 $L^* a^* b^*$ 公式相同。

4.4.3 CIE 1976 $L^* a^* b^*$ 与 $L^* u^* v^*$ 匀色空间的选择和使用

1976 年 CIE 推荐以及我国国家标准 GB/T 7921—2008 中规定：可使用 CIE 1976 $L^* a^* b^*$ 和 CIE 1976 $L^* u^* v^*$ 两个匀色空间来表示光源色或物体色及其色差。但 CIE 与 GB/T 7921—2008 均未曾对它们的适用领域加以规定，因此对具体使用者来说，往往不知采用哪一个为好，其主要原因是：第一，它们都是在视觉上近似均匀的色空间和色差公式。第二，根据研究与使用调查表明，这两个颜色空间对视觉上的均匀程度基本上相同。例如，莫莱用 555 对色样求各颜色空间的色差值与目测结果的相互关系，发现 CIE $L^* a^* b^*$ 为 0.72，$L^* u^* v^*$ 为 0.71；还有用孟塞尔卡中恒定色相轨迹和恒定彩度轨迹在 $a^* b^*$ 图和 $u^* v^*$ 图的改善程度也很接近，只是 $a^* b^*$ 图略优于 $u^* v^*$ 图。

总之，根据目前的有关资料，两个系统在视觉均匀性上很接近实用中可以选取 CIE LAB 或 $L^* u^* v^*$ 来表示颜色或色差，这都是符合国际标准和国家标准的。但是，实际上做出决定时，可依据各学科和工业部门的经验、习惯、方便以及熟悉性来选择，用哪一种颜色空间更有利。鉴于染料、颜料以及油墨等颜色工业部门最先选用了 CIE 1976 $L^* a^* b^*$ 匀色空间；美国印刷技术协会（TAGA）在 1976 年的论文集上，发表了 R. H. Gray 和 R. P. Held 关于"研究色彩新方法"的文章，赞成采用 CIE 1976 $L^* a^* b^*$ 匀色空间系统作为印刷色彩的颜色匹配和评价的方法。在其之后的二十多年，在 TAGA 发表的许多文章和在国际印刷研究所协会（IARIGAI）的论文集，以及我国的一些印刷刊物发表的关于印刷色彩研究的文章和资料中，大多数采用 CIE 1976 $L^* a^* b^*$ 系统。至于 CIE 1976 $L^* u^* v^*$ 系统，它本身具有特殊的优点，如 $u^* v^*$ 色度图仍然保留了马蹄形的光谱轨迹，比较适合于对光源色、彩色电视等工业部门的应用。

4.5　色差及色差公式

理想的色差公式应该基于真正视觉感知均匀的颜色空间，其预测的色差应该与目视判别有良好的一致性，而且可以采用统一的色差宽容度来进行颜色质量的控制，即对所有的颜色产品能够用相同的色差容限来判定其合格与否，而与标准色样在颜色空间中所处的位置或所属的色区无关。

纵观色差公式的发展，以 1976 年为界，大致分为两个阶段。1976 年以前，因无统一的标准和约定，颜色工作者纷纷以所涉及到的数据、产品和领域为基础，提出了各自的色差公式。但效果都不能令人十分满意，而且给普及应用带来了很大的麻烦。因为不同的色差公式之间数据很难或无法相互转换，又没有一个具有权威性的色差公式可使大多数人接受并使用。当时有较大影响力的有瑞利立方根（Reilly Cube Root）色差公式、FMC-Ⅰ（Friele-MacAdam-Chickering-Ⅰ）色差公式、FMC-Ⅱ（Friele-MacAdam-Chickering-Ⅱ）色差公式、ANLAB（Adams-Nickerson LAB）色差公式和亨特 LAB（Hunter LAB）色差公式等。为了克服这种混乱，进一步统一色差评定的方法，国际照明协会在广泛讨论和试验的基础上，于 1976 年正式推荐两个色空间及相应的色差公式，即 CIELUV 色差公式和 CIELAB 色差公式，前者主要用于彩色摄影和彩色电视等领域，后者则广泛用于纺织印染、染料、颜料等绝大多数与着色有关的行业。

由于 CIELAB 色差公式在当时是使用效果最好的色差公式，许多国家包括国际标准化组织（ISO）都采用它作为自己的标准，因此 CIELAB 色差公式是自 1976 年起使用较广泛、较通用的色差公式。但是这并不排除 CIELAB 色差公式本身存在的不足之处，其中最主要的便是其计算结果与目测感觉并不总能保持一致。例如，与对深度变化相比，人眼对色相的变化更为敏感；另外人眼在低饱和度的色区的辨色能力远比在明亮鲜艳色区为高。这就意味着在不同的色区即使用 CIELAB 色差公式得出一样的 ΔE_{ab}^* 数值，也不能肯定地说目视评定感觉也一样。比如有一对嫩黄样品和一对深灰样品，二者 ΔE_{ab}^* 均等于 1，但目测会感觉到深灰样品间的差别比嫩黄样品间的要大几倍。1986 年，Luo 和 Rigg 收集了大量表面色的中小色差实验数据，绘制了 CIELAB a* b* 图宽容量椭圆，如图 4-12 所示。

图 4-12 清楚地说明了 CIELAB 是个均匀性很差的颜色空间，至少和小色差有关。如果实验数据和 CIELAB 空间那个完美地匹配，所有的椭圆都是同尺寸的圆圈。从图中可以发现一些趋势：接近中性色的椭圆最小，随着彩度的增加椭圆变大变长；除了蓝色区域外，大多数椭圆都指向原点（非彩色点）。

近二十年来，颜色科技工作者寻求更理想的色差公式的探索和努力一直就没有停止过。曾经使用的色差公式主要有：FCM（fine color metric）色差公式、LABHNU 色差公式、JPC79 色差公式、CMC（l：c）色差公式、ATDN 色差公式、住友方法、CIELAB 色差公式的改良式、SVF 色差公式、BFD（l：c）色差公式、CIE94 色差公式、CMC（l：c）色差公式的简化式、CIEDE2000 色差公式。下面主要介绍一下 CMC（l：c）色差公式、CIE94 色差公式和

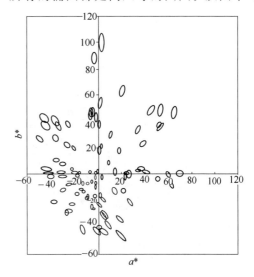

图 4-12　CIELAB 宽容量椭圆

CIEDE2000 色差公式。

4.5.1 CMC（l∶c）色差公式

1984 年英国染色家协会（SDC，the Society of Dyers and Colourist）的颜色测量委员会（CMC，the Society's Color Measurement Committee）推荐了 CMC（l∶c）色差公式，该公式是由 F. J. J. Clarke、R. McDonald 和 B. Rigg 在对 JPC79 公式进行修改的基础上提出的，它克服了 JPC79 色差公式在深色及中性色区域的计算值与目测评价结果偏差较大的缺陷，并进一步引入了明度权重因子 l 和彩度权重因子 c，以适应不同应用的需求。

在 CIELAB 颜色空间中，CMC（l∶c）公式把标准色周围的视觉宽容量定义为椭圆。椭圆内部的颜色在视觉上和标准色是一样的，而在椭圆外部的颜色和标准色就不一样了。在整个 CIELAB 颜色空间中，椭圆的大小和离心率是不一样的。以一个给定的标准色为中心的椭圆的特征，是由相对于标准色在 ΔL^*、ΔC_{ab}^*、ΔH_{ab}^* 方向上的两半轴的长度决定的。用椭圆方程定义的色差公式 $\Delta E_{CMC(l∶c)}^*$ 如下所示：

$$\Delta E_{CMC(l∶c)}^* = \sqrt{\left(\frac{\Delta L^*}{lS_L}\right)^2 + \left(\frac{\Delta C_{ab}^*}{cS_C}\right)^2 + \left(\frac{\Delta H_{ab}^*}{S_H}\right)^2} \qquad (4\text{-}24)$$

式中：

$$S_L = \begin{cases} 0.040975\, L_s^*/(1+0.01765L_s^*), & L_s^* \geqslant 16 \\ 0.511, & L_s^* < 16 \end{cases} \qquad (4\text{-}25)$$

$$S_C = 0.0638C_{ab,s}^*/(1+0.0131C_{ab,s}^*) + 0.638 \qquad (4\text{-}26)$$

$$S_H = S_C(F \cdot T + 1 - F) \qquad (4\text{-}27)$$

$$F = \sqrt{(C_{ab,s}^*)^4/[(C_{ab,s}^*)^4 + 1900]} \qquad (4\text{-}28)$$

$$T = \begin{cases} 0.36 + |0.4COS(h_{ab,s}^* + 35)| & h_{ab,s}^* > 345° \text{或} h_{ab,s}^* < 164° \\ 0.56 + |0.2COS(h_{ab,s}^* + 168)| & 164° \leqslant h_{ab,s}^* \leqslant 345° \end{cases} \qquad (4\text{-}29)$$

上式中，L_s^*、$C_{ab,s}^*$、$h_{ab,s}^*$ 均为标准色的色度参数，这些值以及上面的 ΔL^*、ΔC_{ab}^*、ΔH_{ab}^* 都是在 CIELAB 空间计算得到。

S_L、S_C 和 S_H 是椭圆的半轴，l、c 是因数，通过 l、c 可以改变相对半轴的长度，进而改变 ΔL^*、ΔC_{ab}^*、ΔH_{ab}^* 的相对容忍度。例如，在纺织中，l 通常设为 2，允许在 ΔL^* 上有相对较大的容忍度，这也就是 CMC（2∶1）公式。

很明显，用标准色的 CIELAB 坐标 L_s^*、$C_{ab,s}^*$、$h_{ab,s}^*$ 来对校正值 S_L、S_C 和 S_H 进行计算是极为重要的。这些参数用非线性方程定义，也表明：ΔL^* 的宽容量随着 L_s^* 的增大而增大，ΔC_{ab}^* 的宽容量随着 $C_{ab,s}^*$ 的增大而增大，ΔH_{ab}^* 的宽容量随着 $C_{ab,s}^*$ 的增大而增大并且与 $h_{ab,s}^*$ 的变化同步。

由于 CMC 色差公式比 CIELAB 公式具有更好的视觉一致性，所以对于不同颜色产品的质量控制都可以使用与颜色区域无关的"单一

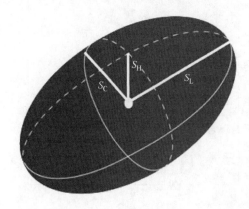

图 4-13　CMC 容差椭圆

阈值（Single number tolerance）"，从而给颜色测量和色差的仪器评价带来了很大的方便。因此，CMC 公式推出以后得到了广泛的应用，许多国家和组织纷纷采用该公式来替代 CIELAB 公式。1988 年，英国采纳其为国家标准 BS6923（小色差的计算方法），1989 年被美国纺织品染化师协会（American Association of Textile Chemist and Colorist）采纳为 AATCC 检测方法 173-1989，后来经过修改改为 AATCC 检测方法 173-1992，1995 年被并入国际标准 ISO 105（纺织品-颜色的牢度测量），成为 J03 部分（小色差计算）。在我国，国际标准 GB/T 8424.3（纺织品色牢度试验 色差计算）和 GB/T 3810.16（陶瓷砖实验方法 第十六部分：小色差的测定）中也采纳了 CMC 色差公式。在印刷行业中，现行的国际标准和行业标准依然采用的 CIELAB 色差公式，部分企业在实际生产中发现了该色差公式的不足之处，在企业标准中开始采用 CMC 色差公式。

4.5.2　CIE94 色差公式

1989 年，CIE 成立了技术委员会 TC1-29（工业色差评估），主要任务是考察目前在工业中使用的在日光照明下进行物体色色差评价的标准，并给出建议。1992 年 TC1-29 给出了一个实验性的包含两部分的提案。第一部分详述了经过修改 CMC（l：c）公式而得出的一个新的色差公式，第二部分则阐述了在新的资料下或基本建模思想改变的情况下，新公式的修正方法。

这个最终的提案在 1995 年作为 CIE 的技术报告被公布出来。该报告详细说明了为了新的色差公式在色差方面以前所做的工作。新公式的完整的名称是"CIE 1994（ΔL^*、ΔC_{ab}^*、ΔH_{ab}^*）色差模型"，缩写为"CIE94"或色差符号 ΔE_{94}^*。

很多因素影响了视觉评价，比如，样品的特性和观测条件。联合 CIE 的另外一个技术委员会 TC1-28（影响色差评价的因素），TC1-29 充分认识到这些因素的影响，对它们进行了详细地考察，并在 CIE94 公式中考虑到了一些因素的影响。由于不可能考虑所有因素的影响，两个技术委员会联合规定了一些参考条件，在这些参考条件下，参数给定了默认值。CIE94 公式的性能很好，在其他条件下参数值的确定被认为是公式改进工作的一部分。参考条件适合于工业色差的评价，这些参考条件是：

照明：CIE 标准照明体 D65

照度：1000lx

背景：均匀的中性色，$L^* = 50$

观察模式：物体色

样品尺寸：视场大于 4°

样品放置：直接边缘接触

样品色差幅度：0～5 CIELAB 色差单位

观察者：视觉正常

样品结构：在颜色上是均匀的；

新的色差公式基于 CIELAB 颜色空间。TC1-29 认为在染色工业中该色差公式被广泛的接受，认为明度、彩度、色相的差别和人的感觉的统一是极为重要的。在计算有色材料的中小色差时，这个色差公式替代了以前推荐的色差公式。但是它没有作为颜色空间替代 CIELAB 和 CIELUV。

CIE94 公式引入一个新的项（ΔV），即色差的视觉量化值

$$\Delta V = K_{\mathrm{E}}^{-1} \Delta E_{94}^{*} \tag{4-30}$$

K_{E} 并不是作为商业色差测量来用，而是一个总的视觉因素，在工业评定的条件下，设为一个单位，即 $\Delta V = \Delta E_{94}^{*}$。

CIE 94 公式如下所示：

$$\Delta E_{94}^{*} = \sqrt{\left(\frac{\Delta L^{*}}{K_{\mathrm{L}} S_{\mathrm{L}}}\right)^{2} + \left(\frac{\Delta C_{\mathrm{ab}}^{*}}{K_{\mathrm{C}} S_{\mathrm{C}}}\right)^{2} + \left(\frac{\Delta H_{\mathrm{ab}}^{*}}{K_{\mathrm{H}} S_{\mathrm{H}}}\right)^{2}} \tag{4-31}$$

变量 K_{L}、K_{C} 和 K_{H} 和 CMC（l∶c）公式中的 l、c、h 一样［在 CMC（l∶c）公式中，可以认为在 $\Delta H_{\mathrm{ab}}^{*}$ 项的除数中有一个因子 h，因为 $h=1$，因此可以忽略］。它们在这里称为"参数因子"（parametric factors），因而就可以避免和 CIE94 中称为"相对容差"（relative tolerance）的 l、c 相混淆。在参考条件下，$K_{\mathrm{L}} = K_{\mathrm{C}} = K_{\mathrm{H}} = 1$，使用条件和参考条件发生偏差时，会导致在视觉上每一个分量（亮度、彩度、色相）的改变，因而可以单独地调整色差公式中的各个色差分量以适应这种改变。例如，评价纺织品时，亮度感觉降低，当 $K_{\mathrm{L}} = 2$，$K_{\mathrm{C}} = K_{\mathrm{H}} = 1$ 时纺织品的视觉评价和 CIE94 公式的计算结果比较接近。

就像在 CMC（l∶c）公式中所做的一样，在 CIE94 中称为"权重函数"的椭圆半轴（S_{L}、S_{C} 和 S_{H}）的长度允许在 CIELAB 颜色空间中根据区域的不同进行各自的调整，但是，和 CMC（l∶c）不同，它们用线性方程进行了不同的定义：

$$\begin{cases} S_{\mathrm{L}} = 1 \\ S_{\mathrm{C}} = 1 + 0.045 C_{\mathrm{ab,X}}^{*} \\ S_{\mathrm{H}} = 1 + 0.015 C_{\mathrm{ab,X}}^{*} \end{cases} \tag{4-32}$$

当一对颜色中的标准色和被比较色明显不同时，则 $C_{\mathrm{ab,X}}^{*} = C_{\mathrm{ab,S}}^{*}$。这种经过优化的方程的不对称性，导致了一对样本色之间的色差，即颜色样本 A 和 B，以 A 为标准和以 B 为标准计算的结果就不一样。在逻辑上如果没有样本作为标准色时，$C_{\mathrm{ab,X}}^{*}$ 可以用两个颜色的 CIELAB 的彩度的几何平均值表示，如下所示：

$$C_{\mathrm{ab,X}}^{*} = (C_{\mathrm{ab,A}}^{*} \times C_{\mathrm{ab,B}}^{*})^{1/2} \tag{4-33}$$

TC1-29 的很多成员希望制定一个 CIE94 推荐标准，但是同时另外一部分人又不同意。TC1-29 的技术报告也存在矛盾之处，它的题目中并没有包含"推荐"一词，但是它的内容明显地表明在色差计算方面用 CIE94 色差公式代替 CIELAB 公式。CIE94 色差公式发布后，很多的仪器制造商对该色差公式提供了支持，目前，支持 CIE94 的仪器有很多，如 X-Rite 530 光谱密度仪、X-Rite SP60 便携式球形分光光度仪、GretagMacbeth ColorEye® XTH 便携式分光光度仪、GretagMacbeth SpectroEyeTM 分光光度仪/色密度计等。

4.5.3　CIEDE2000 色差公式

为了进一步改善工业色差评价的视觉一致性，CIE 专门成立了工业色差评价的色相和明度相关修正技术委员会 TC1-47（Hue and Lightness Dependent Correction to Industrial Colour Difference Evaluation），经过该技术委员会对现有色差公式和视觉评价数据的分析与测试，在 2000 年提出了一个新的色彩评价公式，并于 2001 年得到了国际照明委员会（CIE）的推荐，称为 CIE2000 色差公式，简称 CIEDE2000，色差符合为 ΔE_{00}。

CIEDE2000 是到目前为止最新的色差公式，该公式与 CIE94 相比要复杂的多，同时也大大提高了精度。

CIEDE2000 色差公式主要对 CIE94 公式做了如下几项修正：①重新标定近中性区域的 a^* 轴，以改善中性色的预测性能。②将 CIE94 公式中的明度权重函数修改为近似 V 形函数。③在色相权重函数中考虑了色相角，以体现色相容限随颜色的色相而变化的事实。④包含了与 BFD 和 Leeds 色差公式中类似的椭圆选择选项，以反映在蓝色区域的色差容限椭圆不指向中心点的现象。

CIEDE2000 色差公式如下：

$$\Delta E_{00} = \sqrt{\left(\frac{\Delta L'}{K_L S_L}\right)^2 + \left(\frac{\Delta C'}{K_C S_C}\right)^2 + \left(\frac{\Delta H'}{K_H S_H}\right)^2 + R_T \left(\frac{\Delta C'}{K_C S_C}\right)\left(\frac{\Delta H'}{K_H S_H}\right)} \tag{4-34}$$

其计算过程如下：

首先由式（4.1）和（4.3）计算 L^*、a^*、b^*、C_{ab}^*

然后

$$L' = L^* \tag{4-35}$$

$$a' = (1+G)a^* \tag{4-36}$$

式中：

$$G = 0.5\left(1 - \sqrt{\frac{\overline{C_{ab}^*}^7}{\overline{C_{ab}^*}^7 + 25^7}}\right) \tag{4-37}$$

$\overline{C_{ab}^*}$ 是一对样品色 C_{ab}^* 的算术平均。

$$b' = b^* \tag{4-38}$$

$$C' = \sqrt{a'^2 + b'^2} \tag{4-39}$$

色相角 h' 的计算参考公式（4.4），在这里用 a'、b' 替代式式中的 a^*、b^*。

$$\Delta L' = L_b' - L_s' \tag{4-40}$$

$$\Delta C' = C_b' - C_s' \tag{4-41}$$

$$\Delta H' = 2\sqrt{C_b' C_s'}\sin\left(\frac{\Delta h'}{2}\right) \tag{4-42}$$

这里，$\Delta h' = \begin{cases} 0° & \text{当 } C_s' C_b' = 0 \\ h_b' - h_s' & \text{当 } C_s' C_b' \neq 0 \text{ 且 } |h_b' - h_s'| \leqslant 180° \\ h_b' - h_s' - 360° & \text{当 } C_s' C_b' \neq 0 \text{ 且 } |h_b' - h_s'| > 180° \\ h_b' - h_s' + 360° & \text{当 } C_s' C_b' \neq 0 \text{ 且 } |h_b' - h_s'| < -180° \end{cases}$

其中下标"s"表示颜色对中的标准色，"b"表示样品色。

$$S_H = 1 + 0.015 \overline{C} T \tag{4-43}$$

$$T = 1 - 0.17\cos(\overline{h'} - 30°) + 0.24\cos(2\overline{h'}) + 0.32\cos(3\overline{h'} + 6°) - 0.20\cos(4\overline{h'} - 63°) \tag{4-44}$$

这里：$\overline{h'} = \begin{cases} (h_s' + h_b')/2 & \text{当 } |h_s' - h_b'| \leqslant 180° \text{且 } C_b' C_s' \neq 0 \\ (h_s' + h_b' + 360°)/2 & \text{当 } |h_s' - h_b'| > 180° \text{且 } |h_s' + h_b'| < 360° \text{且 } C_b' C_s' \neq 0 \\ (h_s' + h_b' - 360°)/2 & \text{当 } |h_s' - h_b'| > 180° \text{且 } |h_s' + h_b'| \geqslant 360° \text{且 } C_b' C_s' \neq 0 \\ (h_s' + h_b')/2 & \text{当 } C_b' C_s' \neq 0 \end{cases}$

$$S_L = 1 + \frac{0.015(\overline{L'} - 50)^2}{\sqrt{20 + (\overline{L'} - 50)^2}} \tag{4-45}$$

$$S_c = 1 + 0.045\overline{C'} \tag{4-46}$$

式中的 $\overline{L'}$、$\overline{C'}$、$\overline{h'}$ 是一对色样 L'、C'、h' 的算术平均值。

$$R_T = -\sin(2\Delta\theta)R_C \tag{4-47}$$

$$\Delta\theta = 30\exp\left[-\left(\frac{\overline{h'}-275°}{25}\right)^2\right] \tag{4-48}$$

$$R_C = 2\sqrt{\frac{\overline{C'^7}}{\overline{C'^7}+25^7}} \tag{4-49}$$

最后，由式（4.34）计算色差值。

在计算 $\overline{h'}$ 时，如果两个颜色的色相处于不同的象限，就需要特别注意，以免出错。

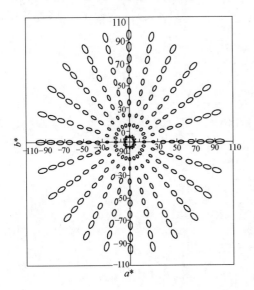

图 4-14　CIEDE2000 宽容量椭圆

如，某颜色样品对中标准色和样品色的色相角分别为 90°和 300°，则直接计算出来的算术平均值为 195°，但是正确的应该是 15°。实际计算时，可以从两个色相角之间的绝对差值来检查，如果该差值小于 180°，那么应该直接采用算术平均值；差值大于 180°，需要先从较大的色相角中减去 360°，然后再计算算术平均值。因此，在上述示例中，对于样品色先计算 300°−360°=−60°，然后计算平均值为 15°。CIEDE2000 色差公式的宽容量椭圆如图 4-14 所示。

以上基于对 CIELAB 公式改良的色差公式在数学上均采用椭球方程或其变形，并于椭球的边界来表示颜色的宽容量范围，再引入不同的参数来调节三个色差 ΔL、ΔC、ΔH 在总色差 ΔE 中的权重，以提高色差计算结果与目视评判的一致性。同时，所有这些公式都无一例外地建立在目视比较经验评色数据的基础之上。尽管有不少科学家提议从颜色的视觉机理出发，建立符合人眼视觉特征的真正的均匀颜色空间及其色彩评价模型，然而，迄今没有这样的颜色系统被提出。

第 5 章 色 序 系 统

在人们的日常生活、工作以及科研交流时，经常需要传递有关颜色的各种信息，准确地表述颜色信息，一直是人类在不断探寻的问题。最初，通过语言来表述颜色信息，语言可以直观地描述颜色，但不能准确地表达，更不能定量，这对生产生活造成了极大的困扰。后来，CIE色度系统的出现解决了针对颜色进行定量描述的相关问题。通过CIE色度系统可以进行颜色的测量、表达和计算，是一种精确的表示方法。但是CIE色度系统所采用的三次刺激值和色品坐标存在的最大问题是三刺激值并不是颜色的感觉属性，不能用人类视觉所能感知的颜色三个属性（明度、色调和饱和度）来进行联系。尽管CIE LAB均匀颜色空间可以计算出颜色的这三种属性，但并不能直接地得到颜色的感觉。

5.1 色序系统的概念

在CIE色度系统建立之前，很多颜色相关行业就曾尝试制定各类各样的标准来对颜色进行统一，如印染行业各种各样的色样，印刷行业常见的色谱、生活中常用的涂料以及各种色彩标本等，各厂家和用户可以通过这些既定的标准来进行比较。将许多色样按照一定的顺序和规则排列起来，并且对其中所有的色样进行分别命名或者编号就构成了一类特定的色序系统。

一个完整的色序系统通常应该包括以下三个条件：①按照某种特定的顺序和规则来进行颜色排列。②每种颜色都有特定和唯一的标号。③该系统与CIE色度系统有对应的关系，便于计算和测量。

依据色序系统的定义，可以将色度系统分为两大类：具体系统和抽象系统，抽象系统是一种用来对颜色进行表示的体系，不一定存在实际的标准样，例如CIE色度体系。而具体系统则是采用实物色样来对颜色进行表现和标定的体系，本章主要介绍具体系统。

截止到目前，流行着各种各样的色序系统，它们具有各自的应用领域和独有的特点，根据颜色排列规则，我们可以把色序系统分为两大类：差别系统和类似度系统。差别系统是指将颜色按照颜色变化量在视觉上均匀等间隔改变的原则来排列，所有邻近色间的差别在视觉上是相同的，这类色度系统最为著名的是美国的孟塞尔颜色系统，其应用也最为广泛。类似度系统则是按照颜色在明度、色调、饱和度的感觉与标准颜色（基本色）的类似程度进行排列的，其中最为著名的是瑞典的自然色系统（NCS），下文将重点介绍这两种色序系统。

5.2 孟塞尔颜色系统

孟塞尔颜色系统是目前世界上应用最广泛的颜色系统，该系统最初是由美国艺术家Albert Munsell（图5-1）在1905年开发的，20世纪30年代后期由美国光学学会（OSA）

图 5-1　Albert Henry
Munsell（1858—1918）

的比色法委员会（Newhall 等人，1943 年）完善和重写。孟塞尔提出的原始颜色系统被称为孟塞尔颜色系统，经 OSA 校正的颜色系统被称为孟塞尔色度系统。然而，在实践中只有新系统被采用，因此它也被简称为孟塞尔颜色系统。

如图 5-2 所示，使用圆柱坐标对色片进行排列和标记，其中孟塞尔 V 值作为纵坐标（V 值是孟塞尔给出的通称为亮度属性的名称），孟塞尔色调 H 值作为圆周角度和孟塞尔色度 C 值作为半径。不具有孟塞尔色调（如白色，灰色或黑色）的颜色称为无彩色，具有色调的颜色称为彩色。可以看出，无彩色的颜色沿着中心轴从 $V=0$（理想的黑色）到 $V=10$（理想的白色）排列。如图 5-3 所示，色度的大小由距离中心轴的距离表示，将无彩色的色度取为 $C=0$。如图 5-4 所示，孟塞尔色调被轴向放置在一个称为色调环的布置中。

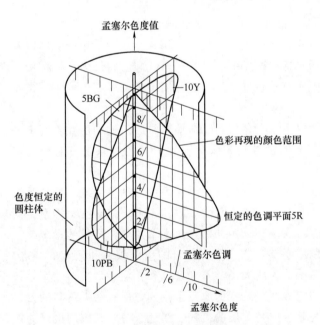

图 5-2　孟塞尔颜色系统的固体颜色

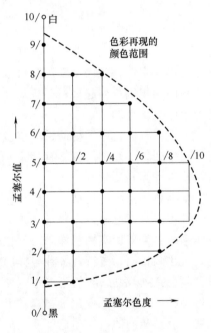

图 5-3　孟塞尔色片在色调平面上的排列

孟塞尔选择了五种色调，红色（R）、黄色（Y）、绿色（G）、蓝色（B）和紫色（P）作为系统的主要色调，这五种色调在色调环周围均匀间隔，YR、GY、BG、PB 和 RP 作为中间色调添加。此外，如图 5-4 所示，主要色调和中间色调之间的其他色调通过将每个主色调和中间色调之间的范围分成十个相等的部分并提供数字 1～10 来表示，以这种方式总共成立 100 个色调。五个主要色调和五个中间色调被编号为 5（5R、5YR、5Y 等），并且中间部分从 1～10 编号。色调 10R、10YR、10Y 对应于 0YR，0Y，0GY，但不能使用表达式 0YR，如有必要，色调环可以通过使用小数部分 5.65R 进一步细分。代表孟塞尔系统的颜色片有多种形式可供选择，并且任何给定样品的孟塞尔符号可以通过找到颜色外观与样品最接近的颜色片来获得。如果不合格，该符号可以通过相邻色片之间的内插来确定。

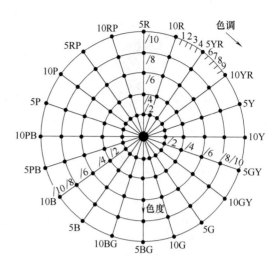

图 5-4　孟塞尔明度相等的孟塞尔色片的排列

通常，以 HV/C 的形式给出孟塞尔符号的顺序为色调值 H，明度值 V 和色度值 C。例如，一个人的肤色可能产生 H＝1.6YR，V＝6.3 和 C＝3.9，它将被写为 1.6YR 6.3/3.9，并且被读作 1.6YR，6.3 的 3.9 或 1.6YR，6.3 斜杠 3.9。对于无彩色的白黑系列中性色用符号 N 表示，例如，明度值为 5 的中性灰色的标号是 N5。

有两种颜色片可供选择，一种具有光滑的表面，另一种具有无光泽的表面，这两种类型的间隔为 H＝2.5，V＝1 和 C＝2。前一种类型包括大约 1550 种颜色，后者大约 1250 种颜色。对应于 ΔV＝1 的孟塞尔值的感知差异大约相当于 ΔC＝2 的色度差和 C＝5 时 ΔH＝3 的色相差。拥有这样一套色片对于色彩规范的实际理解有很大帮助，因为可以立即直观地观察到与特定 HV/C 规格对应的色彩。

观察孟塞尔色卡时应在标准照明体 C 或与此明亮接近的照明光（如有可能应在 1000lx 以上）下进行。为了将样品与色片进行目视比较，最好垂直照射样品，并从 45°角的方向垂直观察。一般来说，V＝5～7 的色差区域对于周围区域是最好的，但如果使用白色遮罩，对于具有高孟塞尔值（V≥8）的颜色，可以获得更高的精度。类似地，对于 V≤3 的颜色，可以使用黑色遮罩，如此获得的 HV/C 符号可以通过使用表格或图表转换成比色值。

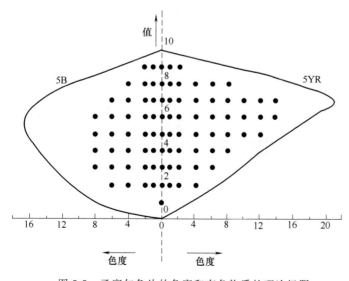

图 5-5　孟塞尔色片的色度和有色物质的理论极限

对于某些应用，孟塞尔颜色系统不限于彩色片数量的限制。样本的颜色很少与孟塞尔色片完全匹配。因此，在大多数情况下，样品颜色的孟塞尔符号必须通过在相邻色片之间进行内插来评估，这是以所得值的精度为代价的。此外，近来已经生产了许多有色物质，其色度超过了孟塞尔色片的最高色度。图 5-5 显示了在一个 5B-5YR 色调平面上孟塞尔色片的色度范围和有色物质的理论极

图 5-6　Wilhelm Ostwald
（1853—1932）

限。可以看出，孟塞尔色片的区域非常有限。必须进行外推以获得色片覆盖区域外颜色的孟塞尔符号，但同样会导致所得值的精度损失。

使用色片的色彩外观系统的其他例子包括 1923 年由 Wilhelm Ostwald（图 5-6）提出的 Ostwald 色彩系统，1955 年作为德国标准采用的 DIN 色彩系统和 1978 年美国光学学会引入的 OSA 色彩系统，可提供用于牙齿、皮肤、头发、花朵和叶子等特殊颜色系列色片。

最后，通过使用颜色名称可以构建一个简单的颜色规范系统。使用颜色名称的颜色指定方法包括使用通用对象，如皮肤、天空、桃子等，以及通过将修饰符（黑色、浅色、深色等）与基本颜色名称（红色、绿色、蓝色等）相结合给出，诸如深黄红、淡紫蓝等名称。颜色名称的使用是非常方便的，因为未受过训练的人员直接容易地理解该说明书，但孟塞尔和其他人在系统的精确量化方面有很大的不同。

5.3　NCS 颜色系统

NCS 是 Natural Color System（自然色彩系统）的简称。NCS 是目前世界上最具盛名的色彩体系之一，是国际通用的色彩标准，更是国际通用的色彩交流的语言。

NCS 系统已经成为瑞典、挪威、西班牙等国的国家检验标准，它是欧洲使用最广泛的色彩系统，并正在被全球范围采用。NCS 广泛应用于设计、研究、教育、建筑、工业、公司形象、软件和商贸等领域。

NCS 的研究始于 1611 年，后来在色彩学、心理学、物理学以及建筑学等十几位专家数十年的共同努力下，经过了大量科学试验，自然色彩系统于 1979 年完成，并成为瑞典的国家标准。

NCS 以 6 个心理原色：白色（W）、黑色（S）以及黄色（Y）、红色（R）、蓝色（B）、绿色（G）为基础，如图 5-7 所示（见彩色插页）。黑白是非彩色，黄、红、蓝、绿是彩色。在这里，黄不是由红和绿混合产生的颜色，而是由人的颜色视觉所感受到的颜色。在这个系统中用"相似"，而不是用"混合"的术语，因为它是根据

图 5-7　NCS 的 6 个心理原色

直接观察的色彩感觉，而不是根据混色实验对颜色进行分类和排列的。按照人们的视觉特点，黄色可以和红、绿相似而不可能和蓝相似；蓝色可以和红、绿相似而不可能和黄相似；红、绿彼此不相似；所有其他的颜色均可以看作是和黄、红、蓝、绿、黑、白这 6 种颜色有不同程度相似的颜色。根据这一特点，NCS 采用的色彩感觉几何模型如图 5-8 所

示。颜色立体的横剖面是圆形的色调环，如图 5-9 所示。

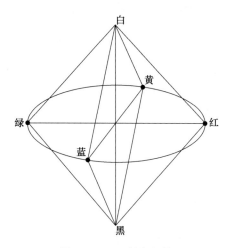

图 5-8　NCS 颜色立体

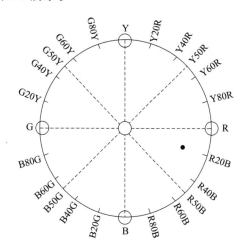

图 5-9　NCS 色调环

色调环上有四种彩色原色：黄、红、蓝和绿，它们把整个圆环分成四个象限，同一象限中的颜色都与其临近的基本色有类似度的关系，跟其他象限的颜色则不存在类似关系。每一个象限又分为 100 个等级，代表和两个基本色类似度的百分比，当其中一种基本色颜色产生变化时，另一基本色随之反向等比例变化，永远保持二者的和为 100，这种表示方法被称为双极坐标。要想判断某一个颜色的色相，首先要判别出该色相位于哪个象限内，然后再判断产生这一色相所需两原色的相对比例。以象限 Y-R 为例，从 Y 到 Y50R，黄对红的优势逐渐减少；从 Y50R 到 R，红对黄的优势逐渐增加，一直到红原色为止。若用百分比来说明颜色的这种标法，就容易理解颜色标号的意义。例如一个颜色的标号为Y70R，就表示这个颜色中红色对黄色有 70％的优势，而黄只是占到 30％。

NCS 颜色立体的垂直剖面图的左右半侧各是一个三角形，如图 5-10 所示。

三角形的 W 角代表白，S 角代表黑，也就是颜色立体的顶端和底端，C 代表一个纯色，与黑白都不相似。用 NCS 判定颜色时，第二步是由目测判别出该颜色中含有彩色和非彩色量的相对多少。颜色三角形中有两种标尺：彩度标尺说明一个颜色与纯彩色的接近程度，黑白标尺说明一个颜色与黑色的接近程度，这两种标尺被均分成 100 等份。NCS 规定，任何一种颜色所包含的原色数量总量为 100，即白＋黑＋彩色＝100，其具体的计算和表示方法如下：

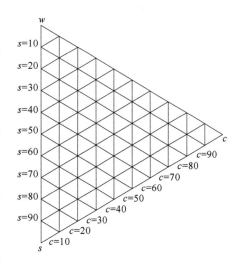

图 5-10　NCS 色调三角形

若某颜色表示为 2030-Y90R，2030 表示该颜色包含有 20％的黑和 30％的彩色，也就是说，该颜色还有 100％-20％-30％＝50％的白。在 30％的彩色中，Y90R 表示色相，也就是与黄色 Y 与红色 R 之间的对应关系，Y90R 表示红色占彩色的 90％和黄色占彩色的

10％。所以说在这一颜色中，各原色的比例关系是：黑——20％、白——50％（100％－20％－30％）、红——27％（30％×90％）、黄——3％[30％×（100％－90％）]、蓝——0％、绿——0％。

纯粹的灰色是没有色相的，标注以-N 来表示非彩色。其范围从 0500-N（白色）到 9000-N（黑色）。NCS 色彩编号前的字母 S 表示 NCS 第 2 版色样。这一版的色彩标准下的涂料油漆中不含有毒成分。

当我们熟悉了 NCS 系统，就可以根据颜色的编号判断其属性。例如多少明度，多少彩度，什么色相等，这有助于颜色的交流和检验，还有助于识别那些未标注以 NCS 编号的颜色。

5.4 RGB 颜色空间

RGB 模型的原理来自于颜色的三刺激值理论，它基于以下假设：在眼睛的中央部位有 3 类对色彩敏感的锥状细胞。其中一类对位于可见光谱中间位置的光波敏感，这种光波经人的视觉系统转换产生绿色感。而其他两种锥状细胞对位于可见光波的两端即较长和较短的波长的光波敏感，它们分别被识别为红色和蓝色。从生理学的角度来看，由于眼睛仅包含 3 种不同类型的锥状细胞，因而对任意 3 种颜色适当混合均可产生白光视觉，条件是这 3 种颜色中任意两种的组合都不能产生第 3 种颜色，则这三种颜色就被称为三原色。

RGB 颜色空间以 R、G、B 三种基本色为基础，进行不同程度的叠加，产生丰富而广泛的颜色，称为三基色模式。RGB 空间是生活中最常用的一个模型，电视机、电脑的 CRT 显示器等大部分都是采用这种模型。自然界中的任何一种颜色都可以由红、绿、蓝三种色光混合而成，现实生活中人们见到的颜色大多是混合而成的色彩。

对于显示器来说，RGB 对应的是显示器内部三种滤色片或者荧光粉的颜色，而针对扫描仪进行讨论的时候，RGB 则又代表了扫描仪里三种红绿蓝的光电转换器以及滤色片代表的颜色，当然数码相机也是如此。其实，RGB 彩色图像就是通过不同 RGB 颜色的数值构成的，是当前图像内含的唯一信息。这一类的设备产生颜色都是基于 RGB 三原色的相互混合得来的，所以颜色空间其实是一个加色混色空间，只不过三原色并不是固定的值，会受不同设备的影响而变化，所以 RGB 颜色空间是一个设备相关的颜色空间。

RGB 颜色空间基于颜色的加法混色原理，从黑色不断叠加 R、G、B 的颜色，最终可以得到白色光。用红绿蓝三原色加色混色的基本规则如图 5-11 所示，①红光＋绿光＝黄光；②红光＋蓝光＝品红光；③绿光＋蓝光＝青光。

与加色混色对立的是印刷油墨中的减色混色，二者的规律正好相反。加色混色与减色混色不同的最显著的特点是加色混色时颜色混合后变得更亮。

RGB 色彩空间根据实际使用设备系统能力的不同，有各种不同的实现方法。截至 2016

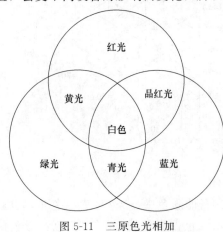

图 5-11 三原色光相加

年，最常用的是 24 位实现方法，也就是红绿蓝每个通道有 8 位或者 256 色级。基于这样的 24 位 RGB 模型的色彩空间可以表现 $256 \times 256 \times 256 \approx 1677$ 万色，但人眼实际只能分辨出 1000 万种颜色（不同的人分辨能力并不相同，这只是最大值）。一些实现方法采用每原色 16 位，能在相同范围内实现更高更精确的色彩密度。这在宽域色彩空间中尤其重要，因为大部分通常使用的颜色排列的相对更紧密。

在彩色桌面出版系统应用软件中，红绿蓝三原色用 0～255 的数字量来表示，代表三原色的亮度。0 表示无光，颜色最暗；255 表示最大亮度，颜色最亮、最纯；三种原色以 0～255 之间的任何数值进行混合，就可以得到丰富多彩的颜色。如果 RGB 按一定的顺序和规则改变，就能够得到各种组合的颜色，从这个意义上说，RGB 颜色空间也是一个色序系统，颜色的标号就是 RGB 的比例。RGB 颜色空间可以用图 5-12 所示的直角坐标系来表示，空间中不同的点对应不同的 RGB 比例，立方体构成了颜色空间。

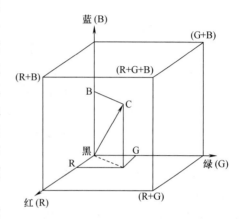

图 5-12　RGB 颜色空间

近年，鉴于传统 RGB 技术呈现纯白色时不够光亮且较为耗电，不少公司纷纷研发出没有颜色过滤物料的子像素，形成纯白色，并把有关技术称为 RGBW，如三星的 PenTile 和索尼的 White Magic 等。

5.5　CMYK 颜色空间

一般来说以反射光源或颜料着色时所使用的色彩是属于"消减型"的原色系统，此系统中包含了黄色（Yellow）、品红（Magenta）、青色（Cyan）三种原色，是另一套"三原色"系统。在传统的颜料着色技术上，通常红、黄、蓝会被视为原色颜料，这种系统较受艺术家的欢迎。当这三种原色混合时可以产生其他颜色，例如黄色与青色混合可以产生绿色，黄色与品红色混合可以产生红色，品红色与青色混合可以产生蓝。当这三种原色以等比例叠加在一起时，会变成灰色；若将此三原色的饱和度均调至最大并且等量混合时，理论上会呈现黑色，但实际上由于颜料的原因呈现的是浊褐色。

正因如此，在印刷技术上，人们采用了第四种"原色"——黑色，以弥补三原色之不足。这套原色系统常被称为"CMYK 色彩空间"，亦即由青（C）、品红（M）、黄（Y）以及黑（K）所组合出的色彩系统。

印刷品制作过程中和印刷版面设计时，经常需要知道印刷特定颜色时所需要的原色网点比例，也经常需要知道所设计的原色网点比例印刷后是什么颜色效果，在这种情况下都需要对照印刷色谱来确定颜色。

印刷色谱通常是以印刷网点比例来排列的，并且以原色的网点比例来给定颜色标号，例如 C20M40Y05K0 标号的颜色表示以 20％网点的青油墨、40％品红、5％黄、没有黑色所印刷成的颜色，依次类推。从这个意义上说，印刷色谱又相当于一个类似度色序系统，颜色是按照与各印刷原色的类似程度来编排的。在印刷色谱的每一页上，只能安排两个原色的变化，通常一种原色油墨网点比例沿水平方向变化，另一种原色油墨沿垂直方向变化，而其他两种原色油墨网点值为常数或几个固定值，在不同的页设定不同的值，这样就可以涵盖整个 CMYK 颜色范围。

严格地说，印刷色谱还不能算是一种真正意义上的色序系统，因为一般来说它并不要求必须与 CIE 有对应关系。但为了说明印刷条件，通常要说明纸张和印刷原色实地密度或实地颜色的 CIE 颜色值、叠印色颜色值和网点扩大值等，通过这些数据可以计算或确定其他的颜色。由于目前印刷油墨还没有统一的标准，各油墨生产厂家制造的原色油墨颜色不完全一致，而且印刷条件和印刷材料对印刷品呈色都有很大影响，因此在不同情况下，即使以相同网点比例印刷也会得到不同的颜色效果。所以，一本印刷色谱只在相同印刷条件下才有参考意义，改变了印刷条件就有可能不准确。所以，如果一本印刷色谱不说明印刷时所使用的油墨、纸张等印刷条件和观察条件，就不能保证使用该色谱的准确性。

另一方面，印刷的颜色不仅与油墨等印刷材料有关，还与印刷制作的工艺有关。同一颜色感觉，可以用不同的原色网点比例实现。例如同一个深红色样品，既可以用 C20M78Y100K10 网点比例实现，也可以用 C29M82Y100K02 网点比例印刷得到，这就是使用灰色成分替代和底色去除两种不同分色工艺所带来的差别。尽管各原色的网点面积差别将近 10%，但它们得到的颜色感觉是相同的。因此，购买来的印刷色谱仅仅有参考的价值，不能作为印刷颜色的标准，照此网点比例印刷出来的颜色很可能与色谱颜色不完全一样。也就是说，相同的设备颜色值 CMYK 在不同印刷条件下可能呈现出不同的颜色感觉，CMYK 空间也是一个设备相关的颜色空间。从这个意义上说，各印刷厂要根据自己的印刷数据来制作自己的印刷色谱，建立自己的色彩管理数据，这样才能保证印刷颜色的准确。

与设备相关颜色空间中的颜色是由设备的呈色原理和呈色材料所决定的，是随设备和条件而变化的，因此不同设备的颜色空间范围也是不一样的，所呈现颜色之间没有可比性，这正是要进行色彩管理和颜色控制的目的。但是，一个好的彩色复制设备，当复制条件固定时，所再现的颜色也应该是固定的。例如，对于特定的印刷机或打印机，当所使用的纸张、油墨、设置参数和环境等条件不变时，印刷出来的颜色也应该一致，这正是色彩管理所依据的基础。

印刷的成色过程不只是由单纯的减色混合来组成，而是充斥着减色混色和加色混色的过程。首先，印刷机将油墨以较小的网点的形式印刷在承印物上，单种或者多种油墨分别吸收特定波长的光形成特定的颜色点，这是一个减色的过程，通过减色混色，三种原色只能生成 8 种颜色，这些颜色还不是我们需要的颜色。接下来，由这些墨点产生的光刺激因为彼此距离非常近而且各自非常小的缘故，按照各种比例来通过加色混色形成各种颜色。因为各个网点很小，人眼往往不能分辨出单独的网点颜色，眼睛所看到的是多种颜色相加混合的颜色，这是一个加色混色的过程。所以，印刷品的颜色是由减色形成的八种颜色合成的，三种原色油墨互相叠印形成颜色的规则如图 5-13。

① 黄＋品红＝红；
② 黄＋青＝绿；
③ 品红＋青＝蓝紫；

④ 黄＋品红＋青＝黑。

如果每个彩色印刷油墨的颜色用一个坐标轴来表示，坐标轴上的数值代表不同的网点比例，则由 CMY 油墨组成的颜色构成了一个三维空间，是一个油墨网点比例构成的颜色空间，如图 5-14 所示。CMY 油墨形成的全部颜色构成一个立方体，三个原色油墨实地为三个坐标轴上的顶点，坐标原点代表白纸，其余顶点为油墨原色叠合的复合色。立方体中任一点 C 代表一组油墨网点比例印刷得到的颜色。

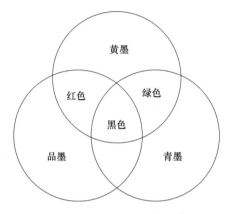

图 5-13　三原色油墨叠印呈色图

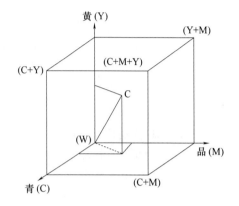

图 5-14　CMY 颜色空间

对于四色印刷来说，图 5-15 所示的立方体表示黑墨 K 的网点比例为常数时，所形成的颜色集合，不同黑墨 K 的网点比例构成了不同的立方体，但表示颜色方法都相同。如果以第四个颜色 K 建立一个坐标轴，坐标轴上不同点代表不同的黑油墨比例，则在坐标轴的每个点上就可以有一个如图 5-15 所示的颜色立方体，构成四色印刷的四维色空间。在黑油墨量坐标轴上，每一点都有一个由 CMY 组成的立方体，共同构成了 CMYK 颜色空间。

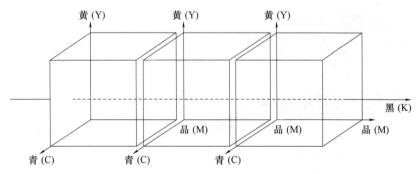

图 5-15　CMYK 颜色空间

使用印刷方法能够复制的颜色范围，即 CMYK 颜色空间，由三种彩色原色油墨的颜色和相互叠印形成的复合颜色共同决定，黑油墨只影响颜色的明度和降低彩度，可以扩大一部分暗调的色域。因此，在 CIE 色品坐标图上，含有黑油墨的彩色都位于三彩色油墨决定的色域范围内。受印刷原色油墨的限制，CMYK 颜色空间仅仅是 CIE 颜色空间的一部分，原色油墨颜色越纯越鲜艳，印刷色域就越大，反之就越小。很多比原色油墨颜色更加鲜艳的颜色，即彩度更高的颜色都不能用印刷方法复制，因此在印刷复制过程中，要将原稿上的所有颜色（包括印刷色域以外的颜色）以一种合理的方式映射到可复制的颜色范围内，使复制出的颜色按一定的规则改变，保证改变后的颜色在视觉上协调，不至于因为不可复制颜色的变化而破坏图像的整体视觉效果。

提高印刷复制色域范围的另一种方法是增加印刷原色的数量，如使用 6 色或 7 色印刷，在原来 4 色的基础上增加橙色、绿色等高饱和度颜色，这样就可以在 CIE 色品图上增加色域的顶点个数，从而扩大印刷色域。这就是目前高保真印刷可以复制更多颜色的道理。

5.6 其他表色系统

5.6.1 潘通（PANTONE）色卡颜色系统

PANTONE 印刷色标（PantoneMatchingSystem）是国际上非常流行的印刷油墨配色体系，广泛用于印刷、出版、包装、设计和各种颜色信息传递领域，已经成为了一种行业上默认的标准，在我国被翻译为"潘通色标"。很多国际流行的商品包装和商标的颜色，都用潘通色标来表示。只要使用潘通标准油墨和标号规定的比例，无论在哪个国家印刷，都可以保证颜色的一致性。因此在设计商品包装和商标时，只要标出 Pantone 色标的标号，就可以保证印刷颜色的准确印刷和交流，这已经成为远距离、跨地域标定印刷颜色经常使用的方法。随着对外开放和商品进出口的日益增多，对外的印刷加工会越来越多，使用 Pantone 色标的场合也会越来越多，因此也会不断地在我国流行起来。

潘通色标实际上就是印刷色谱，只不过种类多一些，条件要求严格一些，由特定的一组原色油墨构成。它由一系列不同材料、不同油墨和不同印刷条件下的印刷色标组成，主要分为印刷色标和专色色标两大类，其中每种又分为涂料纸和非涂料纸两种。印刷色标与普通的印刷色谱没有本质的区别，只不过四色原色油墨的颜色有所不同，因此印刷出的颜色也有所区别。专色色标的种类比较丰富，既有普通油墨调配出的专色色样，也有金色、银色、浅粉色等特殊颜色的专色色样，如图 5-16 所示。

潘通色标卡每个色样都有其独特的油墨网点比例或者配方，并以一个单独的标号来进行标识。以专色色标为例，专色色标使用 20 多种基本油墨，其他颜色油墨的调配基本都是将基本油墨按照一定比例调配出来的，潘通色标上的"C"表示需要在涂料纸上进行印刷，而"U"字样则说明需要在非涂料纸上进行印刷，这样便可以得到更准确的专色，同时因为潘通使用了多种的原色的原因，其印刷色域也远远大于四色印刷色域。

图 5-16 PANTONE 国际色卡

5.6.2 TILO 颜色管理系统

TILO 是主要的颜色检测设备生产厂家，其颜色管理系统分为用肉眼判断颜色的标准光源对色灯箱和用电脑测色的电脑色差仪等。

　　标准光源箱是指统一颜色系统里的照明光源，以免在不同的光源下产生同色异谱效应，即在不同的光源下看到的同一物品颜色会不一致。标准光源型号有：T60 四光源、T60（5）五光源、P60（6）六光源、P120 特大型和英式、美式等。电脑颜色管理系统分为电脑测色系统和电脑配色系统，是用电脑色差仪和电脑软件配合起来对颜色进行管理的颜色系统。

图 5-17　TILO 系列标准光源对色灯箱

第6章 光源的色度学

6.1 黑体与色温

6.1.1 黑 体

在热力学中，黑体（英语：Black body，旧称绝对黑体）是一个理想化的物体，它能够吸收外来的全部电磁辐射，并且不会有任何的反射与透射。随着温度上升，黑体所辐射出来的电磁波与光线则称作黑体辐射。

黑体对于任何波长的电磁波的吸收系数为 1，透射系数为 0。但黑体不见得就是黑色的，即使它没办法反射任何的电磁波，它也可以放出电磁波来，而这些电磁波的波长和能量则全取决于黑体的温度，不因其他因素而改变。

当然，黑体在 700K 以下时看起来是黑色的，但那也只是因为在 700K 之下的黑体所放出来的辐射能量很小且辐射波长在可见光范围之外。在室温下，黑体放出的基本为红外线，但当温度涨幅超过了 100℃之后，黑体开始放出可见光，根据温度的升高，分别变为红色、橙色、黄色、白色和蓝色。当黑体变为白色的时候，它同时会放出大量的紫外线，即黑体吸收和放出电磁波的过程遵循了光谱特征，其轨迹为普朗克轨迹（或称为黑体轨迹），见图 6-1（见彩色插页），数据列于表 6-1，表中第二列为色温值。"黑体轨迹"一栏下方 x、y 对应的数据就是 CIE 1931 色品坐标，u、v 对应的就是 CIE 1964 色品坐标。黑体辐射实际上是黑体的热辐射。在黑体的光谱中，由于高温引起高频率即短波长，因此较高温度的黑体靠近光谱结尾的蓝色区域而较低温度的黑体靠近红色区域。

黑体单位表面积的辐射通量 P 与其温度的四次方成正比，即：

$$P = \alpha T^4 \tag{6-1}$$

式中 α 称为斯特藩-玻尔兹曼常数，又称为斯特藩常数。

黑体的吸收率 $\alpha = 1$，这意味着黑体能够全部吸收各种波长的辐射能。尽管在自然界并不存在黑体，但用人工的方法可以制造出十分接近于黑体的模型。黑体模型的原理如下：取工程材料（它的吸收率必然小于黑体的吸收率）制造一个球壳形的空腔，使空腔壁面保持均匀的温度，并在空腔上开一个小孔，射入小孔的辐射在空腔内要经过多次的吸收和反射，而每经历一次吸收，辐射能就按照内壁吸收率的大小被减弱一次，最终离开小孔的能量是微乎其微的，可以认为所投入的辐射完全在空腔内部被吸收。所以，就辐射特性而言，小孔具有黑体表面一样的性质。值得指出的是，小孔面积占空腔内壁总面积的比值越小，小孔就越接近黑体。计算表明：若这个比值小于 0.6%，当内壁吸收率为 60% 时，小孔的吸收率可达 99.6%。应用这种原理建立的黑体模型，在黑体辐射的实验研究以及为实际物体提供辐射的比较标准等方面都十分有用。

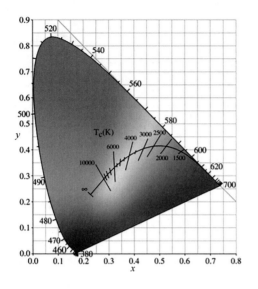

图 6-1 不同温度下黑体颜色的色品坐标

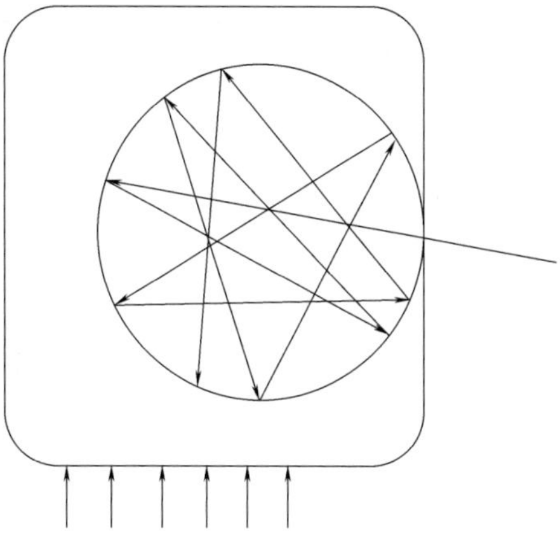

图 6-2 模拟黑体

表 6-1 不同温度黑体辐射对应的色品坐标及等色温坐标

麦勒德 urd	色温 T_c	黑体轨迹上				黑体轨迹外			
		x	y	u	v	x	y	u	v
0	D	0.2399	0.2341	0.1801	0.2636	0.2687	0.2146	0.2133	0.2556
10	100000	0.2426	0.2381	0.1806	0.2659	0.2691	0.2186	0.2117	0.2579
20	50000	0.2456	0.2425	0.1813	0.2685	0.2707	0.2228	0.2110	0.2605
30	33333	0.2489	0.2472	0.1821	0.2712	0.2723	0.2275	0.2101	0.2632
40	25000	0.2525	0.2523	0.1829	0.2741	0.2741	0.2325	0.2092	0.2661
50	20000	0.2565	0.2577	0.1839	0.2771	0.2761	0.2378	0.2083	0.2691
60	16667	0.2607	0.2634	0.1849	0.2802	0.2785	0.2433	0.2077	0.2722
70	14286	0.2653	0.2693	0.1861	0.2834	0.2812	0.2492	0.2072	0.2755
80	12500	0.2701	0.2755	0.1874	0.2867	0.2842	0.2552	0.2069	0.2787
90	11111	0.2752	0.2818	0.1888	0.2900	0.2876	0.2614	0.2068	0.2820
100	10000	0.2806	0.2883	0.1903	0.2933	0.2912	0.2677	0.2069	0.2853
110	9091	0.2863	0.2949	0.1919	0.2966	0.2954	0.2740	0.2074	0.2886
120	8333	0.2921	0.3015	0.1936	0.2998	0.2998	0.2804	0.2080	0.2918
130	7692	0.2982	0.3081	0.1955	0.3030	0.3044	0.2868	0.2088	0.2950
140	7143	0.3045	0.3146	0.1975	0.3061	0.3093	0.2931	0.2097	0.2981
150	6667	0.3110	0.3211	0.1996	0.3092	0.3145	0.2994	0.2109	0.3012
160	6250	0.3176	0.3275	0.2018	0.3122	0.3199	0.3055	0.2123	0.3042
170	5882	0.3243	0.3338	0.2041	0.3151	0.3254	0.3115	0.2138	0.3070
180	5556	0.3311	0.3399	0.2064	0.3178	0.3311	0.3174	0.2155	0.3098
190	5263	0.3380	0.3459	0.2088	0.3205	0.3370	0.3231	0.2173	0.3125

续表

麦勒德 urd	色温 T_c	黑体轨迹上				黑体轨迹外			
		x	y	u	v	x	y	u	v
200	5000	0.3450	0.3516	0.2114	0.3231	0.3430	0.3286	0.2193	0.3151
210	4762	0.3521	0.3571	0.2140	0.3256	0.3491	0.3339	0.2213	0.3176
220	4545	0.3591	0.3624	0.2166	0.3279	0.3552	0.3390	0.2235	0.3199
230	4348	0.3662	0.3674	0.2194	0.3302	0.3614	0.3438	0.2258	0.3222
240	4167	0.3733	0.3722	0.2222	0.3323	0.3676	0.3484	0.2281	0.3243
250	4000	0.3804	0.3767	0.2251	0.3344	0.3739	0.3528	0.2306	0.3264
260	3846	0.3874	0.3810	0.2280	0.3363	0.3801	0.3569	0.2331	0.3283
270	3704	0.3944	0.3850	0.2309	0.3382	0.3864	0.3607	0.2358	0.3301
280	3571	0.4013	0.3887	0.2339	0.3399	0.3926	0.3643	0.2384	0.3319
290	3448	0.4081	0.3921	0.2370	0.3415	0.3987	0.3677	0.2411	0.3335
300	3333	0.4149	0.3953	0.2400	0.3431	0.4049	0.3708	0.2439	0.3351
310	3226	0.4216	0.3982	0.2432	0.3445	0.4109	0.3736	0.2467	0.3365
320	3125	0.4282	0.4009	0.2463	0.3459	0.4169	0.3762	0.2496	0.3379
330	3030	0.4347	0.4033	0.2495	0.3472	0.4229	0.3786	0.2526	0.3392
340	2941	0.4411	0.4055	0.2526	0.3484	0.4287	0.3807	0.2555	0.3404
350	2857	0.4473	0.4074	0.2558	0.3495	0.4345	0.3826	0.2585	0.3415
360	2778	0.4535	0.4091	0.2591	0.3505	0.4401	0.3843	0.2615	0.3425
370	2703	0.4595	0.4105	0.2623	0.3515	0.4457	0.3857	0.2646	0.3435
380	2632	0.4654	0.4118	0.2655	0.3524	0.4512	0.3870	0.2677	0.3444
390	2564	0.4712	0.4128	0.2688	0.3533	0.4566	0.3881	0.2708	0.3453
400	2500	0.4769	0.4137	0.2721	0.3541	0.4618	0.3890	0.2739	0.3461
410	2439	0.4824	0.4143	0.2754	0.3548	0.4670	0.3897	0.2771	0.3468
420	2381	0.4878	0.4148	0.2787	0.3554	0.4720	0.3902	0.2802	0.3474
430	2326	0.4931	0.4151	0.2820	0.3561	0.4770	0.3906	0.2834	0.3481
440	2273	0.4982	0.4153	0.2852	0.3566	0.4818	0.3908	0.2865	0.3486
450	2222	0.5033	0.4153	0.2885	0.3571	0.4866	0.3909	0.2897	0.3491
460	2174	0.5082	0.4151	0.2919	0.3576	0.4912	0.3908	0.2929	0.3496
470	2128	0.5129	0.4149	0.2951	0.3580	0.4957	0.3907	0.2961	0.3500
480	2083	0.5176	0.4145	0.2984	0.3584	0.5001	0.3904	0.2993	0.3504
490	2041	0.5221	0.4140	0.3016	0.3588	0.5044	0.3900	0.3024	0.3508
500	2000	0.5266	0.4133	0.3050	0.3591	0.5086	0.3895	0.3056	0.3511
510	1961	0.5309	0.4126	0.3082	0.3593	0.5127	0.3889	0.3088	0.3513
520	1923	0.5351	0.4118	0.3115	0.3596	0.5167	0.3882	0.3120	0.3516
530	1887	0.5391	0.4109	0.3147	0.3598	0.5207	0.3874	0.3152	0.3518
540	1852	0.5431	0.4099	0.3179	0.3600	0.5245	0.3866	0.3184	0.3520

续表

麦勒德	色温	黑体轨迹上				黑体轨迹外			
urd	T_c	x	y	u	v	x	y	u	v
550	1818	0.5470	0.4089	0.3212	0.3601	0.5282	0.3856	0.3215	0.3521
560	1786	0.5508	0.4078	0.3244	0.3602	0.5318	0.3847	0.3246	0.3522
570	1754	0.5545	0.4066	0.3276	0.3603	0.5354	0.3836	0.3278	0.3523
580	1724	0.5581	0.4054	0.3308	0.3604	0.5389	0.3825	0.3310	0.3524
590	1695	0.5616	0.4051	0.3334	0.3607	0.5422	0.3814	0.3341	0.3525
600	1667	0.5650	0.4028	0.3371	0.3605	0.5455	0.3802	0.3372	0.3525
610	1639	0.5683	0.4014	0.3403	0.3605	0.5488	0.3790	0.3403	0.3525
620	1613	0.5715	0.4000	0.3434	0.3605	0.5519	0.3778	0.3433	0.3525
630	1587	0.5747	0.3986	0.3465	0.3605	0.5550	0.3765	0.3464	0.3525
640	1563	0.5778	0.3972	0.3496	0.3605	0.5580	0.3752	0.3495	0.3525
650	1538	0.5808	0.3957	0.3527	0.3604	0.5609	0.3738	0.3526	0.3524
660	1515	0.5837	0.3942	0.3558	0.3604	0.5638	0.3725	0.3556	0.3524

6.1.2　色　温

色温（color temperature）是可见光在摄影、录像、出版等领域具有重要应用的特征。光源的色温是通过对比它的色彩和理论的黑体来确定的。黑体与光源的色彩相匹配时的开尔文温度就是那个光源的色温，它直接和普朗克黑体辐射定律相联系。

开尔文认为，假定某一纯黑物体，能够将落在其上的所有热量吸收，而没有损失，同时又能够将热量生成的能量全部以"光"的形式释放出来的话，它产生辐射最大强度的波长随温度变化而变化。

例如，当黑体受到的热力相当于 500～550℃时，就会变成暗红色（某红色波长的辐射强度最大），达到 1050～1150℃时，就变成黄色。因而，光源的颜色成分是与该黑体所受的温度相对应的。

色温通常用开尔文温度（K）来表示，而不是用摄氏温度单位。打铁过程中，黑色的铁在炉温中逐渐变成红色，这便是黑体理论的最好例子。通常我们所用灯泡内的钨丝就相当于这个黑体。色温计算法就是根据以上原理，用 K 来对应表示物体在特定温度辐射时最大波长的颜色。

根据这一原理，任何光线的色温是相当于上述黑体散发出同样颜色时所受到的"温度"。颜色实际上是一种心理物理上的作用，所有颜色印象的产生，是由于时断时续的光谱在眼睛上的反应，所以色温只是用来表示颜色的视觉印象。在非正式场合，"色温"也可以代表"白平衡"。请注意，色温只涉及一个变量（以热力学温标 K 做单位），而白平衡同时牵涉到两个（红色值、蓝色值）。

色温是一种温度衡量方法，通常用在物理和天文学领域，这个概念基于一个虚构黑色物体，在被加热到不同的温度时会发出不同颜色的光，其物体呈现为不同颜色。就像加热铁块时，铁块先变成红色，然后是黄色，最后会变成白色。使用这种方法标定的色温与普通大众所认为的"暖"和"冷"正好相反，例如，通常人们会感觉红色、橙色和黄色较暖，白色和蓝色较冷，而实际上红色的色温最低，然后逐步增加的是橙色、黄色、白色和蓝色，蓝色是最高的色温。利用自然光进行拍摄时，由于不同时间段光线的色温并不相同，因此拍摄出来的照片色彩也并不相同。例如，在晴朗的蓝天下拍摄时，由于光线的色温较高，因此照片偏冷色调；而如果在黄昏时拍摄时，由于光线的色温较低，因此照片偏暖色调。利用人工光线进行拍摄时，也会出现光源类型不同，拍摄出来的照片色调不同的情况。

了解光线与色温之间的关系有助于摄影师在不同的光线下进行拍摄，预先算计出将会拍摄出什么色调的照片，并进一步考虑是要强化这种色调还是减弱这种色调，在实际拍摄时应该利用相机的哪一种功能来强化或弱化这种色调。

光源色温不同，带来的感觉也不相同。高色温光源照射下，如亮度不高就会给人们一种阴冷的感觉；低色温光源照射下，亮度过高则会给人们一种闷热的感觉。色温越低，色调越暖（偏红）；色温越高，色调越冷（偏蓝）。

6.1.3　相关色温

通过比较一个光源发射出的光色和某一温度下的黑体（如铂）辐射的光色相一致时，便把此时黑体的温度表示为色温。这种做法的前提是光源的光谱分布与黑体轨迹比较接近。但实际上，绝大多数照明光源的光色并不能恰好在黑体辐射线上，于是 Raymond Davis 等提出了相关色温的概念，其核心思想是在均匀色品图上用距离最短的温度来表示光源的相关色温，用 K 氏温度表示。

在 20 世纪 60 年代初，CIE 收集并分析了日光测量的结果（622 例）。首先，将测得的日光的色度坐标 x_D，y_D 绘制在 xy 色度图上，并且确定了最接近色度点的轨迹。该点称为日光轨迹，并且由二阶多项式曲线拟合：

$$y_D = -3.00x_D^2 + 2.87x_D - 0.275 \tag{6-2}$$

图 6-3 显示了与普朗克轨迹（P）大致平行的日光轨迹（D）。然后通过统计方法（主成分分析）分析光谱分布以获得三个基本函数（特征向量）和 $S_2(\lambda)$ 构成日光的光谱分布。

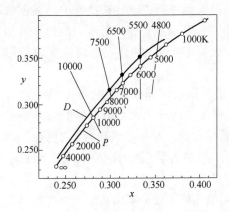

图 6-3　日光轨迹（D）和普朗克
轨迹（P），细线是等温线

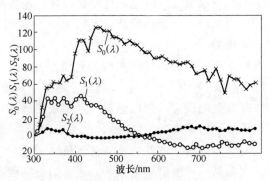

图 6-4　构成日光的三个特征向量
$S_0(\lambda)$，$S_1(\lambda)$ 和 $S_2(\lambda)$

这里

$$M_1 = (-1.515 - 1.7703x_D + 5.9114y_D)/(0.0241 + 0.2562x\_D - 0.7341y\_D)$$

$$M_2 = (0.0300 - 31.442x_D + 30.0717y_D)/(0.0241 + 0.2562x\_D - 0.7341y\_D) \qquad (6\text{-}3)$$

在公式 6-3 中，y_D 的值由公式 6-4 获得，x_D 的值由相关色温 T_{cp} 获得，如下所示：

当 $4000 \leqslant T_{cp} \leqslant 7000K$ 时

$$x_D = -4.6070 \times \frac{10^9}{T_{cp}^3} + 2.9678 \times \frac{10^6}{T_{cp}^2} + 0.09911 \times \frac{10^3}{T_{cp}} + 0.244063 \qquad (6\text{-}4)$$

当 $7000K < T_{cp} \leqslant 25000K$ 时

$$x_D = -2.0064 \times \frac{10^9}{T_{cp}^3} + 1.9081 \times \frac{10^3}{T_{cp}^2} + 0.24748 \times \frac{10^3}{T_{cp}} + 0.237040 \qquad (6\text{-}5)$$

由此获得的光谱功率分布被称为 CIE 日光发光体，并且将相关色温 T_{cp} 作为表示平均日光的函数。这些光源基础的测量结果以 10nm 的间隔进行获取，当需要小于这个值的中间值时，推荐使用线性插值。如上所述，日光的光谱分布的变化取决于这些条件，但 CIE 建议将相关色温约为 6500K 的日光光源作为总体代表性平均值。大约 5000K、5500K 和 7500K 的光源根据具体情况也可以使用。

6.2　光源的显色性

显色性就是指不同光谱的光源照射在同一颜色的物体上时，所呈现不同颜色的特性。

人类在长期的生产、生活实践中，已习惯于白天在日光下、夜间在火光下进行辨色活动，从而认为在日光和火光（黑体辐射）照明下看到的物体颜色是真实的。根据光源显色性的定义，只要待测光源具有与黑体辐射或日光相似的光谱分布，就具有较好的显色性。因此，白炽灯的光谱分布与火光和黑体辐射类似，显色性很好。

光源的显色性由光源的光谱分布决定。日光、黑体辐射都是连续光谱，所以一般情况下具有连续光谱的光源显色性较好。此外，具有几个特定波长的混合光也能有较好的显色性。例如波长 450nm（蓝光）、540nm（绿光）和 610nm（红光）波段的辐射对提高光源的显色性具有特殊的效果，用这三个波段的光按一定比例混合而成的白光具有与连续光谱的日光类似的显色性。正因为这个原因，很多荧光灯和节能灯都利用这个特性来设计辐射的光谱，主要辐射这三个波段的光波，因此称这类光源为三基色荧光灯。相反，波长为 500nm 和 580nm 的光源的显色性不佳，故称为干扰波长。

光源显色性的评价方法是将标准样品分别放在待测光源和参照标准光源下观察，较两个条件下的颜色，颜色偏差越小，则表明待测光源的显色性越好。这 14 个孟塞尔颜色的前 8 个颜色样品是明度基本相同、色调不同的颜色，用于计算一般显色指数 R_a（即这 8 个颜色的平均色差），而用这 14 个颜色样品单独计算的色差称为特殊显色指数 R_i，计算一般显色指数 R_a 和特殊显色指数 R_i 的公式见公式（6-6）。

$$R_i = 100 = 4.6\Delta E^*$$

$$R_a = \frac{1}{8}\sum_{i=1}^{8} R_i \qquad (6\text{-}6)$$

一般显色指数 R_a 反映了光源的平均照明效果，但不能反映对个别颜色的效果，因此，有时需要针对某个区域颜色照明有特殊要求时，除了要考虑一般显色指数外，还要考察相应的特殊显色指数。

表 6-2 用来评价光源显色性的样品

样 品 编 号	Munsel 标号	日光下的颜色	反射率
1	7.5R6 I4	淡灰红色	30.05
2	5Y6 I4	暗灰黄色	30.05
3	5GY6 I8	饱和黄绿色	30.05
4	2.5G6 I6	中等黄绿色	30.05
5	10BG6 I4	淡蓝绿色	30.05
6	5PB6 I8	淡蓝色	30.05
7	2.5P6 I8	淡蓝紫色	30.05
8	10P6 I8	淡紫红色	30.05
9	4.5R4 I13	饱和红色	12.00
10	5Y8 I10	饱和黄色	59.10
11	4.5G5 I8	饱和绿色	19.77
12	3PB3 I11	饱和蓝色	6.56
13	5YR8 I4	淡黄粉（人肤）	57.26
14	5GY4 I4	中等（树叶）	12.00

CIE 还规定：待测光源色温不高于 5000K 时，用完全辐射体（黑体）作为参照标准光源，待测光源色温高于 5000K 时，用标准照明体，作为参照标准光源。参照光源的显色指数 $R_a = 100$，当在待测光源下与参照标准光源下的标准样品颜色相同时，则此光源的显色指数为 100，显色性最好，反之，颜色差异越大，显色指数越低。在计算显色指数时还要考虑不同光源照明引起的色适应，因此需要进行色适应修正，计算公式较复杂，在此不做介绍，可参考相应的资料及标准。通常，R_a 值在 75～100，属于显色性优良的光源，R_a 值在 50～75，显色性一般；$R_a < 50$ 时，显色性较差。

表 6-3 列出了几种常见光源的颜色和一般显色指数，由此可以了解各种光源的颜色特性。表中第二列为光源的 CIE1931 色品坐标 x，y 和 CIE1960UCS 色品坐标 u，v，第二列为光源的色温或相关色温。色品坐标和相关色温都可表示光源的颜色，用色品坐标表示颜色更加严格，而且由色品坐标可以计算出光源的相关色温（见本章第一节的讨论），只是用相关色温表示更加直观，可以直接感知光源的大致颜色。

表 6-3 几种常用人工光源的颜色和一般显色指数

光 源 名 称	CIE 色品坐标	相关色温/K	一般显色指数
白炽灯（500W）	x0.447u0.255 y0.408v0.350	2900	95～100
腆鸽灯（500W）	x0.458u0.261 y0.411v0.351	2700	95～100
澳鸽灯（500W）	x0.409u0.237 y0.391v0.342	3400	95～100
荧光灯（日光色 40W）	x0.310u0.192 y0.339v0.315	6600	70～80

续表

光 源 名 称	CIE 色品坐标	相关色温/K	一般显色指数 Rg
外镇高压录灯(400W)	x0.334u0.184 y0.412v0.340	5500	30~40
内镇高压录灯(450W)	x0.378u0.203 y0.434v0.349	4400	30~40
铺灯(1000W)	x0.369u0.222 y0.367v0.330	4300	85~95
高压饷灯(400W)	x0.516u0.311 y0.389v0.352	1900	20~25

从表 6-3 中的数据可以看出，目前使用非常广泛的日光色荧光灯的相关色温很接近日光，但显色性并不很理想，适合作为一般照明和观色，但在印刷等对观察颜色要求很高的行业中使用这种灯照明和观察颜色，会造成与日光下观察的颜色感觉有较大偏差。光源的显色性会影响人眼对于颜色的观察，对于那些要求识别和处理颜色的工业部门或场所，如纺织、印染、印刷、博物馆、照相馆、拍摄彩色电视和电影，要求使用显色性好的光源，如白炽灯、金属卤化物灯、铺灯、缸灯等。高压录灯和饷灯等光源，发光效率很高，但是显色性差，只能用于道路照明等对辨色要求不高的场合，不能用于辨色场合。近年来，使用较多的辨色光源还有高显色性荧光灯，这种灯的外形和电气参数与普通荧光灯相同，但所使用的发光荧光粉与普通荧光灯不同，通过调整荧光粉的配方，可以得到各种相关色温的色光，而且具有较高的显色性，一般显色指数可达 90 以上，价格适中，非常适合印刷等行业使用。

6.3　标准照明体与标准光源

三刺激值 X、Y 和 Z 用来定义一个物体的颜色，并且很明显的是，这些值取决于光谱分布 $P(\lambda)$ 的光源。换句话说，即使对于相同的物体颜色，根据光源的类型也可以获得不同的三色值。这给定量表达颜色时带来诸多方便。因此，CIE 建立了几种用于实现标准光源的标准光源（CIE 标准光源）和人造光源（CIE 标准照明体）。标准光源是由一个（相对）光谱分布 $P(\lambda)$ 表示的光源，标准照明体实际上是一个实现标准光源的仿真设备，例如白炽灯。因此，这些术语各有不同的含义，并且必须相互区分。标准光源的光谱分布在表中以数字方式指定，并且仅用于计算三刺激值。

CIE 选择白炽灯光和日光作为标准光源，代表日常生活中最常见的照明灯，并推荐具有代表性的光谱分布。标准光源 A 表示从白炽灯发出的光，具有相关色温为大约 2856K 的黑体分布。标准光源 D_{65} 从相关色温大约为 6500K 的系列中选择，以上就是 CIE 定义的日光光源。尽管一些更早的 CIE 光源，比如 CIE 光源 C，虽然不如 D_{65}，但在某些应用中仍然用于代表日光，特别是在紫外线区域。虽然荧光灯的使用在日常生活中非常普遍，但没有荧光灯被指定为标准光源。除标准光源外，CIE 还定义了一些用于比色法的补充光源。有三种类型的辅助光源，分别称为 D_{50}、D_{55} 和 D_{75}，相关色温分别为 5000K、5500K 和 7500K. 还有另一种较旧的标准光源，称为标准光源 B，现在已弃用。如有必要，也可以使用其他黑体辐射或 CIE 日光发光体，但为了简单起见，会优先选择标准或补充光源。标准光源和补充光源的光谱分布见图 6-5、图 6-6、图 6-7 显示了标准光源和补充光源以及普朗克轨迹的色度点。可以看出，这些光源代表了各种典型的照明灯。

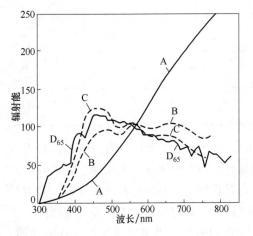

图 6-5　CIE 光源 A、B、C 和 D65

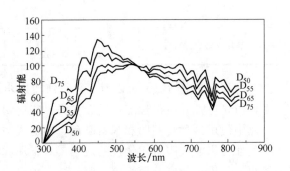

图 6-6　CIE 标准光源 D65 和补充
光源 D50、D55 和 D75 的光谱分布

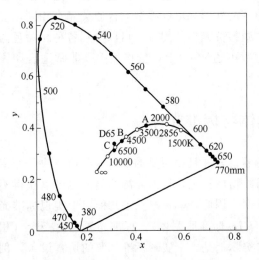

图 6-7　普朗克轨迹（空心圆）和 CIE
标准和补充光源的色度点（实心圆）

CIE 关于光源和光源的建议如下：

① 标准光源 A 和标准照明体 A。标准光源 A 代表白炽灯，相关色温约为 2856K。为了实现标准光源 A，建议使用带无色透明灯泡的充气钨灯作为标准光源 A。

② 标准光源 D65 和日光模拟器 D65。标准光源 D65 代表平均日光。相关色温约为 6500K。（更精确地为 6504K；标准光源 D65 的相关色温原始为 6500K，但是国际温标的变化使得普朗克辐射定律的常数 $c2$ 从 $1.4380 \times 10^7 nmK$ 变到 $1.4388 \times 10^7 nmK$。因此，为了保持相同的光谱分布，标准光源 D65 的温度变为 $6500 \times (1.4388/1.4380) = 6504K$，同样地，当 $c2$ 值为 $1.4350 \times 10^7 nmK$ 时，原来设定为 2848K 的标准光源 A 的色温为 $2848 \times (1.4388/1.4380) = 2856K$）。目前还没有开发出标准光源 D65，但是像氙灯这样的灯经常被用作模拟器来提供近似的标准光源。

③ 光源 D50、D55 和 D75。光源 D50、D55 和 D75 分别表示相关色温分别为 5000K、5500K 和 7500K（更准确地说是 5003K、5503K 和 7504K）的日光。与 D65 一样，没有标准光源来实现这些光源。但是，已经开发出日光模拟器来，可以提供近似的标准光源。

④ 光源 C 和照明体 C。光源 C 代表平均日光。相关色温约为 6774K。为了实现光源 C，建议使用色温转换滤光片覆盖标准光源 A。使用包含两种化学溶液的所谓 Davis-Gibson 滤波器作为色温转换滤波器。Davis-Gibson 过滤器耐用性差，因为它是化学溶液，需要复杂的过程才能复制。因此，经常使用固体过滤器。与在相同相关色温下的实际日光相比，光源 C 在紫外波长区域具有较小的相对光谱分布。因此，它不能用于表示被紫外线激发时发出荧光的物体的颜色。因此，光源 C 在大多数应用中被标准光源 D_{65} 所取代。

⑤ 光源 B。CIE 光源 B 以前被推荐为阳光直射的代表。相关色温约为 4874K。为了实现光源 B，推荐使用 A 源和另一个 Davis-Gibson 滤光片。与光源 C 一样，CIE 光源 B 在紫外线波长范围内的功率低于相同相关色温的直射日光。因此，它不应该用于紫外线激发时发出荧光的物体颜色。因此，在大多数应用中，光源 B 被光源 D_{50} 取代，并且 CIE 已经放弃了对光源 B 的建议。

日光模拟器是一种近似实现 D 光源的光源。模拟器可以通过使用具有合适滤波器的白炽灯或具有滤波器的其他光源来产生。但是，CIE 日光的光谱分布并不平滑，并且有许多缩进。因此，从严格意义上讲，建立一系列标准 D 源的可能性很小。因此，必须使用具有良好（但不完美）近似的日光模拟器。CIE 已经规定了一种评估此类模拟器光谱分布的方法。

另一方面，也有一个建议，接受不可能实现当前的 CIE 日光光源，而是建议用更实际的来源替代它们。例如，Hunt（1992）提出分别使用钨灯泡，氙灯和滤光荧光灯作为标准光源 D_T、D_X 和 D_F。

6.4 印刷行业标准照明条件和观察条件

现代印刷行业生产过程中的数据化与标准化日益得到重视。数字化的颜色信息正在印刷生产的各个工艺环节传递，尤其在对颜色进行管理和控制的过程中，颜色的照明和观察条件的标准化则更应得到重视。在实际生产中，我国新闻出版行业标准 CY/T3—1999 以及国际标准化组织推荐的《ISO 3664：2000 观察彩色透射片和复印品的照明条件》标准，应作为印刷复制行业颜色技术测量和颜色评价的主要标准。

（1）照明条件 对于观察反射颜色样品（反射原稿和复制品）应采用 CIE 标准照明体 D_{65}，其参数指标在 CIE 1931 色品图上的色品坐标为 $x=0.3127$，$y=0.3291$；在 CIE 1960UCS 色品图上的色品坐标为 $u=0.1978$，$v=0.3122$，所用人工光源为标准照明体 D_{65} 的模拟体，光源与标准照明体的色品偏差值 ΔC 应小于 0.008，光源的一般显色指数 Ra 应大于等于 90，特殊显色指数 Ri（检验色样 9~15）应大于等于 80（色品偏差值 ΔC 和光源显色指数的计算的方法可参见 CY/T 3—1999 和 GB/T 5702）。用于观察反射颜色样品的光源应在观察面上产生均匀的漫射光照明，照度范围在 500~1500lux，并视被观察样品的明度而定。另外，观察面的照明应尽可能均匀，不能有照度突变，照度的均匀度应大于 80%。

对于观察透射颜色样品，应采用 CIE 标准照明体 D_{50}，其参数指标在 CIE 1931 色品图上，照明体的色品坐标为 $x=0.3457$，$y=0.3586$；在 CIE1960UCS 色品图上的色品坐标为 $u=0.2091$，$v=0.3254$，所用人工光源为 D_{65} 的模拟体，光源与标准照明体的色品偏差值 ΔC 应小于 0.008。

另外需要说明的是，对于观察反射样品采用 D_{65} 光源和对于观察透射样品 D_{50} 光源的标准限于我国新闻出版行业标准，对于执行《ISO 3664：2000 观察彩色透射片和复印品的照明条件》标准中，反射印品的鉴定、反射印品的实际评价、透射样品的直接观察等 ISO 指定观察条件均采用 D_{50} 标准光源。

（2）观察条件　观察反射颜色样品时，光源应从与颜色样品表面垂直方向入射，观察方向应从与样品表面法线方向成 45°夹角处观察颜色样品的漫反射光，即对应于 0/45 照明观察条件。在保证观察面照度均匀的前提下，光源从与颜色样品表面法线成 45°角方向入射，观察方向从与样品表面垂直方向观察颜色样品的漫反射光，即对应于 45/0 的照明观察条件。此外，观察反射颜色样品时的背景应是无光泽的孟塞尔颜色 N5/～N6/，彩度值一般小于 0.3，对于配色等要求较高的场合，彩度值应小于 0.2。当观察诸如镭射卡纸等表面光泽度较大的样品时，不能直接观看镜面反射光，可通过在一定范围内调整观察角度，找出最佳的观察角度观察。

观察透射颜色样品时，应用均匀漫射光在样品背后照明，在垂直于样品的表面观察。观察时应尽量将样品置于照明面的中部，使其至少在三个边以外有 50mm 宽的被照明边界。当所观察透射样品的面积小于 70mm×70mm 时，应适当减小被照明边界的宽度，使边界面积不超过样品面积的 4 倍，多余部分用灰色不透明的挡光材料遮盖。

人眼观察物体细节时的分辨率与观察时视场的大小有关，与此相似，人眼对色彩的分辨率也受视场大小的影响。实验表明：人眼从小视场（2°）增大到大视场（10°）时，颜色匹配的精度和辨别色差的能力提高，但当视场再进一步增大时，颜色匹配的精度提高就不大了。这是因为 10°标准视场对 400～500nm 区域短波光谱有更高的敏感性。所以在印刷工业中使用颜色测量仪器进行颜色数据测定时，我国国家标准 GB 7705—87、B7706—87、GB 7707—87 分别对平版装潢印刷品、凸版装潢印刷品和凹版装潢印刷品做出规定，测量同一批产品的颜色色差时，光源采用 D_{65}，测量视场采用 10°。

第7章 颜色测量

7.1 色测量的原理及几何条件

7.1.1 色测量的原理

根据颜色理论可知，颜色感觉的产生受到多方面因素的影响，对颜色进行目测观察时，会受到光源、周围环境光、色适应以及人眼视觉相应特点等不同等因素的影响。到目前还不能真正的实现完全模拟人类的颜色视觉系统，进而重现真实的颜色感觉。但由于在特定环境下，颜色感觉和光刺激相互对应，可以依照 CIE 标准色度系统来计算光刺激产生时的颜色感觉，根据这个原理，可以建立一个颜色测量的体系。颜色测量所测量的都是光刺激的光度特性，通过光刺激的光谱分布可以计算出特定条件下的颜色感觉。

XYZ 色度学系统中颜色的三刺激值按公式（7-1）计算：

$$X = k \int_\lambda S(\lambda)\rho(\lambda)\,\overline{x}(\lambda)\mathrm{d}\lambda$$
$$Y = k \int_\lambda S(\lambda)\rho(\lambda)\,\overline{y}(\lambda)\mathrm{d}\lambda$$
$$Z = k \int_\lambda S(\lambda)\rho(\lambda)\,\overline{z}(\lambda)\mathrm{d}\lambda \tag{7-1}$$

式中， λ——波长，范围为 $380\sim780\mathrm{nm}$；

        $S(\lambda)$——光源的光谱分布，通常根据实际需要选择某个 CIE 标准照明体，如 A 或 D_{65}；

$\overline{x}(\lambda)$、$\overline{y}(\lambda)$、$\overline{z}(\lambda)$——CIE 1931 标准色度观察者光谱三刺激值；

        $\rho(\lambda)$——物体的光谱反射率（或光谱透射率）。

因此，只要测得反射样品的光谱反射率 $\rho(\lambda)$（一般由分光光度计和光电色度计进行测量），就可以通过式 7-1 计算得到颜色的三刺激值，得到相应的颜色感觉。

7.1.2 色测量的几何条件

在光与材料的相互作用时会产生镜面反射和漫反射、定向透射和散射透射以及光吸收等，其中每种成分的特定组合取决于光源、材料的性能及其几何关系。当人们在观察一种均匀有色材料时，会注意到其颜色以及光是如何从材料表面反射的。从材料表面反射的光产生镜面光泽、纹理、图像清晰度光泽和珠光等。由于光源、物体和观察者的相互作用取决于光源的漫射和定向性能、观察位置以及光源与样品、样品与观察者之间的特定几何关系，所以可以通过调整相关的条件参数，以突出或减弱其颜色、纹理或光泽。根据光学成分的关系，以及每种成分的颜色，可以判断该材料是否涂有油漆，或是否为塑料织物、金属等。因此，在大多数计算机三维作图软件中，通过改变三原色的比例，可以模拟出日常生活中的物体。

为了使颜色的测量和计算的标准化，国际照明委员会 CIE 引入了一些术语，能够更精确地说明几何条件的含义。它们是：

① 参照平面（reference plane）。反射样品测量时，参照平面就是放置样品或参比标准的平面。几何条件就是相对于此平面确定出来的；透射样品测量时，有两个参照平面，第一个是入射光参照平面；第二个是透射光参照平面，它们的距离等于样品的厚度。CIE 推荐样品厚度可以忽略，两个参照平面合为一个。

② 采样孔径（sampling aperture）。采样孔径是在参照平面上被测量的面积，它的大小由被照明面积和被探测器接收的面积中较小的一个来确定。如果照明面积大于接收面积，被测面积称为过量（overfilled）；如果照明面积小于接收面积，被测面积称为不足（underfilled）。

③ 调制（modulation）。调制是反射比、反射因数、透射比的通称。

④ 照明几何条件［irradiationorinflux geometry］照明几何条件是指采样孔径中心照明光束的角分布。

（1）CIE 推荐的定向照明方式

① 45°定向几何条件（45°x）。测量反射样品颜色时，45°x 表示：与样品法线成 45°，且只有一条光束照明样品，符号"x"表示该光束在参照平面上的方位角。方位角的选取应考虑样品的纹理和方向性。

② 45°环形几何条件（45°a）。测量反射样品颜色时，45°a 表示：与样品法线成 45°，从所有方向同时照明物品。符号"a"表示环形照明。这种条件能使样品的纹理和方向性对测量结果影响较小。这种几何条件可用一个光源和一个椭球面环形反射器或其他非球面光学系统来实现，称作 45°环形照明，记作 45°a。有时也采用在一个圆环上由多个光源或用一个光源由光纤分成多束，其端部装在一个圆环上来完成。这种离散的环形照明记为45°c。

③ 0°定向几何条件（0°）。在反射样品的法线方向照明该反射材料。

④ 8°几何条件（8°）。与反射样品法线成 8°角，且只有一个方向照明样品。在许多实际应用中，该条件可用于代替 0°方向几何条件。在反射样品测量中，这种条件就可以实现包含或排除镜面反射成分两种几何条件的区别。

（2）CIE 推荐了 10 种具体的标准照明与测量几何条件用于反射样品的颜色测量。

① di：8°。漫射照明，8°方向接收，包括镜面反射成分。样品被积分球在所有方向上均匀地漫射照明，照明面积应大于被测面积。接收光束的轴线与样品中心的法线之间的夹角为 8°，接收光束的轴线与任一条光线之间的夹角不应超过 5°，探测器表面的响应要求均匀，并且被接收光束均匀地照明。

② de：8°。漫射照明，8°方向接收，排除镜面反射成分。几何条件同 di：8°，只是接收光束中不包括镜面反射成分，也不包括与镜面反射方向成 1°角以内的其他光线。

③ 8°：di。8°方向照明，漫反射接收，包括镜面反射成分。几何条件同 di：8°，只是di：8°的逆向光路。也就是照明光束的轴线与样品中心的法线之间的夹角为 8°，照明光束的轴线与任一条光线之间的夹角不应超过 5°。样品被照明面积应小于被测面积。漫反射光采用积分球从所有的方向上接收。

④ 8°：de。8°方向照明，漫反射接收，排除镜面反射成分。几何条件同 de：8°，是 de：8°的逆向光路。样品被照明面积应小于被测面积。

⑤ d：d。漫射照明，漫反射接收。几何条件同 di：8°，只是漫反射光用积分球从所有方向上接收。在这种几何条件下测试，照明面积和接收面积是一致的。

⑥ d：0°。漫射照明，0°方向接收，排除镜面反射成分。d：0°是漫射照明的另一种形式。样品被积分球漫射照明，在样品法线方向上接收。这种几何条件能很好地排除镜面反射成分。

⑦ 45°a：0°。45°环形照明，0°方向接收。样品被环形圆锥光束均匀地照明，该环形圆锥的轴线在样品法线上，顶点在样品中点，内圆锥半角为 40°，外圆锥半角为 50°，两圆锥之间的光束用以照明样品。在法线方向上接收，接收光锥的半角为 5°，接收光束应均匀地照明探测器。

如果将上述照明光束改为：在一个圆环上装若干离散光源或装若干光纤束来照明样品，就成为 45°c：0°几何条件。

⑧ 0°：45°a。0°方向照明，45°环形接收。几何条件同 45°a：0°，只是 45°a：0°的逆向光路。在法线方向上照明样品，在与法线成 45°方向上环形接收。

⑨ 45°x：0°。45°定向照明，0°方向接收。几何条件同 45°a：0°相同，但照明方向只有一个，而不是环形。"x"表示照明的方位。在法线方向上接收。

⑩ 0°：45°x。0°定向照明，45°方向接收。几何方向同 45°x：0°，不过是 45°x：0°的逆向光路。在法线方向上照明样品，在一定的方位角上与法线成 45°角接收。

上述 10 种几何条件下，测到的是反射因素 $R(\lambda)$，其中定向接收的几何条件，当接收的立体角足够小时，给出的反射因素称为辐亮度因数 $\beta(\lambda)$。条件③给出的是光谱反射比。当使用积分球时，球内要加白色屏，以阻止样品和光源在球壁的照射点或样品和球壁被测量点之间光线的直接传递。积分球开孔的总面积不应超过积分球内表面的 10%。在进行漫反射比测量时，接收光能应包括样品所有方向上的漫反射光（包括与法线近于 90°的散射）。当用积分球测量发光（荧光或磷光）样品时，照明光的光谱功率分布会被样品的反射和发射光改变，优先采用定向型的几何条件 45°a：0°；45°x：0°或 0°：45°a；0°：45°x。

CIE 标准照明和观测条件与现实世界或光暗室中观察物体时所看到的明显不一致。首先，上述几何条件将纹理均匀化了，但是纹理是决定试样外貌的一个重要因素，它对色差的影响很大，因此实际计算纹理的方式不可能与仪器测量的空间均匀相等；其次，大多数照明是定向成分与漫射成分的组合，可是 CIE 的标准几何条件要么提供定向成分，要么提供漫射成分。

不过，上述矛盾在某些情况下可以得到缓解。对于漫射材料，无论是用定向照明还是漫射照明，它们看起来都是一样的，因为其表面的一次反射在所有观察角均匀发散。因此，当人们在观察漫射材料时，几何条件的选择就不重要了，不同的几何条件几乎产生一样的结果，并且与目视测量极其相近。对于高光泽材料，其表面形成一个易划出界限的镜面反射，所以观察者可以通过选择样品来消除镜面反射成分。如果样品放置在光暗室的底面，并以 45°角观察，则光暗室的后部应该衬上黑色的天鹅绒。这样，当人们材料高光泽材料时，可以选用 di/8°和 45°a：0 中的任何一个条件，它们将得到相同的结果，并且与目视测量密切相关，因为在这两种情况下被测表面的一次反射都消除了。

对于表面介于高光泽和高漫射之间的样品，它的色貌取决于照明的几何条件。如果能改变定向和漫反射成分的比例，并保持颜色和照明强度不变，那么可以观察到这些材料的明度和彩度将发生改变。这时优先选择 45°a：0 几何条件。由于积分球孔径的尺寸没有标准化（只有与积分球总表面积的相对限制），因此采用 de：8°几何条件的仪器测量相互之间缺少一致性。然而，当降低定向灵敏度成为关键时（如测量纺织物和颗粒时），应该在候选的 45°a：0 和 de：8°两种几何条件下旋转样品并对测量结果进行比较。在很多情况下，减少定向灵敏度比仪器测量间的一致性更重要。由于环形几何条件是关于照明而不是在所有方位角下的连续测量，因此这类仪器可能受到高定向灵敏度的影响。

（3）透射测量几何条件

① 0°：0°。0°照明，0°接收。照明光束和接收光束都是相同的圆锥形，均匀的照明样品或探测器。它们的轴线在样品中心的法线上，锥半角为 5°。探测器表面的响应要求均匀。

② di：0°。漫射照明，0°接收。包括规则透射成分。样品被积分球在所有方向上均匀的照明；接收光束的几何条件同 0°：0°。

③ de：0°。漫射照明，0°接收。排除规则透射成分。几何条件同 di：0°，只是当不放样品时，与光轴成 1°以内的光线均不直接进入探测器。

④ 0°：di。0°方向照明，漫透射接收。包括规则透射成分。此几何条件是 di：0°的逆向光路。

⑤ 0°：de。0°方向照明，漫透射接收。排除规则透射成分。此几何条件是 de：0°的逆向光路。

⑥ d：d。漫射照明，漫透射接收。样品被积分球在所有方向上均匀的照明，透射光均匀地从所有方向上被积分球接收。

按照 CIE 的规定，在上述透射测量的几何条件中，当排除规则透射成分时其测得的是透射因数，其余条件给出的是透射比。对一些特殊样品的测量，可以制定另外的几何条件，或给予不同的公差。当使用积分球时，球内要加白色屏，以阻止光源和样品之间光线直接传递（漫射照明情况）；样品和探测器之间光线直接传递（漫透射接收情况）。积分球开孔的总面积不应超过积分球内表面的 10％。0°：0°几何条件的测量仪器，结构设计应使照明光束和接收光束相等，不管是否放置样品。在进行漫透射比测量时，接受光束应包括所有方向上的漫透射光（包括与法线近于 90 的散射）。当入射光束垂直于样品表面照射时，样品表面与入射光学系统光学零件表面的多次反射会造成测量误差。将样品稍微倾斜一些，可以消除这种影响。

（4）多角几何条件　传统的材料在 CIE 推荐的标准照明与观察几何条件下，在整个漫射角范围内旋转样品时具有相同的颜色。但是，现代的许多材料具有因角变色性，即它们颜色的改变是照明与观察几何条件的函数，如含有金属片或珠光颜料的涂料就是一个典型的例子。从变角光度数据和变角光谱光度数据的分析可以看出，观察角度对色度值有重要的影响，而且测色值是观察角度的函数，其中的数据都是在与样品法线成 45°角照明，并在与样品相同的平面里的任何角度下观察得到的。观察角度对测色值的影响是非线性的，具体的关系取决于涂料的组分及其应用方式。

当人们用目视方法来评估因角变色材料时，可以看见三种主色，即近镜面反射色、直视色和侧视色。近镜面反射色是在非常接近镜面反射角观察样品时观察到的颜色，它主要受金属片或干涉颜料的影响。随着近镜面反射角越来越接近镜面反射角，由于涂层表面产生了镜面和图像清晰度光泽，因而影响了近镜面反射色。直视色是在传统的散射角和 45°角照明时在样品法线方向观察时所见的颜色，它主要受传统着色剂的影响。侧视色是在与镜面反射角相反的方向观察样品时所看到的颜色，通常是在观察者远离样品时观察到的颜色，故称侧视色。侧视色既受传统颜料（产生漫反射）的影响，又受到金属片或干涉颜料的影响；当光照射在颜料粒子的边缘上时，后者也会产生漫反射。当侧视角随着镜面反射角的增加而增大时，金属片或干涉颜料带来的散射对侧视色的影响更大。

通常以逆定向反射角为基准来描述上述各个观察角，而逆定向反射角是与镜面反射方向的夹角。

7.2 色测量仪器的分类与构造

7.2.1 分光光度计

分光光度计作为印品在线检测的主要工具，是整个印品在线检测系统的核心部件，它所完成的主要工作简单的说是将可见光按要求分成单色光，然后照射到印品上，反射得到光信号，光信号再由光电传感器转化为电信号进行处理计算，从而得到 XYZ、Lab 等色度值。

测色分光光度仪并不是直接测量颜色样品的三刺激值，而是测量反射物体的光谱反射率 $\rho(\lambda)$ 和透射物体的光谱透射率 $\tau(\lambda)$，再通过计算进而得到三刺激值 X、Y、Z 及色差等颜色数据（见公式 7-2）。如果选择不同的标准照明体 $S(\lambda)$ 和标准观察者数据，就可以算出相应条件下的三刺激值。由光谱反射率和光谱透射率的定义可知，物体的光谱反射率和光谱透射率是波长的函数，因此要测量物体对各波长光的反射率或透射率，也就是说，要将白光分解为不同波长的单色光来测量。$\rho(\lambda)$［或 $\tau(\lambda)$］属光度量，非色度量，因此这类仪器称为分光光度计。

$$\rho(\lambda) = \frac{\phi_{\rho(\lambda)}}{\phi_{0(\lambda)}} , \tau(\lambda) = \frac{I_{\rho(\lambda)}}{I_{0(\lambda)}} \tag{7-2}$$

它的基本原理是将特定波长的单色光同时或先后照射在待测样品和光谱反射（透射）率已知的标准样品之上，如图 7-1 所示。分别测得待测样品和标准样品的反射（透射）光度测量值。保证两种情况下的入射单色光强度相同，由于标准样品的光谱反射（透射）率 $\rho_s(\lambda)$ 已知，由此可以得到入射光的 $\phi_s(\lambda)$：

$$\phi_s(\lambda) = \frac{\phi_s(\lambda)}{\rho_s(\lambda)} , \rho(\lambda) = \frac{\phi_\rho(\lambda)}{\phi_0(\lambda)} = \frac{\phi_\rho(\lambda)}{\phi_s(\lambda)} \cdot \rho_s(\lambda) \tag{7-3}$$

式中，$\phi_s(\lambda)$ 和 $\rho_s(\lambda)$ 分别为标准样品

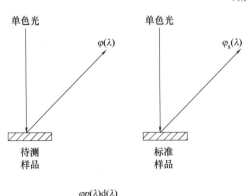

$$p(\lambda) = \frac{\varphi p(\lambda) \mathrm{d}(\lambda)}{\varphi 0(\lambda) \mathrm{d}(\lambda)}$$

图 7-1 分光光度计原理示意图

上测量得到的光通量和标准样品的光谱反射（透射）率；

$\phi_\rho(\lambda)$ 和 $\rho(\lambda)$ 分别为待测样品上对波长为 λ 的光测量得到的光通量和待测的光谱反射（透射）率。

由此即可得到待测的光谱反射率 $\rho(\lambda)$ 或光谱透射率 $\tau(\lambda)$。这就是分光光度计依据的测量原理。

分光光度计跟眼睛不同，眼睛是同时在感受的全部波长上评价接受的光能，而反射曲线的测量必须逐波长地进行。这就必须把光源的光在各个波长上进行分解，这既可以在照射样本之前分解成单色光，也可以在从样本上反射之后进行分解。几乎所有的新型仪器都按后一种方式工作，只有这样才能对具有荧光性质的样本进行正确的测量。

分光光度计主要构成部分是光源、单色器、光电探测器和数据处理与输出，光路示意如图 7-2 所示。其工作流程是：由光源发出足够强度的连续光谱，并分别照射在待测和标准样品上，这时各波长的单色光被样品反射或透射的光经过单色器分解，然后由光电探测器接收并转换为相应的电信号。另一种光路是相反的设计，光源发出的光首先经过单色器进行处理并输出成不同波长的单色光，将单色光同时（将光束一分为二）或先后照射到待测样品及标准样品上，然后反射（或透射）的光能经光电探测器接收并转变为电能，最后记录和比较光通量的大小，得到样品的光谱反射比（或透射比）。

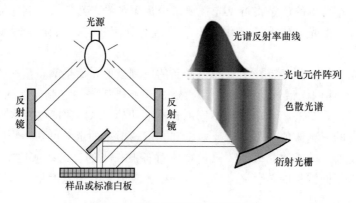

图 7-2　分光光度计光路示意图

分光光度计的测量精度相对来说较高，其测量的准确度主要由单色仪的精度和对不同波长单色光的标定来决定，也就是说对单色光的分辨能力。如果单色仪能够分解出波长范围非常细的单色光，则仪器的测量精度就高，反之则精度低。一般选用单色光的间隔为 10nm 就可以对颜色进行测量，因为绝大部分颜色样品的光谱分布都不会有太大的变化。当然也有特殊情况，如果要是对有荧光的物体进行测量，就要选用更细小的波长间隔，如 5nm 间隔或者更小的间隔，因为由荧光的发射光谱带比较窄，如果波长间隔太大会使细小的光谱辐射的变化信息丢失。影响仪器的测量精度的因素有很多，如光电转换器件的灵敏度、信号检测和放大电路的精度、仪器光学设计与制作的精细程度以及对仪器的标定等。

大多数分光光度计有一个称作积分球的元件。积分球是一个内壁涂有白色漫反射材料的空腔球体，又称光度球、光通球等。球壁上开一个或几个窗孔，用作进光孔和放置光接收器件的接收孔。积分球的内壁应是良好的球面，通常要求它相对于理想球面的偏差应不大于内径的 0.2%。球内壁上涂以理想的漫反射材料，也就是漫反射系数接近于 1 的材料。常用的材料是氧化镁或硫酸钡,将它和胶质黏合剂混合均匀后,喷涂在内壁上。氧化镁涂层在可见光谱范围内的光谱反射比都在99%以上,这样,进入积分球的光经过内壁涂层多次反射,在内壁上形成均匀照度。光源在球内或至少放在球旁边,以便用扩散的光照明球壁。所以,小球上有一或两个小孔,以便放置被测样本或标准白板。对着样本的孔因测量仪不同而有不同的尺寸,在大多数仪器中这个孔的孔径是可以连续改变的,以便适应被测样本的大小。带积分球的分光光度计,样本通常是在慢射照明的状态下,测量从样本某个方向反射的光,一般是8°方向反射的光。

下面介绍两种常见的分光光度计:X-Rite500系列分光光度计和色彩管理类的分光光度计Eye-OnePro。

(1) X-Rite500系列分光光度计 X-Rite500系列分光光度计是目前在印刷企业车间印刷过程控制或印刷品质量检验环节使用最广泛的仪器之一。其集测量、数据处理与显示于一身,可以独立使用,测量时只需要将测量孔对准测量部位,按下仪器直到测量结果显示在显示屏上,便携而且易于操作,如图7-3所示。

仪器面板上的各个按键是用来设置仪器功能和选择测量参数的。由于该仪器测量的基本数据是样品的光谱反射率,因此用测量的光谱反射率可以计算得到各种照明光源条件下和不同标准观察者条件下的三刺激值、色品坐标、CIELAB值等各种色度数据,还可以得到样品的密度、网点面积率等数据。如果是对两个样品进行比较测量,还可以给出两个样品间的色差和网点扩大率。由于该仪器既可以测量色度

504/508手持式分光密度仪

图 7-3 爱色丽 X-Rite504/508
手持式分光密度仪

数据,又可以测量密度和网点面积率,因此该仪器又被称为分光密度计。

X-Rite500系列分光光度计有多个不同的型号,不同型号仪器的外形完全一样,但测量功能不同,从简单的密度计功能到复杂的分光光度计功能,可以适合不同需求的用户。X-Rite500系列分光密度计的功能和技术参数如表7-1和表7-2所示。

表 7-1 X-Rite500 系列分光密度计功能列表

功　能	仪 器 型 号					
	530	528	520	518	508	504
密度	√	√	√	√	√	√
绝对密度、相对密度、密度参照	√	√	√	√	√	√
新闻纸密度、新闻纸灰平衡	√	√	√	√	√	√
网点面积、网点增大	√	√	√	√	√	
叠印率、叠印参照	√	√		√		
印刷反差、印刷反差参照	√	√		√		
色调偏差、含灰度	√	√		√		
色调偏差、含灰度参照	√	√		√		
电子选择功能(EFS)*	√	√		√		
色彩比较功能	√	√	√			

续表

功　能	仪 器 型 号					
	530	528	520	518	508	504
$L^*a^*b^*$(CIE),Lab(Hunter)	√	√	√			
标准照明体	所有	所有	D_{50}			
标准观察者	2°,10°	2°,10°	2°			
ΔE_{cmc}色差,ΔE_{94}色差	√	√	√			
ΔE_{ab}色差	√		√			
LCH($L^*a^*b^*$),LCH($L^*u^*v^*$)	√		√			
Y_{xy},$L^*u'v'$,$Yu'v$	√		√			
色品图表示	√		√			
颜色匹配功能	√		√			
数据存储色彩参照数据	1424	1424	24			
软件 ColorMailExpress,Pantone,DigitalColorLabraries	√		√			
保修期三年保修	√	√	√	√	√	√

表 7-2　　　　　　　　　X-Rite500 系列分光密度计技术规格

几何条件	45/0	数据存储量	1400 个样品以上(限 528 和 530)
测量方式	反射	数据接口	RS-232,波特率 1200～57600
测量孔径	3.4mm(标配)	电池	4.8V 镍氢电池,1250mAH
	6.0mm(可选)	充电时间	～3h
	2.0mm(可选)	仪器体积	长 197mm×宽 76mm×高 81mm
	1.6mm×3.2mm(可选)	仪器重量	1050g
仪器光源	脉冲充气鸽丝灯,色温 2856K		
光谱测量范围	400～700nm	重复精度	
标准照明体	A,C,D_{65},D_{50},D_{75},F2,F7,F11,F12	配偏光镜	±0.005D,0.00～2.00D 条件下
标准观察者	2°,10°		±0.010D,2.00～2.50D 条件下
响应方式	T,E,I,A,G,Tx,Ex,Hi-Fi	无偏光镜	±0.010D,0.00～1.80D 条件下
密度测量范围	0.00～2.50D	微孔测量	±0.010D,0.00～1.80D 条件下
反射率测量范围	0～160%	仪器台间差	0.01D 或 1%网点
测量时间	1.4sI 次		0.40 牛 Ecmc 以内

注：* 电子选择功能（EFS）：自动切换密度测量的滤色片颜色；所有照明体包括：A，C，D_{50}，D_{65}，D_{75}，F_2，F_7，F_{11}，F_{12}；以上参数来自 X-Rite 公司资料。

（2）Eye-OnePro　Eye-OnePro 颜色测量头安装在如图 7-4 所示的测量台上，可以由计算机软件控制快速地对色标进行扫描测量，测量时由机械臂带动测量头来回移动，逐行扫描，可以在几分钟之内完成 1000 个色块的测量。

Eye-OneIO 是一个多用途颜色测量仪器，由 Eye-OnePro 颜色测量头和样品测量台和其他附件组成。单独的 Eye-OnePro 颜色测量头可以作为分光光度计单独用来测量反射样品，作用与 X-RiteSwatchBook 非常类似，需要连接在计算机上配合专用软件使用。

表 **7-3** **Eye-OnePro 分光光度计技术参数**

测量方式	单点反射样品测量、反射样品扫描测量、显示器测量、光源色温和显色指数测量
光谱测量方式	128 像素全息衍射光栅二极管阵列
测量几何条件	45/0,环状照明
光源	充气钨丝灯
光学分辨率	10nm
物理取样间隔	3.5nm
光谱测量范围	380～730nm,10nm 间隔
测量孔径	直径 4.5mm
物理滤镜	UV 截止型滤镜(可选)
仪器台间差	平均 0.4ΔE94,最大 1.0ΔE94
重复精度(反射)	≤0.1ΔE94
亮度测量范围	0.2～300cd/m2
重复精度(显示器)	xy,±0.002(5000K 色温,80cd/m2 时)
接口	USB(带供电)

注：以上参数来自 X-Rite 公司资料

7.2.2 光电色度计

色度计是利用红、绿、蓝三滤色片分解颜色样品的反射光,再经传感器接收转换为颜色色度值的测色仪。为了模仿人眼的视觉感受,以便提供符合标准的测量值,必须采用标准光源照明被测量样本。传感器的光谱灵敏度需通过滤色片转换为与标准观察者的视觉灵敏度相吻合,在仪器标定正确的情况下,色度计读取的测量值易于换算成颜色的三刺激值。色度计的缺点是：滤色片与传感器作用后对光谱的匹配程度与人眼对颜色视觉感受灵敏度不可能实现严格意义上真正的线性关系。由此可知,色度计测量颜色存在原理上的误差,测量颜色的绝对精度不高。

机械臂　　　　Eye one Pro 颜色测量头

图 7-4　X-Rite Eye-OnePro
扫描分光光度计外观图

7.2.3 分光辐射亮度计

随着高清电视时代的全面开始,为了更好地还原明锐亮丽、高分辨率的图像,一些更高质量的支持全高清的显示设备的发展也日益加速。目前最先进的技术可达到亮度层次100000:1 的对比度,画面会给用户更真实的感受。由于需要有仪器能够测量到极端更低的亮度,因此在重现一些"比黑色更黑的"图像时,技术上遇到了瓶颈。另外,一些其他类型的发光元件发展迅速,如有机电致发光（OrganicEL）与传统的 LCD 和 PDP 显示一样，都需要更高精度的光谱辐射曲线分析。

分光辐射亮度计是测量光源光谱能量分布的最理想仪器，不仅能测量辐射度值或光度值，还可以测量色度值。这种仪器测量光源的辐射光谱，并计算得到所需的参数，例如色度或亮度。无论是使用光栅分光，还是用棱镜分光，仪器测得的光源数据都是一致的。

接下来主要介绍下 KONICAMINOLTACS-2000 分光辐射亮度计，如图 7-5 所示。CS-2000 的系统配件图如 7-6 所示。

CS-2000 可以对颜色及外观，显示器的各项数据进行检测，具体参数规格如表 7-4。

图 7-5　KONICAMINOLTACS-2000
分光辐射亮度计

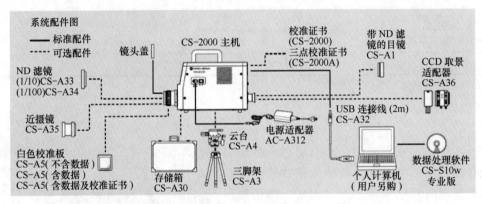

图 7-6　CS-2000 系统配件图

表 7-4   **CS-2000 参数表**

型　号	CS-2000		
波长范围	380～780nm		
波长分辨率	0.9nm/pixel		
显示波长宽度	1.0nm		
波长精度	±0.3nm(校准波长:435.8nm,546.1nm,643.8nm,Hg-Cd 灯)		
光谱波宽	5nm 以下(半波宽)		
测量角度(可选)	1°	0.2°	0.1°
测量亮度范围 (标准光源 A)	0.003～5,000cd/m²	0.075～125,000cd/m²	0.3～500,000cd/m²
最小测量区域	Φ5mm(当使用近摄镜 头时为 Φ1mm)	Φ1mm(当使用近摄镜 头时为 Φ0.2mm)	Φ0.5mm(当使用近摄镜 头时为 Φ0.1mm)
最小测量距离	350mm(当使用近摄镜头时为 55mm)		
最小光谱辐射显示	1.0×10-9W/sr,m²,nm		
精度:亮度 (标准光源 A)＊1	±2%		

续表

型　号	CS-2000		
精度:色度 (标准光源 A)＊1	x:±0.0015(0.05cd/m²以上), y:±0.001(0.05cd/m²以上), x,y:±0.002(0.005～ 0.05cd/m²),x,y:±0.003 (0.003～0.005cd/m²)	x:±0.0015(1.25cd/m²以上), y:±0.001(1.25cd/m²以上), x,y:±0.002(0.125～ 1.25cd/m²),x,y:±0.003 (0.075～0.125cd/m²)	x:±0.0015(5cd/m²以上), y:±0.001(5cd/m²以上), x,y:±0.002(0.5～ 5cd/m²),x,y:±0.003 (0.3～0.5cd/m²)
重复性:亮度(2σ) (标准光源 A)＊2	0.15%(0.1cd/m²以上), 0.3%(0.05～0.1cd/m²), 4%(0.003～0.05cd/m²)	0.15%(2.5cd/m²以上), 0.3%(1.25～2.5cd/m²), 0.4%(0.075～1.25cd/m²)	0.15%(10cd/m²以上), 0.3%(5～10cd/m²), 0.4%(0.3～5cd/m²)
重复性:色度(2σ) (标准光源 A)＊2	0.0004(0.2cd/m²以上), 0.0006(0.1～0.2cd/m²), 0.001(0.005～0.1cd/m²), 0.002(0.003～0.005cd/m²)	0.0004(5cd/m²以上), 0.0006(2.5～5cd/m²), 0.001(0.125～2.5cd/m²), 0.002(0.075～0.125cd/m²)	0.0004(20cd/m²以上), 0.0006(10～20cd/m²), 0.001(0.5～10cd/m²), 0.002(0.3～0.5cd/m²)
偏振误差	1°:2%以下(400～780nm);0.1°和 0.2°:3%以下(400～780nm)		
积分时间	快速:0.005～16s;普通:0.005～120s		
测量时间	最小 1s(手动模式)至最多大 3s(普通模式)		
色空间模式	Lvxy,Lvu′v′,LvTΔuv,XYZ,光谱曲线,特征波长, 激发纯度,暗视觉亮度(使用 CS-S10w 专业软件)		
接口	USB1.1		
操作温度/湿度范围	5～30℃,相对湿度 80%以下,无凝露		
存储温度/湿度范围	0～35℃,相对湿度 80%以下,无凝露		
电源	电源适配器(100-240～,50/60Hz)		
功率	约 20W		
尺寸	158(宽)×200(高)×300(长)mm(主机),φ70×95mm(镜头)		
重量	6.2kg		

注:　＊在温度 23±2℃,相对湿度 65%以下的条件下,普通模式测量 10 次的平均值;在温度 23±2℃,相对湿度 65%以下的条件下,普通模式测量 10 次;以上参数来自 KONICAMINOLTA 公司资料。

7.2.4　目视比色计与彩色密度计

还有一种通过目视进行颜色匹配测量颜色的仪器,称为目视比色计。目视比色计实际上就是一个颜色匹配装置,通过调整三原色的数量使混合色与样品色达到匹配,记录下颜色达到匹配时的三原色数量,以此来标定颜色。目视比色计通常用于液体颜色的检验,如葡萄酒、食用油的检验。根据生成三原色的方法,可以将目视比色计分为加色法目视比色计和减色法目视比色计两种。

在印刷、摄影等行业还经常使用一种称为彩色密度计的仪器,用它来控制颜色。密度计通过测量样品对红、绿、蓝光的吸收量,即密度值来确定颜色的特性,以此来控制颜色的复制过程。它的测量原理与色度计类似,用滤色片将照明光校正为特定的光谱分布,但这种光谱分布不符合 CIE 色度学体系,测量值是密度值而不是颜色值。因此严格地说,密度计不属于颜色测量仪器。但用密度在表示减色法呈色效果时比较方便、直观,在印刷行业中应用广泛,可以很方便地通过密度值的大小了解到印刷墨量的大小,起到控制油墨墨量和印刷品颜色的作用，下一节将重点讲解彩色密度计的相关知识。

7.3 密度与密度测量

7.3.1 减色法原理与减色法三原色

透明物体的颜色由它透过的色光决定，如红色滤色片只透红光、吸收其他颜色的光，而不透明物体的颜色由它反射的色光决定，如红色的物体只反射红光、吸收其他颜色的色光。人眼颜色视觉的刺激是由于接受到的红绿蓝三种色光的刺激量不同，产生了不同的颜色感觉。而在彩色印刷中，鉴于油墨与纸张的特性，我们选用红、绿、蓝的补色青、品红、黄来控制进入眼睛的红、绿、蓝光的数量。如图7-7所示是油墨理想状态下和实际状态下印在白纸上的光谱反射率曲线，由图可以看出，每种油墨都是固定吸收可见光波段光谱成分的三分之一，反射三分之二。图中虚线代表实际油墨的反射情况。可以看出，实际油墨不是理想的红、绿、蓝光的补色，不能完全吸收应该吸收的光波，也不能完全反射特定波段的光。选择黄、品红、青作为减色法三原色的原因就是利用它们的选择性吸收特性，控制红、绿、蓝三原色光的剩余数量，完成余下的光谱成分的相加混合。

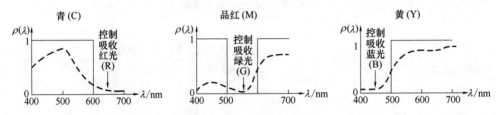

图 7-7 原色油墨印刷在白纸上的光谱反射率曲线

7.3.2 光学密度的定义

光学密度（Dynamic Range）又称密度或灰度，在影像判读中通常称为色调，指感光材料的感光层经曝光和摄影处理后呈现的黑白程度，用 D 表示，是以 10 为底的阻光率的对数或透光率倒数的对数，见公式（7-4）。

$$D= \begin{cases} -\lg T & 透射 \\ -\lg R & 反射 \end{cases} \tag{7-4}$$

式中，T 和 R 分别为透射物体和反射物体的光学透射率和光学反射率，代表眼睛对物体的亮度感觉，由下式确定：

$$T = k_{\mathrm{m}} \int_{\lambda} S(\lambda) \tau(\lambda) V(\lambda) d(\lambda)$$

$$R = k_{\mathrm{m}} \int_{\lambda} S(\lambda) \rho(\lambda) V(\lambda) d(\lambda) \tag{7-5}$$

式中，$V(\lambda)$ 明视觉光谱光效率函数；

$S(\lambda)$ 为照明光源的光谱分布；

常数 $k_{\mathrm{m}} = 683$ 流明/瓦（lm/W）。

由式（7-4）和式（7-5）决定的密度称为 ISO 视觉密度（Visual density），主要表示黑白单色样品的密度，当然也可以用来测量彩色。透射视觉密度记做 $D_T(S_H : V_T)$，反射视觉密度记做 D_R（S_A：V），S_H 和 S_A 分别表示透射和反射密度计的照明光谱函数，V 表示视觉密度。在 ISO5-3：1995（E）中规定，密度计的照明光源光谱分布应该满足 CIE 标准照明体 A 的光谱分布，有些反射密度计和大多数透射密度计还需要增加一个红外滤色片，用来吸收光源的热能，主要对被测样品和仪器中光学器件起保护作用，所以透射光谱与反射光谱在波长 560nm 以后是有差别的。透射和反射密度计光源的光谱分布 S_H 和 S_A 以及与明视觉光谱光效率函数 $V(\lambda)$ 与 S_A 乘积 $\Pi_V(\lambda)$ 的对数分列于表 7-5 中。

表 7-5　　　　　　　　　ISO 密度计标准入射光普及视觉光普密度乘积的对数

波长 nm	*透射密度计	*反射密度计	**$\log\Pi V(\lambda)$
340	4	4	
350	5	5	
360	6	6	
370	8	8	
380	10	10	
390	12	12	
400	15	15	<1.000
410	18	18	1.322
420	21	21	1.914
430	25	25	2.447
440	29	29	2.811
450	33	33	3.09
460	38	38	3.346
470	43	43	3.582
480	48	48	3.818
490	54	54	4.041
500	60	60	4.276
510	66	66	4.513
520	72	72	4.702
530	79	79	4.825
540	86	86	4.905
550	93	93	4.957
560	100	100	4.989
570	107	107	5
580	111	114	4.989
590	115	122	4.956
600	116	129	4.902
610	119	136	4.827
620	117	144	4.731
630	113	151	4.593
640	107	158	4.433
650	102	165	4.238
660	96	172	4.013

续表

波长 nm	* 透射密度计	* 反射密度计	* * $\log \Pi V(\lambda)$
670	89	179	3.749
680	80	185	3.49
690	72	192	3.188
700	62	198	2.901
710	53	204	2.622
720	45	210	2.334
730	37	216	2.041
740	31	222	1.732
750	24	227	1.431
760	19	232	1.146
770	15	237	<1.000

注：* 为相对光谱分布，将 560nm 归化为 100；* * 将 570nm 处的最大值归化为 5.000。

表中第 1 列是间隔 10nm 的波长，第 2 列和第 3 列分别是透射密度计和反射密度计入射到样品上光通量的光谱分布，第 4 列是第 3 列数据与明视觉光谱光效率函数 $V(\lambda)$ 乘积 $\Pi_V(\lambda)$ 的对数，并将 570nm 的最大值归化为 5.000，即把 570nm 的乘积 $\Pi_V(570)$ 归化为 100000。根据明视觉光谱光效率函数 $V(\lambda)$ 数据 $[V(570)=0.9520]$ 和表 7-5 数据 $[S_A(570)=107]$ 可以计算出归化常数 $k=100000I[S_A(570)\times V(570)]=981.7011$。

7.3.3 彩色密度计原理与结构

图 7-8 所示为彩色密度计的基本组成结构和工作原理。

单色密度计只需使用一个符合明视觉光谱光效率函数 $V(\lambda)$ 滤色片，它的视觉密度就为所测密度值。而彩色密度计就不一样了，它测量的是样品对红、绿、蓝光的吸收量，所以在进行测量时需要在光电探测器前要分别放置红、绿、蓝滤色片，分别透过红、绿、蓝光，或者在光源后面放置红、绿、蓝滤色片，从而产生红、绿、蓝照明光。

在测量墨层的厚度时，可以间接通过测量油墨的密度值来得到，这是因为青、品红、黄油墨分别吸收红、绿、蓝光，当墨层厚度越大时，对红、绿、蓝光的吸收就越多。所以，可以通过测量经过油墨吸收后剩余的红、绿、蓝光量，油墨的密度值便可以得到了，从而间接获得墨层的厚

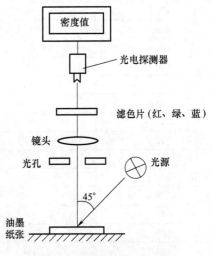

图 7-8 彩色密度计示意图

度。例如当选用红滤色片时，所测量的是青油墨吸收红光的数量，也就是在红光下的密度。然而对特定的青油墨而言，红光吸收量越多，则密度值越高，也就是说明青油墨的墨层越厚或网点面积率越大或彩度越高，反之，青油墨彩度低或墨层薄或网点面积率小。

综上所述，彩色密度计控制印刷油墨墨量的方法主要是通过测量青、品红、黄油墨对

红、绿、蓝光的吸收量，所以红、绿、蓝滤色片在这种情况下，得到的测量结果也就是符合密度定义的密度值。

当使用 R、G、B 三滤色片测量三滤色片密度时，式 7-6 则为：

$$\begin{cases} D_{\mathrm{R}} = -\lg R_{\mathrm{r}} = -\lg \dfrac{\displaystyle\int_{\lambda} \prod_{\mathrm{r}}(\lambda)\rho(\lambda)\,\mathrm{d}\lambda}{\displaystyle\int_{\lambda} \prod_{\mathrm{r}}(\lambda)\,\mathrm{d}\lambda} \\[6mm] D_{\mathrm{G}} = -\lg R_{\mathrm{g}} = -\lg \dfrac{\displaystyle\int_{\lambda} \prod_{\mathrm{r}}(\lambda)\rho(\lambda)\,\mathrm{d}\lambda}{\displaystyle\int_{\lambda} \prod_{\mathrm{g}}(\lambda)\,\mathrm{d}\lambda} \\[6mm] D_{\mathrm{B}} = -\lg R_{\mathrm{b}} = -\lg \dfrac{\displaystyle\int_{\lambda} \prod_{\mathrm{r}}(\lambda)\rho(\lambda)\,\mathrm{d}\lambda}{\displaystyle\int_{\lambda} \prod_{\mathrm{b}}(\lambda)\,\mathrm{d}\lambda} \end{cases} \qquad (7\text{-}6)$$

其中，R_{r}、R_{g}、R_{b} 为红、绿、蓝滤色片下测量的反射率，$\rho(\lambda)$ 为样品的光谱反射率，$\varPi_{\mathrm{r}}(\lambda)$、$\varPi_{\mathrm{g}}(\lambda)$、$\varPi_{\mathrm{b}}(\lambda)$ 为密度计光源的入射光谱与红、绿、蓝滤色片光谱分布的乘积，对于不同的应用具有不同的定义，称为密度的各种测量状态，详见下面的介绍。测量印刷品密度使用的密度状态 T 和状态 E 的光谱乘积 $\varPi(\lambda)$ 的对数列于表 7-6 中，其光谱分布曲线如图 7-9 所示。对于透射密度的表达式完全相同，只不过要将式中的反射率和光谱反射率替换为透射率和光谱透射率。

由于历史的原因以及不同地区与行业的使用需求和习惯不同，目前对彩色密度有多个测量标准，在 ISO5-3：1995（E）中有相应的规定。

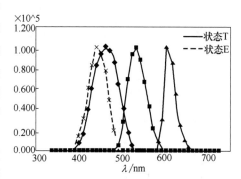

图 7-9　ISO 状态 T 和状态 E 的
光谱乘积曲线

① 状态 A 密度。用于直接观看彩色照相正片或幻灯片条件下的密度测量，其中的红、绿、蓝滤色片光谱分布与用正片冲洗照片所使用的滤色片接近。其透射密度表示为 $D_{\mathrm{T}}(S_{\mathrm{H}}:A_{\mathrm{R}})$、$D_{\mathrm{T}}(S_{\mathrm{H}}:A_{\mathrm{G}})$、$D_{\mathrm{T}}(S_{\mathrm{H}}:A_{\mathrm{B}})$，反射密度记 $D_{\mathrm{T}}(S_{\mathrm{A}}:A_{\mathrm{R}})$、$D_{\mathrm{T}}(S_{\mathrm{A}}:A_{\mathrm{G}})$、$D_{\mathrm{T}}(S_{\mathrm{A}}:A_{\mathrm{B}})$，其中 S_{H} 和 S_{A} 分别表示透射和反射的入射光谱分布，A_{R}、A_{G}、A_{B} 分别表示所用的红、绿、蓝滤色片光谱分布。

② 状态 M 密度。用于直接观看彩色照相负片或负片原稿条件下的密度测量，其中的红、绿、蓝滤色片光谱分布与用负片冲洗照片所使用的滤色片接近。其透射密度表示为 $D_{\mathrm{T}}(S_{\mathrm{H}}:M_{\mathrm{R}})$、$D_{\mathrm{T}}(S_{\mathrm{H}}:M_{\mathrm{G}})$、$D_{\mathrm{T}}(S_{\mathrm{H}}:M_{\mathrm{B}})$。

③ 状态 T 密度。用于评价印刷品所使用的密度标准，以前多用于美国，现在是 ISO 和我国普遍采用的密度标准。其透射密度表示为 $D_{\mathrm{T}}(S_{\mathrm{H}}:T_{\mathrm{R}})$、$D_{\mathrm{T}}(S_{\mathrm{H}}:T_{\mathrm{G}})$、$D_{\mathrm{T}}(S_{\mathrm{H}}:T_{\mathrm{B}})$，反射密度记做 $D_{\mathrm{T}}(S_{\mathrm{A}}:T_{\mathrm{R}})$、$D_{\mathrm{T}}(S_{\mathrm{A}}:T_{\mathrm{G}})$、$D_{\mathrm{T}}(S_{\mathrm{A}}:T_{\mathrm{B}})$，其红、绿、蓝滤色片光谱分布数据见表 7-6，光谱乘积的曲线见图 7-8 中的实线所示。

④ 状态 E 密度。用于评价印刷品所使用的密度标准，以前多用于欧洲，其反射密度

表示为 $D_R(S_A:E_R)$、$D_R(S_A:E_G)$、$D_E(S_A:E_B)$，其红、绿、蓝滤色片光谱分布数据见表 7-6。状态 E 与状态 T 的差别仅在于蓝滤色片上，状态 E 采用了更窄的蓝滤色片光谱带，见图 7-9 中的虚线曲线。

表 7-6　ISO 密度计状态 T 和状态 E 光谱乘积的对数（峰值归化为 5.000）

波长(nm)	状态 T			状态 E		
	蓝(λ)	绿(λ)	红(λ)	蓝(λ)	绿(λ)	红(λ)
340	<1.000					
350	1.000					
360	1.301					
370	2.000			1.000		
380	2.47			2.431		
390	3.176			3.431		
400	3.778			4.114		
410	4.230			4.477		
420	4.602			4.778		
430	4.778			4.914		
440	4.914	<1.000		5.000	<1.000	
450	4.973			4.959		
460	5.000			4.881		
470	4.987			4.672		
480	4.929	3.000	<1.000	4.255	3.000	<1.000
490	4.813	3.699		3.778	3.699	
500	4.602	4.447		2.903	4.477	
510	4.255	4.833		1.699	4.833	
520	3.699	4.964		1.000	4.964	
530	2.301	5.000			5.000	
540	1.602	4.944			4.944	
550		4.820			4.920	
560		4.623			4.623	
570		4.342	1.778		4.342	1.778
580		3.954	2.653		3.954	2.653
590		3.398	4.477	<1.000	3.398	4.477
600	<1.000	2.845	5.000		2.845	5.000
610		1.954	4.929		1.954	4.929
620		1.000	4.740		1.000	4.740
630			4.398			4.398
640		<1.000	4.000		<1.000	4.000
650			3.699			3.699

续表

波长(nm)	状态 T			状态 E		
	蓝(λ)	绿(λ)	红(λ)	蓝(λ)	绿(λ)	红(λ)
660			3.176			3.176
670			2.699			2.699
680			2.477			2.477
690			2.176			2.176
700			1.699			1.699
710	<1.000	<1.000	1.000	<1.000	<1.000	1.000
720						
730						
740			<1.000			<1.000
750						
760						
770						

7.3.4　颜色的密度表示法

由前面讨论可知，物体对于光的吸收越多，透射率（反射率）越低，相应密度值就越大。由于在纸张上印刷油墨的目的是用油墨吸收照明光，印刷的油墨量越大，对光的吸收就越多，所以可以用密度来表示印刷油墨量的大小。但是，如果直接用物体对光的吸收量来表示物体颜色深浅有时并不是很方便，因为吸收率可以从完全不吸收到完全吸收有好几个变化数量级的区间。表 7-7 列出了透（反）射率与密度的关系。密度值的大小反映了物体对光的吸收程度，而且将变化范围非常大的透射（反射）率用很小范围的数字来表示，使用更加方便。

表 7-7　　　　　　　　　　　透射（反射）率与密度的对应关系

透射	1	0.1	0.01	0.001	0.0001
密度 D	0	1	2	3	4

补色密度是由青、品红、黄与红、绿、蓝互为补色所得到的密度值。其他非补色滤色片在测量青、品红、黄油墨时也会得到相应的密度测量值，但这个测量值反应的是油墨与理想油墨的偏差，这样对印刷墨量控制并没有实际意义，对印刷效果起到的只是一些负面的作用，这样的密度称为无效密度。对于理想油墨，补色密度应该接近于无穷大，而无效密度应该为 0。但对于实际油墨的补色密度一般低于 2.0，无效密度也不是 0。所以油墨的颜色特性可以将补色密度与无效密度结合在一起来表示。

某品牌油墨的密度测量值（未列出视觉密度）如表 7-8 所示。每一行表示一色油墨在三种滤色片下的测量值；每一列表示三种油墨在同一种滤色片下的密度值。表中左上角到右下角主对角线上的密度值数值最大，即青、品红、黄油墨分别在红、绿、蓝三种滤色片下测得的密度，也就是补色密度，记作 D_R、D_G、D_B。其他位置的密度值较小，是在非补色滤色片下的密度，即无效密度。对于纯正的油墨，人们肯定希望只有补色密度，而且补色密度值越高越好，无效密度几乎接近零。但由于实际油墨是存在色偏的，因为在一定程度上它不能正确吸收和通过特定波长的光，所以无效密度是时刻存在的。

表 7-8 　　　　　　　　　　　　　某品牌油墨密度值

墨色 ＼ 滤色片	R	G	B
C	1.63	0.55	0.18
M	0.16	1.41	0.69
Y	0.03	0.09	1.15

例如，青油墨的补色密度为 1.63D，绿和蓝滤色片下密度分别为 0.55D 和 0.18D，这就说明了青油墨除了主要吸收红光外，也吸收了一部分绿光和蓝光，且吸收的绿光比蓝光多，油墨颜色中含蓝色的成分更多一些，即偏蓝。因为品红吸收绿光，黄色吸收蓝光，所以无效密度反映了一种现象，即青油墨中也包含一部分品红和黄油墨的成分。我们也可以从另一个角度来看这个问题，因为混合这三种油墨可以得到灰色，这三种颜色同时存在就可以说明该油墨纯度并不是特别高，灰色成分也是存在一定比例的。如果用 D_H、D_M、D_L 分别表示每种色墨在三种滤色片下最大、中等和最小密度值，即表 7-8 每行中的三个数值，则根据减色混色的规律可知，油墨中含灰量的多少由最小密度决定，油墨的偏色大小和方向由中等密度决定，其关系可以用图 7-10 示意表示，其中假设了相等三原色密度混合得到灰色。从图中可以看出，灰色是由 0.18D 的三原色密度混合的，并不能对彩色产生影响，但在一定程度上油墨的彩度却减小了。剩余密度中，蓝紫色是由 0.37D 的青和品红混合而成的，其余的 1.08D 为纯青色的密度，因此青油墨含有一定量的灰而且偏一些蓝紫色。

在 GATF 色轮图可以表示三个滤色片下的密度值，从而表示油墨的颜色，如图 7-11 所示。这个图仍然以青油墨为例。三个滤色片下的密度分别代表 CMY 方向上的三个矢量，设其长度分别正比于 1.63D、0.55D 和 0.18D，因此油墨的颜色就是三个矢量的合矢

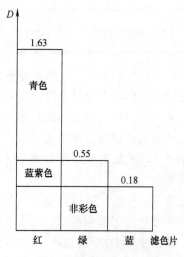

图 7-10　油墨颜色分析示意图

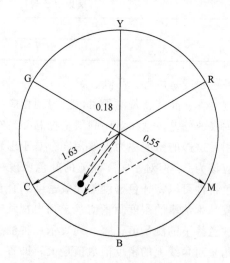

图 7-11　GATF 色轮图

量。按照矢量叠加的平行四边形法则，得出合矢量为偏向蓝色方向，如图中实心黑点所示，其长度小于补色密度 $1.63D$，说明其中含有一定的灰度。

GATF 色轮图表示油墨颜色的方法与描述 RGB 颜色的方法完全相同，只不过这里表示的不是 RGB 而是三个密度值。

色纯度、色强度、色偏、色灰、色效率可以用来表征油墨的颜色特征，式如下：

$$色纯度百分比 = \frac{D_H - D_L}{D_H} \times 100\% \tag{7-7}$$

$$色强度 = D_H \tag{7-8}$$

$$色偏百分比 = \frac{D_M - D_L}{D_H - D_L} \times 100\% \tag{7-9}$$

$$色灰百分比 = \frac{D_L}{D_H} \times 100\% \tag{7-10}$$

$$色效率 = \frac{(D_H - D_M) + (D_H - D_L)}{2D_H} \times 100\% = 1 - \frac{D_M + D_L}{2D_H} \times 100\% \tag{7-11}$$

油墨的饱和度是由色纯度和色灰从纯度和灰度这两个侧面进行反映的，且色纯度百分比与灰度百分比相加等于 1。色偏是指色调偏离理想色调的程度，但一定要除去灰色成分后。例如当 $D_M = 0$ 且 $D_L = 0$ 时，色偏 $= 0$，并且色灰 $= 0$，说明该油墨非常饱和。若 $D_M - D_L = 0$，但 $D_L \neq 0$，则说明色调虽然无偏离，但饱和度不够高。

7.3.5 密度与网点面积

网点是印刷的最小单位，由于以不同程度群集起来的网点，凭借吸收与反射所形成的光学效应，使人产生视觉上的差异，从而得到印刷图像画面的明暗阶调。

为了便于度量以不同程度群集起来的网点所产生的视觉上的明暗变化，人们采用网点面积率来表示，它是指在单位面积上印刷的所有网点面积之和与总面积之比。

设反射（透射）样品的光学反射（透射）率为 ρ，根据定义，密度 D 表示为：

$$D = \lg(1/\rho) \tag{7-12}$$

为简单起见，首先假设纸张的光学反射率为 $\rho_w = 1$，实地油墨的反射率为 ρ_s，印刷网点面积率为 α（单位面积内油墨所占的面积比），则根据色光相加原理，此时单位面积总的光学反射率为：

$$\rho = (1 - \alpha) \times \rho_w + \alpha \times \rho_s \tag{7-13}$$

即总的光学反射率 ρ 等于纸张空白部分的反射率 ρ_w 与油墨印刷部分的反射率 ρ_s 之和。将此关系代入密度表达式后可得此特定阶调（网点面积率）条件下的密度，称为阶调密度，记为 D_T：

$$D_T = \lg\{1/[(1 - \alpha) \times \rho_w + \alpha \times \rho_s]\} \tag{7-14}$$

上式还可以表示为：

$$10^{-D_T} = (1 - \alpha) \times \rho_w + \alpha \times \rho_s \tag{7-15}$$

由于印刷实地密度 $D_s = \lg(1/\rho_s)$，所以 $\rho_s = 10^{-D_s}$，且 $\rho_s = 1$。代入上式简后可得：

$$\alpha = \frac{1 - 10^{-D_T}}{1 - 10^{-D_s}} \tag{7-16}$$

式（7-16）为 Muray-Davies 公式的表达式形式，网点面积的取值范围为 0～1。如果用百分数来表示，则需要在计算结果上乘以 100%。从上面推导过程可以看出，式（7-16）

的 Muray-Davies 公式没有考虑纸张实际的光学反射率，仅仅是在理想 $\rho_w = 1$ 情况下的计算公式，因此实际计算的误差会很大。若纸张实际的光学反射率不等于 1，设为 $\rho_w \neq 1$，则纸张密度 $D_w = \lg(1/\rho_w)$，按式（6-13）相同的推导方法可得：

$$\alpha = \frac{10^{-D_w} - 10^{-D_T}}{10^{-D_w} - 10^{-D_s}} \tag{7-17}$$

若将上式的分子分母同除以 10^{-D_w}，使得密度计测量网点面积时实际使用的 Murry-Davies 公式形式：

$$\alpha = \frac{1 - 10^{-D_t}}{1 - 10^{-D_s}} \times 100\% \tag{7-18}$$

式中，$D_t = D_T - D_w$，所测印刷品的网点反射密度；

$D_s = D_s - D_w$，所测印刷品的实地密度。

实验和实际应用证明，式（7-17）和式（7-18）的计算结果都不太精确，随后，J. A. C. Yule 和 W. J. Nielson 在此基础上进一步研究，考虑了现实工作中的各种条件，主要是：①纸张的光渗效应；②进入纸张内光线的多重反射；③网屏线数。由于这些条件的影响，使默里-戴维斯（Murry-Davis）公式计算结果与实际情况发生偏离。为此 J. A. C. Yule 引入补偿修正系数 n，将默里-戴维斯（Murry-Davis）公式修改成：

$$\alpha = \frac{1 - 10^{-D_t/n}}{1 - 10^{-D_s/n}} \times 100\% \tag{7-19}$$

式（7-19）是一个非常有用的公式，称为尤尔-尼尔逊公式（Yule-Nielsen Equation），n 也称为尤尔-尼尔逊因子（Yule-Nielsen factor），n 值要根据实验来确定，比较麻烦。但已有诸多学者，对此进行了专门的研究，得出了一些很有参考价值的数据。

例题，对某一网点面积测得反射密度 $D_t = 0.68$，与之对应的实地密度 $D_s = 1.36$，分别按式（7-18）、式（7-19）计算当 $n = 1$ 和 $n = 1.2$ 时的网店面积率 a。

$n = 1$ 时，即按默里-戴维斯公式计算：

$$a = \frac{1 - 10^{-D_t}}{1 - 10^{-D_s}} = \frac{1 - 10^{-0.68}}{1 - 10^{-1.36}} = 82.7\%$$

$n = 1.2$ 时，即按尤尔-尼克逊公式计算：

$$a = \frac{1 - 10^{-D_t/n}}{1 - 10^{-D_s/n}} = \frac{1 - 10^{-0.68/1.2}}{1 - 10^{-1.36/1.2}} = 78.7\%$$

在我国新闻出版行业标准 CY/T 5—1999《平版印刷品质量要求及检验方法》中采用了式（7-20）来计算印刷品的网店面积率。

对于分色片的网点面积：

$$a = \frac{1 - 10^{-(D_t - D_o)}}{1 - 10^{-(D_s - D_o)}} \tag{7-20}$$

式中 D_o——空白网目调胶片的透射密度值；

D_t——胶片上网点部位的透射密度值；

D_s——胶片上实地的透射密度值。

对于印刷品的网点面积：

$$a = \frac{1 - 10^{-(D_t - D_o)}}{1 - 10^{-(D_s - D_o)}} \tag{7-21}$$

式中 D_o——印刷品上非印刷部位的反射密度值；

D_t——印刷品上网点部位反射密度值；

D_s——胶片上实地的透射密度值。

例如，某一网点面积测得反射密度 $D_t = 0.68$，与之对应的实地密度 $D_s = 1.36$，纸张的空白处的密度为 $D_o = 0.15$，则网点面积率：

$$a = \frac{1 - 10^{-(D_t - D_o)}}{1 - 10^{-(D_s - D_o)}} = \frac{1 - 10^{-(0.68 - 0.15)}}{1 - 10^{-(1.36 - 0.15)}} = 75.1\%$$

彩色密度计是通过测量补色密度来确定油墨颜色的特征，即主要使用彩色密度计测量三种不同滤色片下的密度值，从而油墨的网点面积率就可以通过补色密度来计算出各原色。彩色密度计用途十分广泛，它可以对印刷复制过程中对各种质量进行评价，如原稿质量，控制制版、打样质量及印品质量。虽然彩色密度计有很多优点，这是因为由于其结构较简单，所测量的结果能够比较直接的进行观察，并且价格便宜，所以在印刷行业中特别受欢迎。当然它也存在自己的不足，例如它不符合 CIE 颜色标准，对于人眼所看到的颜色并不能真实的反映，它仅仅可以用来测量和控制印刷油墨的墨量，从而达到控制印刷品质量的作用。

第8章　色彩管理原理

随着彩色信息在相关领域得到越来越广泛的应用，人们对色彩再现质量提出了更高的要求。彩色图形图像跨设备准确再现必须借助色彩管理技术，并以准确获知、描述设备的彩色特性为前提，色彩管理引入设备无关的色彩空间来统一描述设备彩色特性，通过色域匹配及对设备输入/输出关系非线性的校正，建立设备相关色彩空间与设备无关色彩空间之间的映射关系，实现彩色信息从输入设备色彩空间到设备无关色彩空间，再到输出设备色彩空间的准确转换，达到"所见即所得"的目的。

在实际印刷过程中，不同的设备工作在不同的色彩空间，使用不同的技术原理产生色彩，在色彩的产生过程中无法忠实无损地再现原稿的颜色。例如，显示器、数字相机、扫描仪等工作在 RGB 的色彩空间，它们使用 RGB 的"加法"着色系统为基础，以黑色开始，然后增加红色，绿色和蓝色以取得色彩；而打印机、打样机、印刷机等工作在 CMYK 的色彩空间中，它们基于"减法"着色系统，用白色减去 RGB（红、绿、蓝色）以取得色彩和黑色，因此同一种色彩在不同设备上会出现偏差，并且色彩在不同设备间转换过程中，不同设备对颜色的处理方法也各不相同。

8.1　色彩管理发展背景

对于使用过数码相机或色彩输出设备的人们，可能都已经注意到用数码相机拍摄的彩色照片和显示器所呈现的色彩并不一样，有的甚至相差很大，同样，从输出设备输出的彩色图像和显示器的颜色也有很大的颜色差异，这是因为在当时的传统色彩控制技术条件下，颜色的复制过程都是在一个较为封闭的生产环境中进行的，色彩设备的色彩表现能力各有不同，同样的色彩值在不同的色彩设备上有可能被解释为完全不同的色彩形态。

色彩管理提出之初，虽然改变了传统的封闭式生产模式，实现颜色信息在不同设备上的准确再现，在特定的设备之间建立了专门的色彩转换关系，解决不同供应商生产的硬件与软件不兼容的情况，但是这在一定意义上来说还是属于封闭式的范畴，因为每两种设备之间采用特定的色彩转换关系，一旦颜色处理需要新的设备，那么之前所建立的颜色转换关系对新的设备就不适用了。没有统一的色彩管理规范，每个适用者都必须要配合硬件的供应商，不断地调整输入设备和输出设备之间的关系，并且在印刷的过程中，一旦设备或生产环境发生变化，就需要对设备信息重新建立，如图 8-1 所示，每个源设备都需要对目的设备建立特定的颜色转换关系，当增加新的目的设备的时候，必须重新建立源设备和这台新的目的设备之间的颜色转换关系。也就是说，在目的

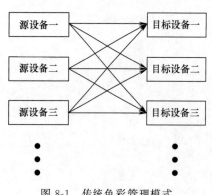

图 8-1　传统色彩管理模式

设备不变时，如果源设备发生了变换，其间的色彩转换关系也需要重新建立。用数学方式来表现则为：当有 m 台源设备、n 台目的设备时，这种管理方式需要建立 m×n 种颜色转换关系，其过程比较复杂，给颜色转换带来了很大不便。

为了解决这些颜色问题，1993 年，Adobe、Agfa、Apple、Kodak、Microsoft、Silicon Graphics、Sun Micro system 以及 Taligent 等几家公司开始共同研究一种通用的色彩管理方法，称为 ICC 标准。如此一来，开放式的色彩管理方法产生了，且已成为当今色彩管理的主流。ICC 规定了一个标准的文件描述格式，提供了一个贯穿整个色彩重现过程的规范，并且已经成为色彩管理的国际标准。色彩管理实际上是利用软、硬件结合的方式，在生产系统中自动统一地管理和调整颜色，以保证在整个过程中颜色的一致性，其基本方法是将系统中所有设备的颜色特性都用 CIE 颜色系统来描述，任何设备间的颜色转换都要通过 CIE 颜色空间间接进行转换。由于 CIE 颜色空间描述的是人眼对颜色的感觉，它们的色彩数值和设备没有关系，即为设备无关颜色空间（Device-independent Color），通常为 CIE XYZ 和 CIE LAB，而且任何设备的颜色都可以用 CIE 颜色系统描述，CIE 颜色系统就成为描述各种设备颜色特性的共同语言和标准。在这种方式下，m 个设备向 n 个设备的颜色转换只要有 m+n 个转换，相比于传统模式下的转换，加法运算要比乘法运算简单得多，极大的简化了色彩管理的复杂度，如图 8-2 所示。更重要的是，使用这种色彩管理方法可以建立对设备颜色特性描述的标准方法，不再取决于两个设备之间的特定情况和关系，使色彩管理方法标准化。

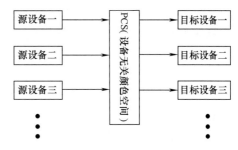

图 8-2 现代色彩管理模式

1995 年 ICC 颁布了 ICC Profile Vesion3.2，到 2003 年，ICC 加入了 ISO/TC130 以及国际色彩联盟之间的合作协约，2004 年 ICC 又颁布了最新版本 Vesion4.2.0，这一版本是这一协约之下的第一个国际标准。现在，ICC 标准被普遍认为是到目前为止用于改善颜色控制现状的最理想解决策略。ICC 标准已被许多操作系统接受，现支持有 Apple、Microsoft、Sun、SGI、Java 等工作平台，全球已有超过 50 个著名公司加入 ICC 成为会员，总会员数达 70 多个，越来越多的软件（系统软件或应用软件）也已经支持 ICC 标准。

8.2 色彩管理的作用

色彩管理，简称 CMS（Color Management System），是一个关于色彩信息正确解释和处理的技术领域，其目的是保证同一图像的色彩从输入到显示、输出中所表现的外观尽可能匹配，达到一致的颜色，最终达到原稿与复制品的色彩一致。在色彩失真最小的前提下将图像的色彩数据从一个色彩空间转换到另一个色彩空间的过程，也是建立设备相关颜色空间与设备无关颜色空间转换关系的过程。设备相关颜色空间（Device-dependent Color），通常为 RGB 和 CMYK 颜色空间，即颜色的视觉效果是基于设备和材料，颜色效果会随着设备及材料的改变而改变。

8.3 色彩管理的分类

从目前发展来看，色彩管理可以分为操作系统级色彩管理、应用程序级色彩管理和驱动程序级色彩管理三类。

（1）操作系统级色彩管理 操作系统级的色彩管理系统可以充分利用计算机技术为其他应用软件提供一个色彩管理的环境，利用操作系统提供的一系列函数实现对用户来说是透明的并且几乎不需要应用程序的色彩管理，但从所起的作用来看，操作系统级色彩管理所做的事情是有限的。比如，它不能改变打印机的色域来匹配所用的显示器，它对于 RGB＝（0，0，255）这个超出打印机色域高饱和蓝色没有无中生有的本事，只是通过超色域颜色的映射处理和颜色转换实现两者的颜色接近。它不仅作为色彩管理系统存在，而且可以提供一整套的服务，应用软件可以调用它的功能完成各项有用的工作。

具体讲来，操作系统级的色彩管理目前主要使用的是两种，苹果公司的 Macintosh 以及微软公司的 Windows，而所谓的操作系统色彩管理，即是指在这两种操作系统中的色彩管理功能。在 Macintosh 和 Windows 操作系统中的颜色管理模块分别是 ColorSync 和 ICM，其最主要的组成都是程序模块，简称为 API。这些程序模块由大量的程序代码组成，不但程序开发人员可以直接通过系统进行调用，而且对于 CMM 的存在提供了一个整体的构架。

（2）应用程序级色彩管理 应用程序级色彩管理是指那些与特定的输入输出设备相配套的彩色管理软件，通常都是由生产这些设备的厂家开发出来的，它们可以利用系统级色彩管理的功能，也可以使用单独的颜色计算算法。单从应用软件的角度来看色彩管理的问题，包括具有和不具有色彩管理功能的软件，具有色彩功能的应用软件都具有配置源设备特性文件和目的设备特性文件的功能，以及可能配置的显示特性文件功能，比如 Adobe 公司提供的三个最主要的具有色彩功能的应用软件 Photoshop、InDesign 和 Illustrator。

在色彩管理的应用中，应用软件的流程包括三个方面，一个是对文档特性文件的处理，即在同一个应用软件中如何对标记和未标记的文档进行处理的过程。一个是软打样的控制，所谓的软打样，就是将颜色暂时地转移到显示器上，用显示器模拟最终颜色输出效果的方法。另外一个是打印中的色彩管理控制。

（3）驱动程序级色彩管理 除了显示设备之外，输入和输出设备都是颜色传递过程中不可缺少的设备，以打印机为例，进行简单的介绍。

从应用软件处接受的文件数据发送到打印设备进行输出，假设文件数据打印时，可以将打印数据以及源设备特性文件一起递交，其后由打印驱动规定目标特性文件，最后由操作系统（ColorSync 或 ICM）将颜色转换到打印的色空间，这就要求打印驱动具有处理各种不同源设备特性文件的能力，但是由于打印驱动本身的色彩管理能力不同，在实际上是做不到的。另一种办法是对具有色彩管理功能的应用软件，可以在操作系统进行打印处理之前，将颜色处理好后，使其不必携带源特性文件，而对于不具有色彩管理功能的软件，则可以使用打印机驱动的色彩管理功能来执行颜色转换工作。

8.4　色彩管理的基本要素

ICC 色彩管理体系有四个重要的组成部分，分别是特性文件（Profile）、特性文件连接色空间（PCS）、再现意图（Rendering Intent）和色彩管理模块（CMM）。

8.4.1　特 性 文 件

国际色彩联盟（International Color Consortium，ICC）定义了一个国际标准，用于规定 profile 的标准文件格式。定义该文件格式的主要目的是为了提供一个跨平台的设备 profile 格式。用这些设备 profile 可以将一个设备创建的色彩数据转化到另一个设备的自带色彩空间。

颜色特征文件 ICC Profile 既可作为独立的文件形式出现，也可以作为图像的嵌入文件，无论哪种形式，其中的地址字段都是相对于 Profile 的初始字节而言的。作为独立文件的 Profile 文件结构如图 8-3 所示。特性文件中描述了两部分的内容，作用是用于描述设备的色域信息和非线性特征的校正转换关系。特性文件中的内容一方面是对设备本身各种参数和设置描述文本，另一方面是设备的本地颜色数据以及设备无关颜色空间的进行颜色转换的相关数据。同一 RGB 或 CMYK 颜色数值，在不同的设备上会产生不同的颜色感觉，特性文件并不是改变了设备原始的颜色数值，而是转换为这个颜色数值所表示的特定的颜色感觉。故而，设备特性文件只是对设备的行为进行描述，并没有改变设备的行为。

根据 ICC 标准，将 ICC Profile 分为 7 种不同的类型，包括 3 种基本设备的特

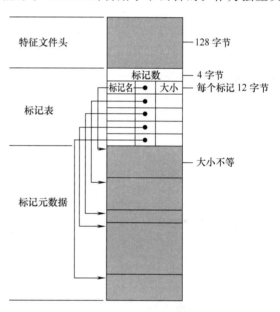

图 8-3　ICC Profile 文件格式

性描述文件 Profile，即输入设备（扫描仪、数码相机等）Profile、显示设备（显示器）Profile、输出设备（打印机、印刷机等）Profile 以及 4 个附加的特征描述文件，即设备连接 Profile、颜色空间转换特性 Profile、抽象的 Profile 和命名颜色 Profile。

设备连接空间 Profile 是将一系列设备 Profile 连接成一个 Profile，节省色彩转换时间；颜色空间转换特性 Profile 提供设备无关色空间与 PCS 之间的转换，可嵌入图像文件；抽象的 Profile 提供 PCS 空间内数据转换的方法，以满足用户的特定需求，不能嵌入具体的图像文件；命名颜色 Profile 可视为设备 Profile 的同属文件，是建立命名颜色系统的颜色名与设备无关颜色空间颜色值之间的关系。

ICC Profile 采用的标签文件格式，即色彩转换时所用到的各种信息以标签的形式组织，适用于色彩管理复杂的应用环境。ICC Profile 按照 ICC 发表的特性文件格式规范写

成，为各个设备之间的颜色交流提供了一个标准语言，是一种开放且跨平台的标准，ICC Profile 的文件格式（如图 8-3 所示）主要有三个部分组成：文件头（Profile Header）、标记索引表（Tag Table）、标记对应的数据（Tagged Element Data），三部分在文件中顺序储存。

（1）文件头　文件头占用 128 个字节，主要是一些描述性的信息，详细见表 8-1，如特性文件的类型、颜色空间类型、PCS 空间、使用平台、设备厂商等。

表 8-1　　　　　　　　　　　　　ICC Profile 文件头内容

字节偏移	描述的内容
0～3	特征文件大小(Profile Size)
4～7	色彩管理模块的类型
8～11	特征文件版本号
12～15	特征文件类型(Input Monitor 或 Output)
16～19	颜色空间类型(Color Space for Device)
20～23	所使用的特性文件连接空间
24～25	Profile 创建的日期和时间(Date 和 Time)
26～39	色彩特性文件的标志(Profile flags)
40～43	创建 Profile 的操作系统平台(Primary Platform)
44～47	说明 CMM 使用标识
48～51	设备制造商(Device manufacturer)
52～55	设备型号(Device Model)
56～63	介质属性(Device Attributes)
64～67	默认再现意图(Rendering Intent)
68～79	PCS 光源的三刺激值(Profile connection space illuminant)
80～83	该 Profile 的创建人员(Profile Creator)
84～99	Profile ID
100～127	保留字节

在文件头内容中第 12～15 个子节存储特性文件的类别（英文缩写是存储在该地址范围的值），主要有输入设备特性文件、显示设备特性文件（mntr）、输出设备特性文件（prtr）、设备连接特性文件（link）、色空间转换（spac）特性文件、抽象特性文件（abst）和命名颜色特性文件（nmcl）等类型。

第 16～19 个字节存储颜色空间类型，主要有 25 种设备相关和设备无关的颜色空间如 XYZ、LAB、LUV、YCbCr、Yxy、RGB、Gray、HVS、HLS、CMYK 和 CMY 等。

第 20～23 个字节存储所使用的特性文件连接空间 PCS。除了设备连接特性文件（link），所有特性文件的 PCS 都为 XYZ 或 LAB。

第 36～39 个字节存储色彩特性文件的标识符，用以定义特性文件是单独的还是嵌入到图像文件中的特性文件，并且定义嵌入式特性文件是否能够从嵌入的图像文件中提取出来，成为一个单独的特性文件。

第 40～43 个字节存储创建 Profile 的操作系统平台，如 Apple、Microsoft、Silicon

Graphics、Sun 或 Taligent 等。

第 48～51 个字节存储的设备制造商和第 52～55 字节存储的设备型号是在 ICC 注册过的制造商和设备型号。

第 56～63 个字节描述与设备相关的介质属性，如反射或透射、光泽的或无光泽的、正片或负片、彩色或黑白等

第 64～67 个字节存储默认的颜色再现意图。从设备到 PCS 的颜色转换称为反向颜色转换，反向的颜色查找表标记为 AtoB（设备到 PCS）；从 PCS 到设备的颜色转换称为正向颜色转换，正向的颜色查找表标记为 BtoA（PCS 到设备）。其取值为 0 表示感知意图、1 表示相对色度意图、2 表示饱和度、3 表示绝对色度意图。

第 84～99 个字节是特性文件 ID，这一项由 MD5 指纹方法生成，一个为 0 的值表示 ID 没有被计算。目前这个标记是可选项。

（2）标签索引表　ICC Profile 文件用来描述数据内容的形式。文件头后面就是标签索引表，相当于标记的目录。首先用 4 个字节表示该 Profile 的总标签数目，接着是标签记录，每条记录占 12 个字节，包括三个部分内容分别是标记名、地址偏移量和尺寸，各占 3 个字节。Profile 标记可分为三类：可选标记、必需标记和私有标记。

（3）标记对应的数据　按照顺序，在标记表后标记元数据区中的指定位置储存颜色管理所需的颜色描述文件，即可直接定位读取。各标记数据区的大小取决于标记类型及其定义。

标记元数据是由标记表决定的。每个标记表中的标记名，都对应一个标记元数据。其中偏移量是对应标记元数据的入口地址，标记大小是标记元数据的长度。标记元数据没有固定的数据结构，具体的各种标记元数据格式是由标记名定义的数据类型决定的，但对于不同类型的 Profile 都应包含一些必要的标记，用以保证色彩再现过程的顺利进行。

8.4.2　设备文件连接色空间 PCS

设备文件连接色空间（Profile Connection Space）简称 PCS，是一个与设备无关的颜色空间，用来标定和定义颜色视觉感受，是作为不同设备之间颜色转换的中间体，其本质来说就是一个虚拟的、与设备无关的中转站。比如说，将照相机内的 RGB 图像显示到不同的显示器上，首先色彩管理系统会根据输入显示器的特性文件，将 RGB 图像的各颜色信息与 PCS 颜色空间进行一一对应后，再利用输出显示器的特性文件，将 PCS 颜色值与输出设备颜色值进行转换，从而在输出设备上得到与输入显示器相同的颜色图像。

从色空间定义上来讲，CIE XYZ 以及 CIE LAB 包含了所有肉眼能分辨的不同颜色，根据这个色空间所对应的颜色信息，可以使正常颜色视觉的人产生相同的颜色感觉。另一方面是与设备相关颜色空间所产生的颜色信息与颜色感觉具有对应关系，这样就可以在不同设备上实现颜色的一致性。但是 PCS 也具有一定的局限性，因为色空间之间的不同条件与要求，比如说 2°视场和 10°视场、照明和观察条件，以及一系列的光源等。故基于国际标准《ISO 13655：1996，图像技术—图像的光谱测量和色度计算》，ICC 定义 PCS 是采用 CIE 1931 标准色度 2°观察者、D50 标准光源、对于反射介质采用 0°/45°或 45°/0°的照明/观察条件（反射介质）而得到的 CIE XYZ（或者 CIE LAB）的值。

8.4.3　再现意图

在色彩管理系统中，颜色信息再现的大致过程就是通过将颜色信息在不同的色空间中进行转换得到的，但是对于不同类型或者不同设备的颜色空间来说，它们的色空间范围是不一样的，也就是说对于不同的设备，其色域是相互不匹配的。

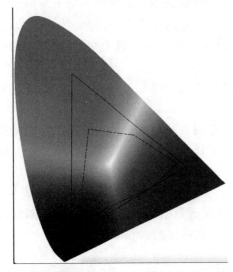

在进行转换时，色彩来源的设备称为源设备，输出色彩的设备称为目的设备，在印刷过程中，显示设备、输出设备既可以作为源设备也可以作为目的设备，而输入设备常常只是作为输入设备。一般来说，输入设备的色域（Gamut）即该设备所能表示最亮的白色、最黑的黑色和最饱和的颜色所构成的范围和动态范围通常是大于输出设备的，所以在彩色复制中，源设备可以表现的颜色不可能全部被目的设备复制再现，这些不能复制的源设备色彩就称为色域外颜色，为了能够实现目的设备对源设备颜色的准确再现，就必须在转换的过程中对源设备的色域进行色域压缩，如图 8-4 所示（见彩色插页）。

图 8-4　色域（实线区域内为某显示器的色域，虚线区域内为某打印机的色域）

当前国际色联盟 ICC 标准定义了四种异色域的色彩转换方式，称为再现意图，即指从整体上，希望复制图像的颜色以怎样的特征再现原图像的颜色。四种再现意图分别是感知意图（Perceptual Intent）、饱和度意图（Saturation Intent）、相对色度意图（Media-relative Colorimetric Intent）和绝对色度意图（Absolute Colorimetric Intent），如图 8-5 所示。

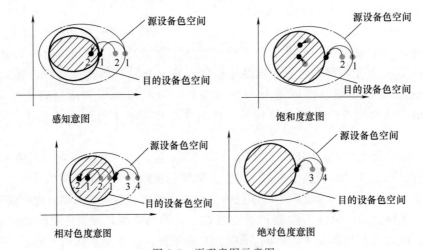

图 8-5　再现意图示意图

在 ICC 定义的四种色彩再现意图中，相对色度意图和绝对色度意图处理色彩转换的方法相似，可以统称为色度意图。感知意图在颜色复制的过程中，主要作用是保持图像色彩的整体效果不变，色度意图在图像颜色转换的主要目标是尽量保持图像的色彩值不变。

（1）感知意图　感知意图的关键是保存颜色之间的关系。在颜色转换的过程中，感知意图要将源设备的所有颜色转换到目的设备上，且颜色之间的关系保持不变，使得颜色的整体感觉保持一致。

由于源设备色空间一般大于目的设备色空间，在对超出色域的颜色进行处理时，为使超出色域的颜色压缩在目的设备色空间中，目的设备色空间重合可以复制部分的颜色也都会被修改，以保证颜色之间的现存关系。采用感知意图对白点进行映射时，一般来说源设备色空间的白点会映射到目的设备色空间的白点上，但是在某些有特定需求下，也会出现源设备色空间的白点映射到目的设备色空间其他的颜色点上的情况，这时候为保证与白点目标值的相对关系，所有颜色数值都会发生变化，以保证各颜色之间关系不变。一幅图像经过感知意图压缩法处理，由于人眼的视觉特性，对颜色之间相对相互关系的敏感度是要高于单个颜色值的，所以人眼的视觉感受仍然和原稿相一致，感知意图主要适合用于以视觉观察为主的影像和照片类的连续图像。但是，即使是能够再现的色彩，也会从整体平衡的角度用其他的色彩进行替代，所以不适合重视测色一致性的颜色复制。

（2）饱和度意图　饱和度意图压缩方法并不是完全还原原稿，该色彩再现意图的主要目标是实现较高的饱和度，追求颜色的鲜艳程度，它既要对动态范围进行压缩，还要对色域进行裁切处理，即色域外的颜色尽可能保留其饱和度，而色域内重合部分的颜色，几乎没有改变。饱和度意图对色彩的转换方法，主要是将源设备色空间中的高饱和颜色转换到目的设备色空间，而不考虑色相和明度的精确性或者颜色之间的相互关系是否保持，所以图像在处理后与原稿有较大的差异。饱和度优先的再现意图主要适用于各种图表、彩色标记高度或深度的地以及商业广告海报图形的复制。

（3）相对色度意图　相对色度意图的重点在于定标的变化，通过将源色空间中的白点直接映射到目的色空间的白点上，源设备色域内的所有颜色都随白点的变化而变化，并且源设备色域内所有的颜色都保持着与白点的相对位置。进行颜色转换时，保持位于目的设备色域内的颜色不变，而对于目的设备的域外颜色，即源设备色域超出目的设备色域部分，会选择离其最近的目的设备色域上的颜色进行替代，也就是将域外颜色裁剪处理。从人眼对色彩的感知来看，人眼感受到的色彩是受多种因素影响，采用相对色图意图进行色彩转换时，保留了更多原来的颜色，图像色彩的复制更加地均匀和准确，但是由于对部分颜色的裁剪处理，这使得再现的颜色与原稿有一定的出入，会造成颜色在高光或暗调处阶调丢失，相对色度意图主要适用于色域差别较小的 ICC 之间的颜色转换。

（4）绝对色度意图　与相对色度意图有所不同，绝对色度意图的白点映射，是在目的设备上进行对源设备色空间白色的模拟，可以模拟纸白。在绝对色度意图中，色域是不被压缩的，动态范围也是不被压缩的，对于在目标色域外的颜色，是以目标色域边界与之最相近的颜色进行替代，至于在目标色域内的颜色，在绝对色度意图的色彩转换中是保持不变的。在该色彩再现意图中，色彩之间的相对关系被损失掉了，并且很可能出现一种情况是，两种颜色原本在源色域中是完全不同的，但是在经过绝对色度意图的处理后，在目标色与空间中却成为了相同的色彩，因而绝对色度意图转换法适用于源色域与目标色域相差不大的图像，比如打样设计。

在大多数情况下，除了要提供源设备特性文件和目的设备特性文件之外，还要指定一个再现意图，这个再现意图会告诉色彩管理系统用什么方式让颜色到达目的地。当不指定再现意图时，应用软件会选择特性文件中默认的再现意图。

8.4.4　颜色转换模块

色彩管理模块（Color Management Module）简称 CMM，它的作用是使用特性文件中的颜色数据进行颜色转换，CMM 提供了从源设备颜色空间到 PCS，以及从 PCS 到任意目的设备空间进行颜色转换的方法，解释图像设备彩色特性描述文件，并将彩色图像的色彩信息在源设备和目的设备的色彩空间之间进行转换，转换时所用到的算法及相关信息由设备 Profile 提供。例如将显示器上的图像通过打印机输出，CMM 首先利用显示器的

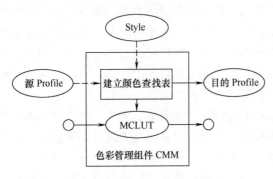

图 8-6　CMM 基本工作原理

Profile 将图像的色彩数据由 RGB 空间转换到 LAB 空间，再根据打印机的 Profile 将色彩数据由 LAB 空间转换到 CMYK 空间，打印机利用此时得到的 CMYK 数据输出图像，通过两次转换，打印机输出图像的色彩可与显示器所显示的色彩取得较为一致的效果，即达到色彩在不同图像设备之间准确传输。

CMM 是进行色彩管理的核心，实现了色彩在不同空间、不同介质和环境下的

一致转换，因此 CMM 又被称为色彩管理的引擎。源设备特性文件是对图像信息的来源进行描述，并指出图像颜色所表示的真实感觉。目的设备特性文件是说明图像信息输出的位置，并利用新的颜色数值在输出设备上呈现出相同的颜色感觉。图 8-6 阐述了 CMM 工作的基本原理，图中的虚线箭头表示非图像的数据流动，实线箭头表示的是颜色数据的流动，在实际运算过程中，CMM 会将源设备特性文件与目的设备特性文件连接，形成一个中间的多维颜色查找表 MCLUT，源图像色彩值作为输入，利用该 MCLUT 作为查找和插值，插值结果就是目的色彩值，在这个过程中，色彩转换可以视作设备间简单的映射，没有考虑图像的彩色特征。

8.5　色彩管理的基本工作过程

8.5.1　色彩管理工作流程

正如一开始所提到的，文档中的一个对象为由数字相机拍摄得到的一幅 RGB 位图图像。这幅图像每个像素的 RGB 值代表的应是其对应的景物颜色感觉。进一步，RGB 值与其对应景物颜色值（即 CIE 色度值）的对应关系由其特性文件 Profile 所记载。我们要实施色彩管理的两类对象文档中的对象可包含点阵图像，矢量图形或文字。那么，以怎样的方式，在什么时间载入这个 Profile 文件呢？所对应的颜色感觉在输出环节又必须转换为输出设备所需要的设备颜色控制数值，又该怎样转换？何时转换为好呢？此外，文档中也会有 CMYK 模式的对象、矢量形式的对象，都会有类似的问题如此类，正是色彩管理流

程所要解决的，从技术实施的角度讲，色彩管理流程则是利用设备的特性文完成文档中各个颜色对象在各个设备间进行颜色数值转换和传递的方式方法。

根据 ICC 色彩管理系统的各个部分的工作内容如图 8-7 所示，色彩管理系统是通过 CIEXYZ 或 CIELAB 颜色空间对来自设备的颜色值进行定义，在颜色传递过程中保持 CIEXYZ 或 CIELAB 颜色值不变，然后将这种颜色感觉翻译成其他设备对应的颜色值，并在该设备上再现颜色，同时保持颜色感觉一致。简单来说，色彩管理就是一种在文档中用什么数值定义什么颜色感觉，以及怎么样定义的技术和方法。在实际使用色彩管理系统时，有 3 个重要的操作步骤，简称为 3C，分别是设备校准（Calibration）、设备特征化（Characterization）、色彩转换（Conversion）。

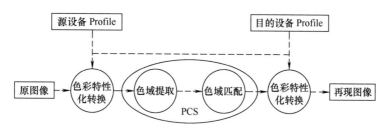

图 8-7　色彩管理流程图

8.5.2　设备校准

对设备进行色彩管理首先要对设备呈现的颜色进行测量，而设备的状态决定了所呈现的颜色，所以在测量设备呈现的颜色前，先要让设备处于最佳状态，使行为达到一致，这个调整设备状态的步骤，称为设备的校准。校准的目标有三个：保证设备的稳定性、优化设备、用一个设备模拟另一个设备。

不同设备具有不同的输入/输出特性，这种特性可通过设备相关色彩空间（如 RGB 或 CMYK）和设备无关色彩空间（如 CIELAB）之间的关系来描述。由于设备非理想设备，上述关系通常随设备和再现过程而异。为了准确输入/输出彩色信息，需要对设备的输入/输出特性进行描述，并基于其特性描述建立校正模型进行校正。对输入设备而言，校正模型的作用是将输入色彩在设备相关色彩空间内的色度值准确转换为设备无关色彩空间内的色度值，对输出设备而言，校正模型的作用则是将设备无关色彩空间内的色度值准确转换为输出设备色彩空间的色度值。

（1）输入校正　输入校正的目的是对输入设备的亮度、对比度、白场（RGB 三原色的平衡）进行校正。以对扫描仪的校正为例，当对扫描仪进行初始化归零后，对于同一份原稿，不论什么时候扫描，都应当获得相同的图像数据。

（2）显示校正　显示器校正使得显示器的显示特性符合其自身设备描述文件中设置的理想参数值，使显示卡依据图像数据的色彩资料，在显示屏上准确显示色彩。

（3）输出校正　输出校正是校正过程的最后一步，包括对打印机和照排机进行校正，以及对印刷机和打样机进行校正。依据设备制造商所提供的设备描述文件，对输出设备的特性进行校正，使该设备按照出厂时的标准特性输出。在印刷与打样校正时，必须使该设备所用纸张、油墨等印刷材料符合标准。

设备的校准与特性文件的准确性是息息相关的，设备经校准后处于最佳的、稳定的状态，才能得到最大的动态范围和色域，保证特性文件的准确性，因而特性文件必须是建立在设备校正的基础之上，色域（Gamut）是指设备能实现的最亮白色、最黑黑色和最饱和颜色所构成的颜色范围。在设备校准之后，只要应用的媒介和外部的环境不发生变化，设备的特性也是不会发生改变的，所以为了保证色彩信息传递过程中的稳定性、可靠性和可持续性，要求对输入设备、显示设备、输出设备进行校准，以保证它们处于标准工作状态。设备校准本身并不能保证色彩的匹配性，它只是对设备本身的性能进行校准，只能保证设备（如：扫描仪、显示器、打印机等）达到标准规定指标，以保证它在一段时间内稳定工作。

8.5.3 设备特征化

设备特征化即建立 Profile 的过程。在设备特征化这一步中，要给设备发送一系列已知的设备颜色值，并测量由这些设备值所产生的颜色值，建立设备值与 CIE 颜色测量值之间的对应关系，即建立设备颜色与 PCS 颜色之间的转换关系，并将这个转换关系记录在特性文件中，而生成这些特性文件，需要一个用于测量的目标图像，如扫描仪可使用一个中等尺寸的照片，其中扫描反射稿最好采用 IT8.7/2 标准色标，而扫描透射稿采用 IT8.7/1 标准色标，因为打印机要用包含色块的印刷品，所以最好采用 IT8.7/3 标准色标，它包含 928 个色块，而显示器则需要更多色块的目标图像。

特性文件制作软件是与测试图像一起提供的，为了能够生成打印机和显示器的特性文件，要评测扫描仪和数码相机的透射片和反射片，还应该有 Macbeth 提供的特定色标，用于评测数码相机系统。特性文件制作软件公司有爱克发（Agfa）、富士（Fuji）、GretagMacbeth、海德堡（Heidelberg）、柯达（Kodak）、Monaco 等。测量设备公司有 GretagMacbeth、爱色丽（X-rite）、Alwan Color Expertise、Color Savvy 等。

因此，特性文件记录的是设备再现被测颜色样品时的状态，确定设备的色彩表现范围，并以数学方式记录设备的颜色特性，使得能够用数字来描述设备所能够表达色彩空间的特性，将复杂的色彩复制与再现问题简化为两个色彩空间的数学变换问题。

8.5.4 色彩转换

色彩转换是实现色彩管理的最后一步，它决定了色彩在各种设备和介质间传递时是否能尽可能地保持一致，通过颜色转换将设备的颜色值定义为相应的颜色感觉，并且通过颜色转换将颜色感觉转换为其他设备对应的设备颜色值，以保证设备使用这个颜色值能够再现出正确的颜色感觉。

这个过程需要将不同设备的特性文件进行组合，这就需要一个色彩管理模块（CMM）。通过 CMM 使图像在不同色彩空间的设备之间转换，并产生可预测的色彩。不同的厂商所制作的 CMM 是不同的，ICC 没有明确推荐使用哪一家的 CMM，因为有些 CMM 通过拾取特性文件中的专用标签信息，作为特殊应用更有意义。许多高端 RIP 包含一个 CMM 和一个 Photoshop 程序，使人们能使用简单的特性文件组合，因为 Photoshop 中也包含了一个 CMM。苹果计算机中的 CMM 是操作系统的一个组成部分，叫做 ColorSync，PC 机中 Windows 的 CMM 是 ICM。大多数特性文件制作的软件厂商，也能用他们的软件制作特定的 CMM。

　　实际工作时，色彩转换过程要在四个方面做设置，首先是源设备特性文件，说明图像的颜色信息来源及其所表示的真实颜色感觉，该文件可以由用户设置，也或者由操作系统和应用操作的默认设置提供。其次是目的设备特性文件，说明图像信息来源传递到哪里，以便设备再现出相同的颜色感觉。接着是选择 CMM 模块，可以是设备默认的 CMM 模块选项，也可以由用户在进行颜色转换进行选择。最后是选择一个再现意图，根据不同的图像再现要求，选择需要采用的再现意图，执行颜色转换。由于在色彩转换过程中各种设备的色域不同，因此需要进行色域压缩，这其中涉及许多数学计算方法，后续章节将加以介绍和分析。

第9章　色彩管理计算方法

由第 8 章 ICC 色彩管理基本原理和工作过程可知，色彩转换是实施色彩管理的中枢，它决定了色彩在各种设备和介质间传递时是否能尽可能保持一致。本章将在色彩管理基本构架的基础之上，深入的解析色彩管理步骤中所涉及的一些计算方法，以便于大家更好的理解色彩管理的工作原理。

9.1　设　备　校　准

9.1.1　设备校准的原理与过程

ICC 色彩校正就是建立色彩映射机制，即将色域相异的两个媒体设备，经合理的校正，把图形图像色彩转换至目标色域。设备校准包括对显示设备、输入设备、输出设备三个方面的校准。设备校正的目的在于确保色彩特性描述文件的有效性，方法主要有多重回归法、查找表方法、Neugebauer 方程以及神经网络方法等。

9.1.2　输入设备的校准

在现代印刷复制工艺中，原稿信息经过输入设备后成为数字化的数据在流程中处理和传递，常用的输入设备主要有扫描仪和数码相机等。以对扫描仪的校正为例，其工作原理是通过对原稿上色彩信息的红、绿、蓝三色信号的分析和记录，实现彩色原稿的数字化。

扫描仪的校准多采用直接利用校正样本获取扫描值到 CIE 色度值非线性映射关系的方法。

扫描仪扫描彩色图像并记录其色度值的过程可表述为：

$$C_i = H(M^T r_i) \tag{9-1}$$

其中矩阵 M 表示包括扫描仪光照在内的三通道光谱刺激反应参数，r_i 表示在图像空间中第 i 点的光谱反射，H 表示扫描仪的非线性校正模型（在扫描仪识别范围内可逆），C_i 表示扫描仪记录颜色的向量，也就是扫描仪的数字驱动值，通常为 RGB 空间的向量，可表示为 $C = [R\ G\ B]^T$。

理想的扫描仪是色度式的，即标准观察者看起来不同的颜色，将被扫描记录成为不同的设备相关颜色值。数学表达为，对于所有 r_k，$r_j \in \Omega_r$，$k \neq j$，则有：

$$A^T L_V r_K \neq A^T L_V r_j \Rightarrow M^T r_k \neq M^T r_j \tag{9-2}$$

其中 Ω_r 表示可出现的扫描介质反射光谱组合，矩阵 A 的列向量包含了 CIE XYZ 色匹配函数，对角矩阵 L_V 表示观察环境的照明条件。换句话说，色度扫描仪扫描一幅图像正如同标准观察者在光照 L_V 下观察图像。对于这样的扫描仪，校正问题即为确定一个连续的映射 Fscanner（·），将扫描记录的颜色值转换到 CIE 色彩空间内。其数学表达为，对于所有 $r \in \Omega_r$，可求得其设备无关色彩空间内的色度值 t 为：

$$t = A^\mathrm{T} L_\mathrm{V} r = F_\mathrm{scanner}(Z) \tag{9-3}$$

大多数扫描仪（尤其桌面扫描仪）都是非色度式的，因此理想的 Fscanner（·）变换并不存在，这是由扫描仪的物理特性所决定的。非色度式扫描仪对于某些不同颜色的反射光谱不能分辨，也就是说，标准观察者所看到的某些不同颜色将会被记录成为相同的颜色值。同样，也会出现标准观察者看到相同的颜色被扫描成不同颜色值的现象，后一种现象可由变换 Fscanner（·）校正，但前一种显然不能被校正。

综上所述，对于扫描仪总存在一个扫描介质的反射光谱集合 Bscan，使得从扫描值到 CIE XYZ 色度值的转换 Fscanner（·）存在。由此，在所有的校正方法中，第一步均是选取一组反射光谱属于集合 Bscanner 的校正样本，保证这组样本的扫描值和设备无关的颜色空间有一一对应的映射关系，定义这组 M_q 个样本的反射光谱为 $\{q_\mathrm{k}\}$，$1 \leqslant k \leqslant M_\mathrm{q}$，这些样本的设备无关色彩空间色度值由分光测色仪或其他类型色度仪按下式关系测量得到：

$$\{t_\mathrm{k} = A^\mathrm{T} L_\mathrm{V} q_\mathrm{k}\}, 1 \leqslant k \leqslant M_\mathrm{q} \tag{9-4}$$

不失一般性，设 $\{t_\mathrm{k}\}$ 表示任意设备无关色彩空间的色度值，如 CIE XYZ、CIE LAB、CIE LUV 等。在此情况下，$\{t_\mathrm{k} = L(\mathrm{ATLV} q_\mathrm{k})\}$，其中 L（·）表示从 CIE XYZ 空间向其他空间的转换。

同时，用扫描仪对这些样本进行扫描，得到扫描值 $c_\mathrm{k} = H(M_\mathrm{T} q_\mathrm{k})$，$1 \leqslant k \leqslant M_\mathrm{q}$。据此，扫描仪校正问题可以描述为：寻找一个变换 Fscanner（·），满足：

$$F_\mathrm{scamer} = \arg\left(\min \sum_{t=1}^{M_\mathrm{q}} F(c_\mathrm{i}) - t_\mathrm{i}^2\right) \tag{9-5}$$

其中 $\|\cdot\|2$ 为 CIE 颜色空间中的二范数，表示 CIE 空间内的色差。

在一般情况下，我们将以原稿密度为横坐标、印刷品密度为纵坐标所建立的直角坐标系，称为 TRC 阶调复制曲线。利用阶调再现曲线，能够很直观地评估从原稿到印刷品的阶调再现情况。此类扫描仪校正模式使用三个一维色调复制曲线和一个校正矩阵来描述非线性关系，三个分量的扫描输入数据 RGB 值分别利用对应的色调复制曲线进行线性化及灰平衡处理，再经由校正矩阵完成向 XYZ 或 LAB 空间的转换。这种模型进行色彩转换简单方便，生成 Profile 文件较小，但在设备的输入非线性较强时校正精度差。

对于一些采用 TRC 加校正矩阵模型无法准确描述其色彩转换的扫描仪，可以采用多维查找表模型（N-component LUT-based）进行校正。这种模型首先对扫描 RGB 值用 TRC 进行线性化和灰平衡处理，然后利用三维查找表转变到 CIE XYZ 或 CIE LAB 空间。这种模型进行色彩转换较为复杂，生成 Profile 文件较大，但是对于非线性设备校正精度较好。三维查找表也称为对照表，以 m 维数组形式存储，维数 m 是输入通道的个数，每维具有的节点数等于输入通道的分级个数，查找表的总节点数等于每个输入通道的分级个数的乘积。如一个 CMYK 设备具有四个通道，若每个通道的信号都分为 50 级，则将此 CMYK 设备色空间转换到 PCS 色空间的查找表具有 $50 \times 50 \times 50 \times 50 = 6250000$ 个节点。

9.1.3　显示设备的校准

在对显示器进行校准之前，我们需要对显示器的显色机制进行了解。以 CRT 显示器为例，显示器显示颜色是通过荧光屏上的红、绿、蓝荧光粉发光来实现的，当 3 种荧光粉的发光强度不同时就会混合成不同的颜色。荧光屏是实现 CRT 显像管光电转换的关键部件。CRT 显示器的发光性能首先取决于所用的荧光粉材料。此外，荧光粉发光效率和余逃时间、电子束的电流密度和屏幕电压高低都有关系。这里，余辉时间指荧光粉在电子束轰击停止后，其亮度减小到电子轰击时稳定亮度的 1/10 所经历的时间。通常情况下，我们可以通过改变上述参数来控制颜色，具体到便于用户理解的显示器参数，则包括白点、亮度、对比度、伽马值（Gamma）等。

除了 CRT 显示器以外，越来越多的 LCD（液晶显示屏）应用于日常工作和生活中。一般而言，显示器工作的色彩空间为 RGB 空间，与扫描仪相同。因此显示器的校正模型与扫描仪类似，只是考虑到显示器属于输出设备，因此进行色彩转换的重点是将 PCS 空间的色彩映射的 RGB 空间。同时，显示器也可作为输入设备，比如利用显示器进行绘图和调色工作时，输入的颜色值为显示器的 RGB 值。显示器的校正方法可以通过用户在系统内进行手工调整，也可以通过校色仪进行校正。

9.1.4 输出设备的校准

输出校准是校准过程的最后一步，包括对打印机和照排机进行校准，以及对印刷机和打样机进行校准，以打印机为例，其色彩输出具有较为严重的非线性，给校正带来一定的困难。针对这种情况，普遍采用多维查找表加插值的方法对其进行校正，即对每一个要输出的色度值，根据校正查找表进行插值，插值是离散函数逼近的重要方法，就是根据已有的颜色点来计算出其他的颜色点，以此获取要再现颜色较为准确的打印机数字驱动值。

设打印机输出的 CMY 值为 c（三维坐标），测量得 CIE 色度值为 t（三维坐标），则用 Fprinter（·）表示由打印机色彩空间（CMY 空间）到 CIE 色彩空间的非线性映射关系，故有：

$$t = F_{printer}(c), c \in \Omega_{printer} \tag{9-6}$$

其中 $\Omega_{printer}$ 表示打印机所有的 CMY 值集合，相应地，对于每一个在打印机色域内的 CIE 色度值，总是可以通过变换 F-1printer（·）将色度值转换为 CMY 值输出，即：

$$c = F_{printer}^{-1}(t), \quad t \in G_{printer} \tag{9-7}$$

打印机的色域 $G_{printer}$ 定义为：

$$G_{printer} = \{t \in \Omega_{cie} \mid \exists c \in \Omega_{device}, F_{device}(c) = t\} \tag{9-8}$$

打印机色彩校正实质上就是求出映射关系 F-1printer（·），以完成从 CIE 色度值到打印机 CMY 值的精确转换。对打印机进行校正的过程如下，首先选取一组分布在整个打印机色彩空间的校正样本，即设备驱动值，定义为 $\{c_k\}$（$1 \leq k \leq M_q$），输出后得到校正色靶的光谱反射 $\{p_k\}$（$1 \leq k \leq M_q$），使用测色仪可以测量得到对应样本的 CIE 色度值 $\{t_k\}$（$1 \leq k \leq M_q$），并有如下关系：

$$\{t_k = A^T L_v q_k\}, \quad (1 \leq k \leq M_q) \tag{9-9}$$

其中 t_k 表示 CIE 色度值，一般为 LAB 值，因此，打印机校正需要首先求出映射 Fprinter（·），以满足一下优化条件：

$$F_{printer} = \arg(\min_F \sum_{i=1}^{M_p} F(c_i) - t_i^2) \tag{9-10}$$

对打印机的色彩校正一般借助 CIE LAB 空间进行，因为此空间是视觉均匀的色彩空间，即空间内两点的欧式距离与视觉差异成正比，且欧式距离具有等视觉差，从而可以用直观的几何方法解决色域匹配问题。在二维和三维空间中的欧氏距离就是两点之间的实际距离。

相对于显示器和扫描仪，打印机的色彩空间一般采用 CMYK 四维空间，多出了一组冗余（K），同时墨水组合成色的非线性严重，这使得打印机的色彩校正过程较为复杂，采用简单的色调复制曲线加矩阵进行色彩校正的方法已经不适用于打印机的色彩校正，因此打印机的校正模型更为复杂。

查找表模型中一维查找表（1-DLUT）用来限制各色墨水量，不同纸张对于墨水的最高承载量也不同，超出范围后，不能吸收的墨水会在纸张上流动，直接损坏输出图像，而多维查找表（m-DLUT）以多维数组形式组织，数组维数为输入色潘通道数，每一维的大小为标签所设定的色彩空间均匀采样数目，数组数据多为 n 个双字节整数（n 为输出通道数），用以记录源色彩空间均匀采样点对应的目的色彩空间色度值。

9.2　设备特性文件的建立

当所有的设备都校正后，就需要将各设备的特性记录下来，这就是特性化过程。桌面系统中的每一种设备都具有其自身的颜色特性，为了实现准确的色空间转换和匹配，必须生成各自的特性文件，对设备进行特性描述。

色彩流程中的所有输入/输出设备都应该具有自己的 ICC 特性描述文件，这些文件记录了设备在设备无关的色彩空间内的色域、非线性校正参数等信息，使相应的色彩管理软件可以根据这些信息在扫描仪、数码相机、彩色显示器、打样设备、打印机及其他设备间进行色彩的传递和转换，最终实现色彩跨设备一致再现。

ICC 标准只给出了特征描述文件的一般格式，而所有的算法都必须由自己决定，ICC 标准没有做任何说明，这正是各厂家的描述文件不同的原因，用于创建特性文件的软件很多，包括 EZColor、Profile Maker 等，可以很方便的生成设备的特性文件，这些特性文件可以在支持 ICC 的应用软件中调用，然后结合 PCS 将不同设备的颜色空间联系起来，保证了颜色的一致性。

设备特性文件在建立后有两种储存形式，分别是独立式和嵌入式。独立式特性文件是指特性文件以独立的形式进行保存，使用时需要通过软件进行调用，而嵌入式特性文件是指将特性文件中的信息和图像的信息储存在一起，易于管理，在不同设备上使用时不用担心没有所需的特性文件。

9.2.1　输入设备特性文件的建立

输入设备的特性文件是在设备到达稳定、最佳的状态的时候，各种参数不在发生改变的情况下，对设备采集的颜色数值所产生真实颜色感觉的描述。根据输入设备的特性，输入设备的特性文件四大特征分别是：单向输入校正、需要提供一组阶调复制曲线 TRC 曲线或多维查找表，呈色剂的阶调复制特性指设备的输入信号与设备输出信号结果之间的亮度值对应关系。对显示器和扫描仪来说是伽马曲线（Gamma），对打印机和印刷机来说是阶调复制曲线。设备的色彩空间为 RGB 空间，映射关系以阶调复制曲线（TRC）或者查找表（LUT）的形式存储。

输入设备特性文件的应用又分为两个方面，一个是嵌入到图像文件中（多为高端扫描仪应用），另一个应用更为广泛，是将输入设备特性文件和图像文件一起保存，可以用 Photoshop 对输入设备特性文件进行操作处理。

以扫描仪为例，扫描仪 Profile 生成的关键是计算 R、G、B 三个通道的 TRC 曲线和校正矩阵。基本过程是扫描仪扫描标准校正靶得到 RGB 数据，然后结合标准校正靶相应的 PCS 色度值，计算得到所需要的 TRC 和校正矩阵，其过程如图 9-1 所示。

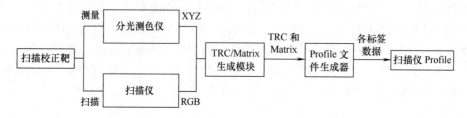

图 9-1　扫描仪 Profile 生成过程示意图

生成扫描仪的 Profile，首先需要对标准校正靶进行扫描，得出每个色块经扫描后输入的 RGB 值，然后对校正靶进行精确测量，得到 PCS 的精确 XYZ 值，利用这两组一一对应的数据生成色调复制曲线（TRC）和校正矩阵，最后根据 ICC Profile 的规范，将对应的数据写入 Profile 文件中，扫描仪的标准校正靶由两个部分组成，一部分是灰度梯尺，用来生成色调复制曲线，一部分是彩色样本，用来生成校正矩阵，如图 9-2 所示。

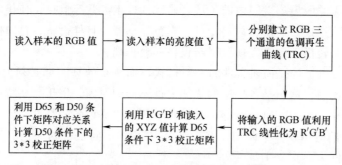

图 9-2　TRC 和校正矩阵生成流程图

当我们需要从一种设备空间转换到另一种设备空间时，通过第一种设备的特征描述文件将设备色空间转换到 PCS 空间，再通过第二种设备特征描述文件将 PCS 空间转换到设备色空间，就可将色彩在任意设备间转换。因此，各种设备只要建立了与 PCS 空间的特征描述文件，就可实现色彩的转换，而不必考虑向什么设备转换，从而使色彩在原稿、显示器、打印机三者之间达到一致，充分体现出色彩管理的功能。

9.2.2　显示设备特性文件的建立

显示设备的色彩空间为 RGB 色彩空间，与输入设备色彩空间相同。根据标准色块的 RGB 数值与所显示的 CIE XYZ 数值建立转换关系，通常是得到一个 3×3 的矩阵，结合显示器校准所得到的白场色度、伽马曲线，建立显示设备的特性文件。

根据显示设备的特性，显示器特性文件的特征为：双向，既可作为源设备，又可作为目的设备、需要提供一组 TRC 曲线或多维查找表、设备色彩空间一般为 RGB、映射关系以 TRC/Matrix 或三维查找表形式存储。

显示器 Profile 和扫描仪 Profile 所采用的色彩转换模型是相同的，区别在于扫描仪是输入设备，而显示器既可以作为输入设备，也可以作为输出设备，即显示器的 Profile 不仅要提供 PCS 空间到设备 RGB 空间的校正模型，还要提供设备 RGB 空间到 PCS 空间的校正模型，而扫描仪 Profile 只需要提供设备 RGB 空间到设备 PCS 空间的校正模型。

生成显示器 Profile 所需要的校正色靶是一组给定的 RGB 值，把这组 RGB 值依此在显示器上显示出来，用分光测色仪进行测量后得到对应的 XYZ 值，根据以上样本的 RGB 值和 XYZ 值就可以计算得到色调复制曲线和色彩转换矩阵。

需要注意的是显示器 Profile 的主要功能是将色彩从 PCS 变换到设备 RGB 空间，因此，CMM 调用 Profile 的过程和扫描仪是相反的，如图 9-3 所示。

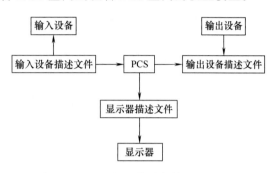

图 9-3　PCS 空间连接设备特征描述文件

9.2.3　输出设备特性文件的建立

输出设备特性文件建立的过程为：在输出设备校正情况下设备输出标准色卡，利用分光光度计与标准色卡进行比对，通过特性化软件建立两者的关系，对设备参数进行设置，从而得出正确的设备特性文件。输出设备的特性文件较显示设备的特性文件和输入设备的特性文件更为复杂，两种颜色空间转换方式以及更多影响因素得到的色彩校正，因此输出设备的特性文件以多维查找表为主进行色彩转换。

输出设备特性文件的特点可总结如下：双向，需要同时提供 PCS 空间到设备色彩空间和设备色彩空间到 PCS 空间的映射关系、至少需要提供针对三种色彩渲染目的的三维查找表、设备色彩空间一般为 CMYK、映射关系以类似多维数组的多维查找表（LUT）形式存储，由 CMYK 到 Lab，反向类似。

打印机普遍采用 CMYK 成色，属于减色空间，根据选取的墨水不同，具有不同的颜色特性，并且其特性受温度、湿度等环境因素和纸张类型影响较大，非线性严重，校正难度大，同时打印机的色彩输出范围较小，其色域远小于显示器色域，在构造 Profile 时必须引入色域匹配步骤。因此，构造打印机 Profile 的方法与显示器和扫描仪相比更为复杂。

根据上述的打印机特点，其 ICC Profile 不采用色调复制曲线和矩阵结合的模型，只采用均匀多维查找表模型，故生成打印机 Profile 的主要步骤如下：

（1）生成校正样本集　根据特定的打印机生成有针对性的样本色靶，使样本可以尽量精确地描述整个打印机色域，并且尽量使 CMYK 空间采样输出后测量得到的 LAB 值能够在 CIE LAB 空间近似均匀分布，以便提高生成的查找表精度。

（2）样本测量　使用分光测色仪或者扫描仪对生成的样靶进行测量，得到每个样本色块的 LAB 色度值，重点在于如何利用扫描仪实现彩色样本 LAB 色度值的测量。

（3）色域描述　对测量得到的色块样本值进行分析，得到 PCS 空间中描述的打印机色域，并且对色域进行切片，给色域匹配提供 360°色调角上的三角形切片数据。

（4）色域匹配　输入 PCS 的均分采样数据，根据打印机色域的 360°色调角上的切片数据进行色域匹配，输出采样点匹配后的色度值，色度匹配算法的选择决定了 ICC 规定的色彩渲染目的。

（5）查找表生成　根据色彩样本 CMYK 值和测量得到的对应 LAB 色度值，利用生成的 Fprinter（·），然后根据 PCS 空间的均分采样数据以及经三种色域匹配后输出的对应色度值生成三组针对不同渲染目的的查找表。

（6）数据写入　将生成的三组正、反向查找表以及其他数据按照 ICC 的规范写成文件，就得到最终的 ICC Profile。

9.3　色彩转换

不同的色彩复制设备也有着不同的颜色复制机理，再加上承印物、印刷方式、印刷环境等的因素不同，所以不同设备所能展现的颜色范围也不同，换句话来说，就是不同设备的色域各异。而在色彩管理系统中，图像的颜色信息转换可以是从设备特性文件与 PCS 色空间的转换，也可以是在不同设备色空间之间的转换。

9.3.1　色域的数学表达

色彩空间是为了方便、正确地描述颜色而引入的三维空间，描述颜色的方法有很多种，相应的色彩空间也可以分为很多类，依据是否依赖于设备可把色彩空间分为设备相关色彩空间（Device-Dependent Color Space）和设备无关色彩空间（Device-Independent Color Space）。依据复制色彩方法的不同，可以把色彩空间分为加色法空间和减色法空间。具体如图 9-4。

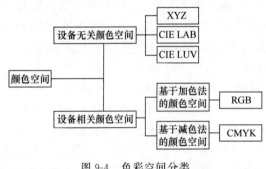

图 9-4　色彩空间分类

色域的数学表达即为对各个色空间颜色的数学表达，下面对较为常用的 RGB、XYZ、CIELAB 进行介绍。

（1）CIE 1931 RGB 色空间　在颜色测量过程中，可以通过一定的计算方法得到颜色三刺激值，假如待测光的光谱分布为 $\varphi(\lambda)$，按波长加权光谱三刺激值，得出每一波长的三刺激值，再进行积分得出待测波长的三刺激值。

$$R = \int_{vis} k\phi(\lambda)\,\overline{r}(\lambda)d(\lambda)$$
$$G = \int_{vis} k\phi(\lambda)\,\overline{g}(\lambda)d(\lambda)$$
$$B = \int_{vis} k\phi(\lambda)\,\overline{b}(\lambda)d(\lambda) \tag{9-11}$$

在实际色度学中，通常是以三原色各自在总量中的比例来表示颜色。把三原色各自在 $R+G+B$ 总量中的相对比例叫做色度坐标，用 r、g、b 表示。

$$r = \frac{R}{R+G+B}$$

$$g = \frac{G}{R+G+B}$$

$$b = \frac{B}{R+G+B} \tag{9-12}$$

（2）CIE 1931 XYZ 色空间　从 RGB 色度图中不难看出，在某些波长上，三刺激值是存在负值的，负的三刺激显然会给计算带来很大的不便。为了解决这个问题，人们提出了用三个理想的原色 X、Y、Z 来取代实际的 R、G、B 三原色，最后得出的 r、g、b 色度坐标即为正值。需要注意的是 X、Y、Z 并不具备物理上的存在性，它们是虚拟的色彩。这样，由 X、Y、Z 构成的三角形就能够完全覆盖整个的光谱颜色轨迹，即整个的光谱颜色成为 X、Y、Z 三角形区域内的色彩。

在 CIE XYZ 色空间中，颜色的计算方式为：

$$x = \frac{X}{X+Y+Z}$$

$$y = \frac{Y}{X+Y+Z}$$

$$z = \frac{Z}{X+Y+Z} = 1 - x - y \tag{9-13}$$

（3）CIE Lab 色空间　在颜色空间 CIE LAB 中，其中 L 表示亮度，数值取值范围从 0 到 100，a^* 表示红色和绿色两种原色之间的变化区域，数值取值范围为 -128 到 $+127$，b^* 表示的是黄色到蓝色两种原色之间的变化区域，其数值取值范围也是 -128 到 $+127$，颜色空间模型的具体公式如下：

$$L^* = 116(Y/Y_0)^{1/3} - 16, \quad Y/Y_0 > 0.01$$

$$a^* = 500[(X/X_0)^{1/3} - (Y/Y_0)^{1/3}]$$

$$b^* = 200[(Y/Y_0)^{1/3} - (Z/Z_0)^{1/3}]$$

总色差	$\Delta E_{ab}^* = \sqrt{(\Delta L^*)^2 + (\Delta a^*)^2 + (\Delta b^*)^2}$ $\qquad$ (9-14)
明度差	$\Delta L^* = L_1^* - L_2^*$
色度差	$\Delta a^* = a_1^* - a_2^*, \quad \Delta b^* = b_1^* - b_2^*$
彩度差	$\Delta C_{ab}^* = C_{ab.1}^* - C_{ab.2}^*$
色相角差	$\Delta h_{ab}^* = h_{ab.1}^* - h_{ab.2}^*$
色相差	$\Delta H^* = \sqrt{(\Delta E_{ab}^*)^2 - (\Delta L^*)^2 - (\Delta C_{ab}^*)^2}$

当我们计算色差时，我们从两个颜色中任取一个作为标准色，那么另一个颜色即为颜色样品。假设颜色 1 表示标准色，颜色 2 表示样品色。

若 $\Delta L^* = L_1^* - L_2^* > 0$，则表示样品色比标准色的颜色要深一些，明度要低一些；若 $\Delta L^* = L_1^* - L_2^* < 0$，则表示样品色比标准色颜色要浅，明度要高。

若 $\Delta a^* = a_1^* - a_2^* > 0$，则表示样品色比标准色要偏绿一些；若 $\Delta a^* = a_1^* - a_2^* < 0$，则表示样品色要比标准色偏红一些。

若 $\Delta b^* = b_1^* - b_2^* > 0$，则表示样品色比标准色要偏蓝一些；若 $\Delta b^* = b_1^* - b_2^* > 0$，则表示样品色比标准色要偏黄一些。

若 $\Delta C_{ab}^* = C_{ab.1}^* - C_{ab.2}^* > 0$，则表示样品色与标准色颜色的彩度要低；若 $\Delta C_{ab}^* = C_{ab.1}^* -$

$C^*_{\text{ab.2}} < 0$，则表示样品色与标准色颜色的彩度要高。

若 $\Delta h^*_{\text{ab}} = h^*_{\text{ab.1}} - h^*_{\text{ab.2}} > 0$，则表示样品色的位置是在标准色的顺时针方向；若 $\Delta h^*_{\text{ab}} = h^*_{\text{ab.1}} - h^*_{\text{ab.2}} < 0$，则表示样品色的位置是在标准色的逆时针方向。

9.3.2　色域映射方法

（1）明度与彩度顺序压缩　明度先压缩，彩度后压缩的方法，是将明度和彩度分开进行处理，首先对明度进行处理，是将源设备色域明度的最大值和最小值，与目标设备色域保持一致。

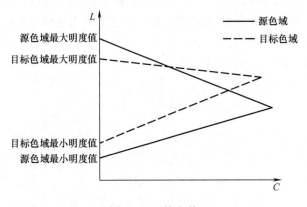

图 9-5　压缩之前

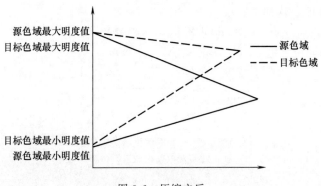

图 9-6　压缩之后

由压缩前后源色域与目标色域的变化，如图 9-5 以及图 9-6 所示，源色域压缩到目标色域对应色彩的明度值的公式如下：

$$L_r = L_{r(\max)} - (L_{o(\max)} - L_o)\frac{L_{r(\max)} - L_{r(\min)}}{L_{o(\max)} - L_{o(\min)}} \tag{9-15}$$

设 L_o 为源色域（Original Gamut）内某一色彩的明度值，L_r 为从源色域压缩到目标色域（Reproduction Gamut）的对应色彩的明度值，$L_{r(\max)}$ 是目标色域内彩度明度的最大值，$L_{r(\min)}$ 是目标色域内色彩明度的最小值，$L_{o(\max)}$ 是源色域内色彩明度的最大值，$L_{o(\min)}$ 是源色域内色彩明度的最小值。

对于彩度的处理方法有：线性、非线性或者裁切。

（2）明度与彩度同时裁切

① SLIN 法。在相同的色相内，向着明度轴上明度值为 50 的那一点线性压缩，如图 9-7 所示，此方法区别 LSLIN 法的地方在于没有先对明度进行压缩。

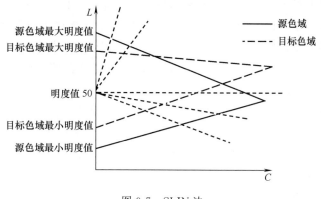

图 9-7　SLIN 法

② CUSP 法。在相同的色相内，顺着朝向目标色域内的最大彩度点在 L 轴上的投影点（CUSP 点）的方向，进行线性压缩，如图 9-8 所示，此方法区别于 LCLIP 法的地方在于没有先对明度进行压缩，而且 LCLIP 法中也只是对色彩的彩度进行线性压缩。如果我们把 SLIN 法和 CUSP 法对比，可以明显的看出，CUSP 点的明度值为 50 时，这两个方法其实是一样的。

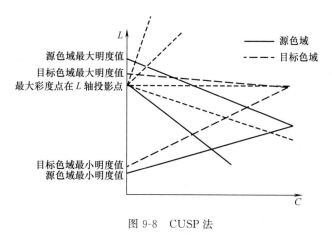

图 9-8　CUSP 法

9.3.3　颜色转换的算法

由于多维查找表算法比较重要，因此接下来主要针对多维查找表介绍算法的选取。目前，实现 PCS 色空间和输出设备色空间之间的转换算法比较多，根据它们的特性可归纳为四种方法：模型法、矩阵法、查找表插值法和 BP 神经网络。

彩色输入、输出设备都具有自己的颜色空间，称为设备颜色空间，如扫描仪、显示器使用的 RGB 颜色空间，打印机大多输出的 CMYK 颜色空间等，都是与设备相关的颜色空间。在色彩管理中，保证颜色一致的核心工作就是选择使用正确的颜色转换方法，使得颜色在不同色空间中进行传递时保持一致性，接下来是对颜色在不同色空间中转换方法的具体介绍。

RGB 空间到 XYZ 空间转换方法：矩阵变换法以及查找表法。

矩阵法使用一个 3×3 矩阵实现设备色彩空间与 PCS 色空间的相互交换，适用于具有三个通道输入信号的设备，如扫描仪和显示器。对于这类设备，其输入控制信号和输出信号之间存在非线性关系，由 γ 曲线表示，在 ICC 规范中将之称为阶调复制曲线 TRC。矩阵法具有转换关系简单、转换可逆的优点，但它只适用于阶调复制曲线非常简单、三通道的设备，不支持多通道色彩转换。矩阵法所用的 3×3 矩阵存储在设备特性文件中，因其只需存储 9 个数值，所以此类设备特性文件所占存储空间很小。

将输入设备特性文件中的 RGB 值转换为 PCS 空间中相对的 XYZ 值，其模型是建立在三个通道相互独立的基础之上，故输入设备特性文件的建立可以分为两个步骤完成。首先，输入设备 Profile 通过给出的三个通道阶调复制曲线标签把设备 RGB 转换到线性 RGB，然后通过三个通道的相对三刺激值标签给出的 3×3 矩阵，把线性 RGB 转换到对应的 XYZ 值的 3×3 矩阵，其数学公式如下：

$$linearr_r = redTRC[device_r]$$
$$linearr_g = redTRC[device_g]$$
$$linearr_b = redTRC[device_b] \tag{9-16}$$

$$\begin{pmatrix} Connection_x \\ Connection_y \\ Connection_z \end{pmatrix} = \begin{pmatrix} redColorant_x & greenColorant_x & blueColorant_x \\ redColorant_y & greenColorant_y & blueColorant_y \\ redColorant_z & greenColorant_z & blueColorant_z \end{pmatrix} \begin{pmatrix} linear_r \\ linear_g \\ linear_b \end{pmatrix} \tag{9-17}$$

在采用矩阵法实现设备色和 PCS 色之间的转换时，往往先通过各通道的 TRC 曲线，将设备的输入控制信号值转换成线性的数值，然后经过 3×3 矩阵实现线性数值和 PCS 三刺激值之间的转换。式（9-16）和式（9-17）表示的是如何从设备色的 RGB 值（devicer、deviceg、deviceb）转换到 PCS XYZ 值。式（9-16）中的三个相互独立的阶调复制曲线用于实现非线性 RGB 到线性 RGB 值（linearr、linearg、linearb）之间转换，式（9-17）中的 3×3 矩阵用于实现线性 RGB 值到 PCS XYZ 值之间的转换。

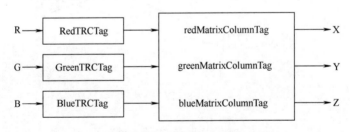

图 9-9　RGB 到 XYZ 基于矩阵的色彩转换

图 9-9 中的矩阵可以通过某些色块已知的 RGB 值及其对应的 PCS 值计算得到。在标准色标中的色块都具有已知的 RGB 值，这些色块由设备再现后，用测量仪器测得 CIE XYZ 值，经过色适应等处理后，得到对应的 XYZ 值。

从上述转换过程可以看出，以矩阵为基础的输入设备特征描述文件的转换过程并不复杂，但是三条阶调复制曲线和转换矩阵的确定却是非常复杂，必须要经过多次实验与计算。

查找表法不仅适用于具有三个通道输入信号的设备，也适用于多通道的设备。在三维查找表的方法中，如图 9-10 所示，输入的 RGB 值先是通过一个一维线性输入查找表将输入值线性化，然后通过一个三维查找表，直接查找输出值。如果可以查到输入值，即可快速得到结果。接着通过一维线性输出查找表，线性化输出值。如果查找不到输入值，则需要利用插值方法，计算输出值。

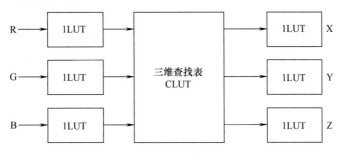

图 9-10　RGB 到 XYZ 的基于查找表的色彩转换

（1）XYZ 到 RGB 的转换方法也是两种，其一是 RGB 到 XYZ 转换第一种方法的逆转换，输入的 XYZ 值，先通过变换矩阵（和 RGB 到 XYZ 转换的变换矩阵一样）的逆转换，然后再反查一维线性查找表，得到对应的 RGB 值。

用数学公式可以表示为：

$$\begin{pmatrix} linear_r \\ linear_g \\ linear_b \end{pmatrix} = \begin{pmatrix} redMatrixX & greenMatrixX & blueMatrixX \\ redMatrixY & greenMatrixY & blueMatrixY \\ redMatrixZ & greenMatrixZ & blueMatrixZ \end{pmatrix} \tag{9-18}$$

XYZ 转换到 RGB 的第二种方法是：当标记名为上述的一种或多种时与 RGB 到 XYZ 的方法二相一致，利用三维线性查找表实现颜色空间转换，方法如图 9-11 所示。

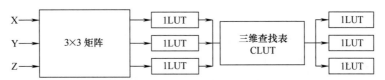

图 9-11　XYZ 到 RGB 基于三维查找表的色彩转换

从图 9-11 可以看出，基本上和 RGB 到 XYZ 的第二种转换方法一样，唯一的区别在于 XYZ 的输入值，要先经过一个 3×3 的方阵变换，将 XYZ 值变为线性值，再通过一个一维输入表。其中，XYZ 值是一个整数位 1 位，小数位 15 位的浮点数，而 3×3 方阵中的数是整数位 16 位，小数位 16 位的浮点数，矩阵相乘后是 48 位，而线性变换后的 XYZ 值取其中的 31 位到 16 位，作为线性 XYZ 值，然后进入三维查找表，如果查找不到，则同样需要通过插值法。

（2）XYZ 到 CMYK 的转换　对于 XYZ 到 CMYK 的转换，一般就一种方法，使用多维线性查找表方法，如图 9-12 所示。

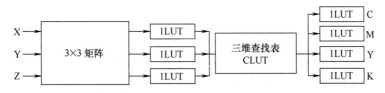

图 9-12　XYZ 到 CMYK 的基于查找表的色彩转换

输入的 XYZ 值，经过一个 3×3 的矩阵变换，然后通过三通道一维查找表，得到线性输入值，作为三维查找表的入口地址，查找到对应的 CMYK 值，再经过一个四通道一维查找表，得到线性的标准 CMYK 值，完成 XYZ 到 CMYK 的转换。

（3）CMYK 到 XYZ 的转换　从 CMYK 到 XYZ 色彩空间转换，其大体方式和 XYZ 到 CMYK 色彩空间转换一样，其中的 CMYK 值，通过四通道一维线性查找表转为标准的线性值，再通过一个四维查找表，查找对应的 XYZ 值，得到的值经过三通道一维线性查找表，得到最终的标准 XYZ 值，如果查找表找不到所需要的值，就需要利用插值算法。

图 9-13　CMYK 到 XYZ 基于查找表的色彩转换

① 多项式回归算法。因为 RGB 色彩空间和 LAB 色彩空间之间是一种非线性的对应关系，我们选择使用多项式来模拟这种对应关系。多项式回归算法的大致步骤是：先在源色空间取建模点，只要建模点的个数超过了多项式的项数，我们就可以计算出多项式的各个系数，接着通过多项式的系数来计算源色空间的点在目标色空间的对应值。

我们可以对 RGB 值进行 n 级分割，这样就可以得到 n^3 个建模点，使用色度测量仪可以测出它们的 LAB 值。

以 20 项的多项式建模为例：

$$L = l_0 + l_1 R + l_2 G + l_3 B + l_4 R^2 + l_5 G^2 + l_6 B^2 + l_7 RG + l_8 GB + l_9 BR + l_{10} R^3 + l_{11} G^3 +$$
$$l_{12} B^3 + l_{13} RGB + l_{14} R^2 G + l_{15} R^2 B + l_{16} G^2 R + l_{17} G^2 B + l_{18} B^2 G + l_{19} B^2 R$$
$$a = a_0 + a_1 R + a_2 G + a_3 B + a_4 R^2 + a_5 G^2 + a_6 B^2 + a_7 RG + a_8 GB + a_9 BR + a_{10} R^3 + a_{11} G^3 + a_{12} B^3 +$$
$$a_{13} RGB + a_{14} R^2 G + a_{15} R^2 B + a_{16} G^2 R + a_{17} G^2 B + a_{18} B^2 R + a_{19} B^2 G$$
$$b = b_0 + b_1 R + b_2 G + b_3 B + b_4 R^2 + b_5 G^2 + b_6 B^2 + b_7 RG + b_8 GB + b_9 BR + b_{10} R^3 + b_{11} G^3 +$$
$$b_{12} B^3 + b_{13} RGB + b_{14} R^2 G + b_{15} R^2 B + b_{16} G^2 R + b_{17} G^2 B + b_{18} B^2 R + b_{19} B^2 G \tag{9-19}$$

在上述公式中 $L_0 \cdots\cdots L_{19}$、$a_0 \cdots\cdots a_{19}$、$b_0 \cdots\cdots b_{19}$ 分别为三个多项式的系数，将建模点的 RGB 值以及对应的 LAB 值代入多项式中，用高斯消去法（Gauss Elimination Method）计算出各个多项式的系数，之后就可以通过多项式公式来计算源色空间的点在目标色空间的对应值。

若要检验色差，需要对 RGB 值进行 m 级分割，得到 m^3 个检测点，通过多项式回归公式计算出它们的 LAB 值，并利用色度测量仪测出其 LAB 值，然后由色差公式计算色差。

色差公式为：

$$\Delta E_{ab} = \sqrt{(\Delta L)^2 + (\Delta a)^2 + (\Delta b)^2} \tag{9-20}$$

多重回归方法有两个优点，第一点个是色彩空间转换的逆向转换较简单，在求多项式系数时交换输入输出位置即可，第二点是采样点在不同色彩空间均匀取样。但是，多重回归的校正精度不仅取决于源空间和目的空间的映射关系、取样点的数目和采样位置，还与多项式的选择有很大关系，多重回归方法适用于近似线性的转换，若两空间的映射关系具有复杂非线性，则不能保证在相应空间内有基本相同的转换精度。此外，多项式时全局函数，会将局部失真扩展到整个色彩空间。

② 多面体插值算法。对 RGB 值分别进行 n 级分割，则在插值算法中，共有 n^3 个多面体顶点，利用色度测量仪可以测出它们的 LAB 值，建立查找表。

假设我们对 RGB 值进行 5 级分割：0、64、128、192、255。例如点（12，75，45）所在的立方体中，$R_{min}=0$，$R_{max}=64$，$G_{min}=64$，$G_{max}=128$，$B_{min}=0$，$B_{max}=64$；

表 9-1　　　　　　　　　　　　　　　查找表数据

G	B	L	A	B	vertex
64	0	15.39	−14.29	23.44	V_{000}
64	64	17.45	−4.97	−12.78	V_{001}
128	0	37.68	−33.36	43.96	V_{010}
128	64	39.89	−34.35	20.55	V_{011}
64	0	20.86	11.21	28.36	V_{100}
64	64	16.69	14.06	−9.24	V_{101}
128	0	41.92	−20.55	45.17	V_{110}
128	64	41.31	−16.29	22.91	V_{111}

插值运算之前，先通过比较运算来确定输入点在 RGB 色彩空间中处在哪一个小多面体中，由于该多面体又可分为两个三棱柱，再进一步确定输入点究竟是在棱柱 1 还是在棱柱 2 中，最后代入对应的公式中作为插值运算。

（Δx、Δy、Δz 是输入点相对于顶点 V_{000} 在各个轴上的相对距离）

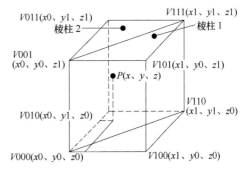

图 9-14　三棱柱插值算法中正六面体示意图

$$\Delta x = \frac{x-x_0}{x_1-x_0}$$

$$\Delta y = \frac{y-y_0}{y_1-y_0}$$

$$\Delta z = \frac{z-z_0}{z_1-z_0} \tag{9-21}$$

如果 $\Delta x > \Delta y$，那么输入点在棱柱 1 中，其插值公式为：

$$P(x,y,z)=V_{000}+(V_{100}-V_{000})\Delta x+(V_{110}-V_{100})\Delta y+(V_{001}-V_{000})\Delta z+ \tag{9-22}$$
$$(V_{101}-V_{001}-V_{100}+V_{000})\Delta x\Delta z+(V_{111}-V_{101}-V_{110}+V_{100})\Delta y\Delta z$$

如果 $\Delta x < \Delta y$，那么输入点在棱柱 2 中，其插值公式位：

$$P(x,y,z)=V_{000}+(V_{110}-V_{010})\Delta x+(V_{010}-V_{000})\Delta y+(V_{001}-V_{000})\Delta z+$$
$$(V_{111}-V_{011}-V_{110}+V_{010})\Delta x\Delta z+(V_{011}-V_{001}-V_{010}+V_{000})\Delta y\Delta z \tag{9-23}$$

如果 $\Delta x = \Delta y$，那么输入点即可算作在棱柱 1 中，也可以算作在棱柱 2 中，插值公式可以用以上两个公式（9-22）和式（9-23），计算结果是完全一样的。

若要检查色差，可以对 RGB 分别取 m 个点的值，这样就可以得到 m^3 个检测色块，先通过上述公式作插值运算，算出 m^3 个检测色块的 LAB 值，再用测色仪测量这些色块的 LAB 值，计算色彩。

多重回归分析通过多项式对设备色彩的非线性特征进行逼近，多项式转换关系简单，但校正的精度较低，因此需要解决的问题是如何保持简单转换关系的同时，提高色彩特性化精度，通常的解决方法有缩小校正范围来提高精度，因此就有全局的多重回归方法和分区的多重回归方法之分。

三维插值通过三维空间中几何体的顶点来插值出内部点的颜色，几何体的顶点数据来源于多维查找表，该类方法主要是围绕几何体的确定问题，更具几何体的不同可以分为四面体插值、立方体插值，其中应用最为广泛的是四面体插值算法。一般来说，三维插值较其他的方法精度要高，但需要大量的校正样本，而且在实际应用中，生成多为查找表数据时定位特定的几何体是一项费时的运算，另外对于彩色特性非均匀的设备，四面体插值误差不均匀，要获得整体较高的精度，需要的样本数高达 10^4 以上。

第 10 章　三维色域及其可视化技术

色域（Color Gamut）指的是在颜色空间（例如 CIELAB 空间）中用实体所代表的一个颜色几何。常用的二维色域描述法由于只是色域实体在平面上的投影，因而在色域比较或评价时具有一定局限性。本章主要介绍色域描述的三维可视化技术以及色域边界描述算法及其评价方法。

10.1　三维可视化技术

10.1.1　可视化技术的发展与应用

可视化（Visualization）技术是利用计算机图形学和图像处理技术，将数据转换成可以在屏幕上显示的图形或图像，并进行交互处理的理论、方法和技术。可视化技术涉及计算机图形学、图像处理、计算机视觉和计算机辅助设计等多个研究领域，已经成为研究数据表示、数据处理和决策分析等一系列问题的综合技术。可视化技术最早在计算科学中得到应用，形成了可视化技术的一个重要分支——科学计算可视化（Visualization in Scientific Computing）。科学计算可视化能够把科学数据（包括测量获得的数值、图像或是计算中涉及、产生的数字信息）变为以图形图像信息表示的、随时间和空间变化的直观的物理量，使人们能够观察、模拟和计算。科学计算可视化自 1987 年由美国国家科学基金会的一个研究报告提出以来，在各工程和计算领域得到了广泛的应用和发展，所提出的可视化思想已成为世界科学界新兴学科研究中的热点。

在计算机用于科学计算的早期，科学计算往往是以批处理方式进行的，在那时还无法实现交互功能，人们对计算过程无法进行干预和引导，只能被动地等待计算结果的输出。以二维的方式展示结果是较好的辅助方法，但这样存在大量信息在处理过程中丢失的问题，人们无法知道计算过程中发生了什么变化，无法得到计算结果的直观、形象的整体印象。随着计算机性能的提高和存储容量的提升，科学计算可视化成为了可能。科学计算可视化要达到理解自然本质的目的，就需要把科学数据信息变为图形图像形式。这个过程中包括了下面几个步骤：第一步包括了对原始数据的预处理、对数据形式的转换、对噪声的过滤、对感兴趣的数据抽取。第二步是将过滤后的数据映射为点、线、面等图元或三维体图元。第三步是通过几何元素的绘制，得到结果图像。最后一步是将图像显示出来并对得到的可视结果进行分析，也称为反馈。实现科学计算可视化具有重要的意义，它允许我们对大量抽象的数据进行分析，海量的数据通过可视化变成形象，可以激发人的形象思维。从表面杂乱无章的海量数据中，通过可视形象观察到数据中隐含的现象，通过交互手段实现对数据计算、转换过程的引导和控制，为进一步的科学发现提供线索。

计算机在印刷行业的广泛应用促成了印刷由模拟印刷向数字印刷的转变。虽然印刷形式发生了很大变化，但是传递信息的本质没有变化，对颜色的分解和合成的本质没有变化。数字印刷过程中处理的图像数据大都是一些颜色空间的数值，如设备和图像色域及它们之间如何映射、如何分色等。在早期同样受到计算机技术水平的限制，对颜色信息的传递过程也采用了批处理方式，人们对于颜色数据在印刷流程中的传递没有一个直观、形象的感受，对信息传递的结果只能被动的等待，无法实现对颜色传递过程的有效干预和引导。近年来，市场对高品质彩色成像的需求呈现出快速增长的趋势，这对于数字印刷过程中的颜色传递和再现提出了更高的要求，实施更加精准的颜色控制成为迫切需要解决的问题。而随着计算机运算速度迅速的提高，存储成本的不断降低，使得将印刷过程中的颜色数据可视化成为现实。当能够对颜色数据进行有效描述和显示处理时，人们就能及时、详尽地得到颜色传递过程中的直观反馈，更可以将色彩管理技术与可视化技术结合，洞察出印刷复制过程中出现颜色失真问题的症结所在。

10.1.2　基于表面重建的三维可视化

三维重建也被称为三维数据场的可视化，是科学计算可视化技术的核心。在计算机视觉、人脸识别和医学图像等研究领域中，针对三维的离散采样点集，采用插值或逼近数据点所在曲面的方式，重建各采样点之间的拓扑关系，得到与原曲面拓扑近似的线性曲面的过程，被称为三维表面重建。基于三维数据点表面重建的算法可以分为三类：

（1）基于距离场等值面抽取的表面重建算法　基于距离场等值面抽取的表面重建算法以 Hoppe 提出的算法为代表。该算法的思想是在拟合物体表面时使用平均中心点和最小二乘切平面，用带符号的距离函数来建立体素并从体素中提取出物体表面，在这个过程中可以使用多种轮廓提取算法。重建过程可以分成两个步骤：首先，通过散乱点云形成的数据信息来构建三维空间距离场。其次通过多种轮廓提取算法实现重建物体表面。

采用有符号的距离场函数构建距离场后，可以进行零等值面抽取。定义距离函数的第一步是对每一个点数据求取其近似切平面，也就是对每一个点数据所代表的表面平面进行模拟。切平面的求取过程虽然并不复杂，但控制该算法时间复杂度的一个重要因素就是使所有切平面保持法向量的全局一致。该算法的时间复杂度由求取切平面、求取 K 近邻点、最小生成树算法等决定，这些算法的效率可以通过使用空间分割来提高。但这类方法通过数据点云生成三角网格时需要进行插值操作，并且并不插值于实际点云数据，对边界具有尖锐特征的数据和任意采样密度点云并不适合处理。

（2）基于三维 Delaunay 三角化的表面重建算法　在表面重建领域占据主导地位的是基于 Delaunay 三角化的表面重建算法，它利用三维 Delaunay 算法求取散乱点集的 Voronoi 图，对散乱点集中的每一个顶点，计算他们在 Voronoi 图中的极点，然后基于 Voronoi 图的顶点和球半径计算 Power Diagram。Power Diagram 将空间分为很多小单元，之后通过空间单元标记算法进行标定，区分出 Power Diagram 中内、外部空间单元，内外部小单元的邻接面即是物体的表面。在这类算法中以 Power Crust 算法最为大家所熟悉，这个著名算法将物体表面的采样点作为输入，而将物体表面对应的近似中心轴和物体表面的重建结果作为输出。这种算法有严谨的理论证明，即使输入的点云数据非常散乱，也能获取到一个致密表面。算法的鲁棒性很强，能够处理具有尖锐边缘特征的数据、对于由于不均匀采样得到的散乱点集和具有高噪声的散乱点集也有很好的输出效果。

下面对该算法中提到的几个概念作简要分析，Voronoi 图是由一系列连接两邻近点直线的垂直平分线组成的连续多边形，它使平面上离散的点按照最邻近原则划分，每个点与其所在的邻近区域相关联。设 $S=\{P_1, P_2, \cdots, P_n\}$ 是平面上 n 个点的集合，平面中与 S 上的点 P_i 接近超过 S 中任何其他点的点集，定义了一个多边形区域 $V(P_i)$，称为 P_i 的 Voronoi 区域。它是一个可能无界的凸多边形，最多有 $n\text{-}1$ 条边，每条边都在 P_i 和 S 中另一点的垂直平分线上。

设 $V(S)$ 是点集 S 的 Voronoi 图解，其直线对偶 $D(S)$ 是通过在每一相邻 Voronoi 区域中，在 S 点对之间加上线段得到的图。$V(S)$ 中边的对偶是 $D(S)$ 中的边，同时 $V(S)$ 中顶点的对偶是 $D(S)$ 中的三角形区域，$D(S)$ 是原始点集的三角剖分（Triangulation），是 Voronoi 图的对偶图（Dual Graph）。1934 年由 Delaunay 证明了这个结果后被称为 Delaunay 三角化。如图 10-1 所示红线即为 Voronoi 图，黑线为 Delaunay 图。

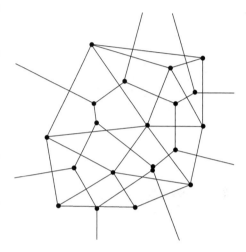

Power Diagram 是基于原始点集数据的 Voronoi 图定义的一种图的模式，由 Power Crust 算法定义。Voronoi 图中的每一个顶点都对应一个可由顶点和圆半径来唯一确定的最大外接圆。算法首先定义了 Power 距离，接着定义了 Power Diagram，也就是带权的 Voronoi 图。该图将空间划分成多个子空间，每个子空间包含了所有到特定 Voronoi 图顶点距离最小的空间点。

图 10-1 Delaunay 图及其对偶 Voronoi 图

（3）基于局部区域增长的表面重建算法 基于局部区域增长的表面重建算法通常是在散乱点云数据中选取基准三角面（也被称为一个种子），接着以某种方式获取所有邻接的三角面，最后通过递归直至覆盖物体表面。这种算法思想简单，具有直观形象和很好的表面重建效果，与其他算法相比有较低的时间复杂度，只是需要对输入点集附加某些额外信息。在这类算法中以 Bernardini 在 1999 年提出的 Ball-Pivoting Algorithm 为代表，由 Ball-Pivoting Algorithm（BPA）重建物体表面的过程如下：在由散乱点集形成的空间中，有一个半径为 α 的球体，由空间点集中三个点可支撑起这个球体，球体沿着三边不断滚动，不断找到新的支撑点，最终由所有这些顶点组成的三角面片就可以形成一个致密的表面，要得到精确程度不同的表面可以通过选取不同的球体半径 α 值来实现。图 10-2 为该算法的示意图。

BPA 算法采用了空间分割的方法，将空间点集分别记录到各个子空间体素（voxel）中，通过采用这种数据结构可以便于邻近点的查找。当确定一个空间顶点后，可以计算所在体素的编

图 10-2 旋转球算法的示意图

号，该体素周围形成 27 个子空间，近邻点查找就在这 27 个子空间中进行。这时还需要提供一个额外数据，即指定一个球体半径，由以此为半径的球体可以确定点云中的三个顶点，使这三个顶点与球形成外接。然后以这三角形的三边作为基准，使预定的球体以三边为支撑分别在空间中滚动，所接触的第一个顶点就能与支撑边组成新的三角面片。当球的滚动经历了空间点云的所有顶点后，结束重建过程，由得到的所有三角面片组成物体表面。

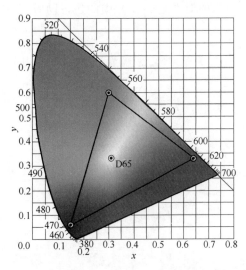

图 10-3　在 CIExy 色度坐标系中
sRGB 的源色色域

10.1.3　色域的二维模型与三维模型

国际照明委员会（CIE）将色域定义为"在一定的观察条件下，某一种复制媒介（或者在媒介上显示的一幅图像）能够获得的颜色范围，其在色彩空间上是用一个体来表示"。定义强调了在一定条件下，也意味着色域并不是媒介的固定属性，而是可能随着条件的变化（如照明条件、观察者等）而变化。ISO 2208-1：2004 将色域定义为颜色空间上的一个颜色实体，这个实体包含了一幅图像或者其他的复制品上拥有的所有颜色，或者通过某种特定的输出设备能够产生这个颜色实体。

在三维颜色空间中，色域应该表现为一个实体。然而，在许多教科书以及文献中色

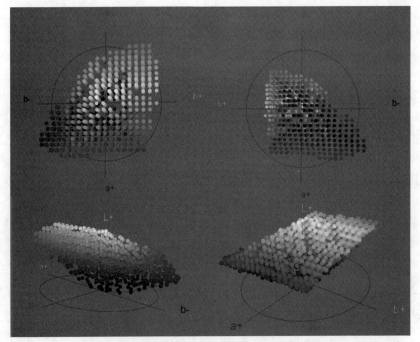

图 10-4　在 CIE LAB 颜色空间中 sRGB 的点状三维色域（由 ICC3D 软件生成）

域都是用 CIE 1931 xy 色度图中二维色域来表示，如图 10-3 所示。二维色域描述法具有明显的局限性，它只是色域实体在平面上的投影，在用于色域比较中很可能产生误导。在可感知颜色空间如 CIE LAB 中使用三维描述方法中可以对色域的描述更加完整和准确。这种描述法可以在显示器上显示，如图 10-4 所示（见彩色插页），也可以用恒定亮度或恒定色相角下切割色域后平面的透视图来描述，这种方法也被孟塞尔颜色立体所采用，如图 10-5 所示（见彩色插页）。

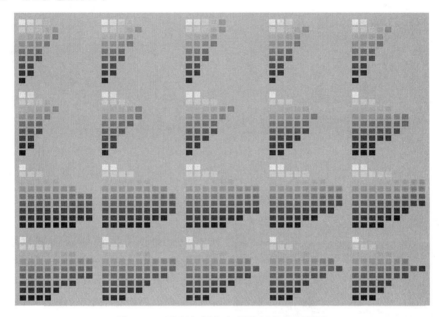

图 10-5　孟塞尔颜色空间的切片分割描述

10.2　色域的类型

色域通常用与设备无关的均匀色空间中的一个有界体积描述，代表颜色的表现范围。通常色域分为三种常见类型，即颜色空间色域、设备色域和图像色域。

10.2.1　颜色空间色域

用于描述颜色的立体空间被称作三颜色空间，不同的颜色空间及不同的颜色标准描述的颜色范围不同。

（1）颜色空间色域　如图 10-6 所示为 RGB 颜色空间可见光范围。

CIE1931-RGB 标准是根据实验结果制定的，出现的负值在计算和转换时非常不便。CIE 假定人对色彩的感知是线性的，因此对上面的 r-g 色域图进行了线性变换，将可见光色域变换到正数区域内。CIE 在 CIE1931-RGB 色域中选择了一个三角形，该三角形覆盖了所有可见色域，之后将该三角形进行如下的线性变换，将可见色域变换到（0，0）、（0，1）、（1，0）的正数区域内。即假想出三原色 X、Y、Z，它们不存在于自然界中，但更方便计算，通过数学变换的方法将存在负数的 r-g 坐标系变换成了所有坐标值都为正数的 x-y 坐标系，如图 10-7 所示。

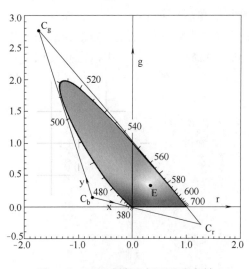

图 10-6　RGB 颜色空间可见光色域

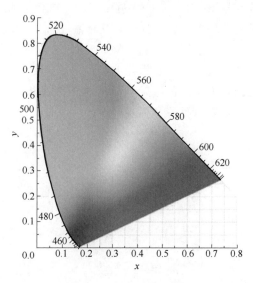

图 10-7　CIE 1931 色品图

（2）Pointer 色域　为提取实际生活中我们所看到的物体反射光谱所形成的颜色，M. R. Pointer 做了一系列的实验，并且在 1980 年将结果以论文"The Gamut of Real Surface Colours（真实物体表面颜色色域）"的形式发表。Pointer 先生采样了 4089 个真实物体的颜色样本，并获得了它们在 xy 空间中的色坐标，也就是说你能看到的自然界绝大部分颜色都在这个范围里了，如图 10-8 所示。

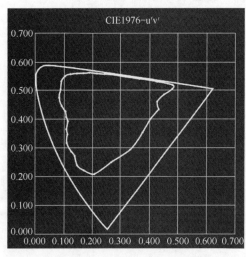

图 10-8　Pointer 色域

显然，显示技术的目的是"还原物体的真实颜色"，那么我们其实不需要把可见光谱上的每一个颜色都实现，我们只要还原 Pointer 色域范围内的颜色就可以了。也就是说 Pointer 色域的实际应用意义更大。对于三原色理论来讲，具体要做的事情就是选择合适的三原色坐标，使得三个点所围成的三角形尽可能的覆盖 Pointer 色域的范围。

（3）NTSC 标准下的色域　NTSC 的全称是"National Television System Committee（国家电视制式委员会）"，是美国专门从事电视相关标准制定的机构。这个机构制定的与电视相关的标准简称为 NTSC 标准。最早的 NTSC 标准于 1941 年提出，那时的电视还是黑白的。1953 年，美国国家电视标准委员会（National TelevisionSystem Committee，简称 NTSC）基于 CIE 1931 色度图制定了 NTSC 标准，NTSC 色域从此诞生，该标准采用 C 光源（对应白位为 CIII，色温 6766K），考虑了彩色模拟电视相关的指标，同时兼容了黑白模拟电视，其中规定了三原色的色坐标，如表 10-1 所示，将该色域图绘制在 CIE 1976u'v'坐标系统中如图 10-9 所示。

表 10-1 NTSC 标准参数

Original NTSC colorimetry(1953)	CIE 1931 x	CIE 1931 y
红色	0.67	0.33
绿色	0.21	0.71
蓝色	0.14	0.08
白点(CIE C)6774K	0.310	0.316

从图 10-9 可以看出，NTSC 色域可以覆盖大部分的 Pointer 色域面积，计算结果显示，基于 1953 年 NTSC 标准三原色坐标覆盖了约 79.0% 的 Pointer 色域。但是实际情况中要达到 NTSC 标准的色域需要较高的成本，以至于目前为止市面上销售的绝大部分显示设备色域值一般只能覆盖 NTSC 标准的 72%，更别提 Pointer 色域了。

（4）ITU-R BT.709 建议的色域 在 1993 年，ITU 正式通过了标题为 "Basic parameter values for the HDTV standard for the studio and for international programme exchange"、编号为 ITU-R BT.709-1 的建议。编号中的 R 代表 Radiocommunication

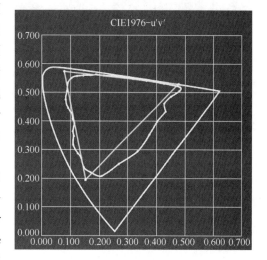

图 10-9 NTSC 色域

（无线电通讯），B 代表 Broadcasting（广播），T 代表 Television（电视），BT 709 是指每帧具有大约两百万亮度采样的 HDTV 系统。BT 709 有两部分建议：

第 1 部分对现在称为 1035i30 和 1152i25 HDTV 系统的内容进行了编码。1035i30 系统现已过时，已被 1080i 和 1080p 平方采样（方形像素）系统所取代。1152i25 系统被用于欧洲的实验设备，从未商业部署过。

第 2 部分使用平方采样编码当前和未来的 1080i 和 1080p 系统。为了统一 1080 线 HDTV 标准，第 2 部分定义了一种通用图像格式（CIF），其图像参数与图像速率无关。

在该建议中，规定了三原色坐标如表 10-2 所示，将该色域图绘制在 CIE 1976 u′v′ 坐标系中如图 10-10 所示。

表 10-2 IUT-RBT.709-1（1993）标准参数

IUT-RBT.709-1(1993)	CIE 1931 x	CIE 1931 y
红色	0.64	0.33
绿色	0.33	0.6
蓝色	0.15	0.06
白点	0.3127	0.329

按照这份标准最终得到的色域覆盖了 67.5% 的 Pointer 色域。该色域的面积小于 NTSC 色域面积。BT.709 最后一次更新是在 2002 年，版本号为 BT.709-5。

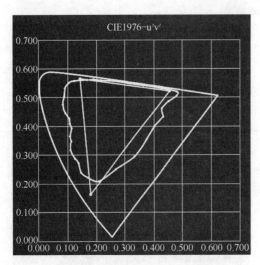

图 10-10　IUT-RBT.709 色域

（5）sRGB 规定的色域

RGB 定义了红色、绿色与蓝色三原色的颜色，即在其他两种颜色值都为零时该颜色的最大值。在 CIE xy 颜色坐标系中红色位于 [0.6400，0.3300]、绿色位于 [0.3000，0.6000]、蓝色位于 [0.1500，0.0600]，白色是位于 [0.3127，0.3290] 的 D65。对于任何的 RGB 色彩空间来说，非负的 R、G、B 都不可能表示超出原色定义的三角形即色域范围，它刚好在人眼的色彩感知范围之内。

sRGB 还定义了原色强度与实际保存的数值之间的非线性变换。这个曲线类似于 CRT 显示器的 gamma 响应。重现这条曲线要比 sRGB 图像在显示器上正确显示更加重要。这个非线性变换意味着 sRGB 非常高效地使图像文件中的整数值表示了人眼可以分辨的颜色。

sRGB 由于它的色域不够大，尤其是蓝-绿颜色色域无法表示 CMYK 印刷中的所有颜色，所以通常印刷行业的专业人员不用这种模型。而 Adobe RGB 是印刷行业经常使用的色彩空间。

（6）Adobe RGB 规定的色域　在 Adobe RGB 标准中，色彩被指定为（R，G，B）三个组元，其中 R、G、B 中每个分量的值可以介于 0 和 1 之间。当在显示器上显示出来时，白色点（1，1，1）、黑色点（0，0，0）、原色点（1，0，0）的准确值会被指定。不仅如此，显示器上白色点的亮度也应该被指定为 $160cd/m^2$，黑色点则是 $0.5557cd/m^2$，这也就意味着对比度为 287.9。显示器周围环境照度为 32lx。

与 sRGB 相比，Adobe RGB 中 RGB 色彩分量与亮度并不呈线性关系。相反，伽马值被假定为 2.2，而不是像 sRGB 中那样是接近线性关系的 0 伽马值。更加准确的说，它的伽马值是 563/256 或 2.19921875。Adobe RGB 的色彩空间覆盖了 CIE 1931 标准的 52.1%。

Adobe RGB 规定了三原色坐标如表 10-3 所示，将该色域图绘制在 CIE 1931 xy 色品坐标系统中如图 10-11 所示。

表 10-3　　　　　　　　　　Adobe RGB（1998）标准参数

颜　　　色	CIE 1931 x	CIE 1931 y
红色	0.6400	0.3300
绿色	0.2100	0.7100
蓝色	0.1500	0.0600
白点	0.3127	0.3290

从色域图上看，Adobe 色域覆盖了 Pointer 色域大约 79.6% 的面积。该标准借助 Photoshop 的平台以及自身的优势被广泛的应用于平面设计以及出版印刷领域。一些高端

的 PC 监视器会专门提供支持 100％ Adobe RGB 色域的产品。

（7）ITU-R BT.2020 建议的色域 BT.2020 建议的标题是 "Parameter values for ultra-high definition television systems for production and international programme exchange"，也就是 UHDTV（超高分辨率电视）的建议标准。BT.2020 标准指出 UHD 超高清视频显示系统包括 4K 与 8K 两个阶段，其中 4K 的物理分辨率为 3840×2160，而 8K 则为 7680 像素×4320 像素。之所以超高清视频显示系统会有两个阶段，实际上是因为全球各个地区超高清视频显示系统发展差异性所造成的。例如在电视广播领域技术领先的日本就直接发展 8K 电视广播技术，避免由 4K 过渡到 8K 可能出现的技术性障碍。而在世界的其他地区，多数还是以

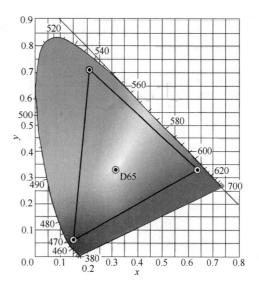

图 10-11　CIE 1931 xy 色彩图表示的 Adobe RGB 色彩空间的色域以及原色的位置

4K 技术作为下一代的电视广播发展标准。在该建议中的三原色坐标值如表 10-4 所示，将该色域图绘制在 CIE 1976 u′v′坐标系统中如图 10-12 所示。

表 10-4　　　　　　　　　　　IUT-R BT.2020（2012）标准参数

IUT-R BT.2020(2012)	CIE 1931 x	CIE 1931 y
红色	0.708	0.292
绿色	0.170	S0.797
蓝色	0.131	0.0466
白点	0.3127	0.329

从色域图中可以看出，BT.2020 的三原色坐标几乎都处于光谱轨迹上，而且对 Pointer 色域的覆盖率也达到了惊人的 99.5％。如果要求色坐标位于光谱轨迹上意味着光源的光谱宽度必须非常窄，几乎需要激光这样单色性非常好的光源才能达成。目前为止大部分显示面板厂已经有能力制作出满足 BT.2020 标准分辨率要求（7680 * 4320）的产品，但是对于色域的要求目前还没有明确达成的迹象。这也是显示技术当前面对的一个重要的技术课题。

如图 10-13 所示为 Adobe RGB、sRGB、NTSC92、CMYK 色域比较。

10.2.2　设备色域

设备色域是指设备本身（如 CRT 显示器）或由设备在某一介质上（如打印在打印纸上）所能表现的最大颜色范围。打印机（或印刷机）的色域是指打印机（或印刷机）在纸上能打印（或印刷）出的颜色范围，因而包含了纸张、色料等因素的综合影响。如图 10-14 所示为数码打样机和印刷机的三维色域图。

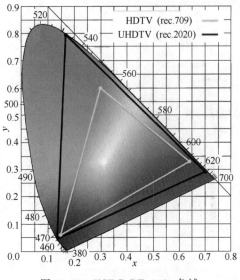

图 10-12　IUT-R BT. 2020 色域

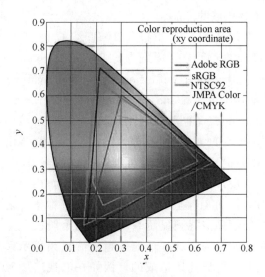

图 10-13　不同标准下的色域比较

(a)

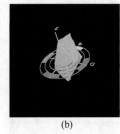
(b)

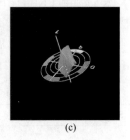
(c)

图 10-14　不同设备三维色域图

（a）数码打样机色域　（b）印刷机/铜版纸色域　（c）印刷机/新闻纸色域

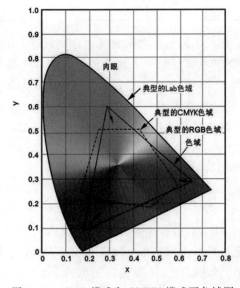

图 10-15　RGB 模式和 CMYK 模式下色域图

不同设备的色域范围是不同的，了解设备色域对色域映射以及确保颜色在传播过程中的保真性具有非常重要的作用。如图10-15所示（见彩色插页）为 RGB 模式下的设备色域和 CMYK 模式下的设备色域范围比较。

大色域的设备再现图像色彩会更加亮丽，如图 10-16 所示（见彩色插页）为不同色域的显示器再现的图像效果比较。

10.2.3　图像色域

图像色域是指一幅具体的彩色图像全部像素所包含的颜色范围。如图 10-17 所示（见彩色插页）为人物类图像色域图，图 10-18 所示（见彩色插页）为器皿类图像色域图。

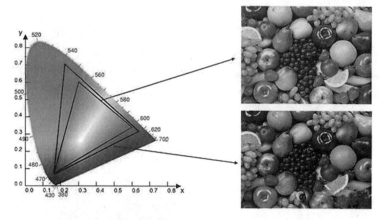

图 10-16　不同色域范围的显示器再现图像效果对比

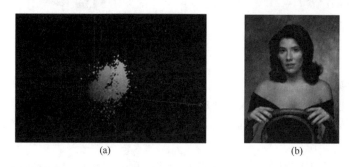

(a)　　　　　　　　　　　　　　(b)

图 10-17　人物类图像色域

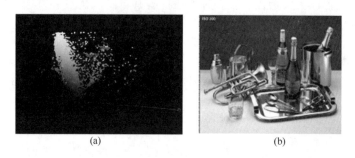

(a)　　　　　　　　　　　　　　(b)

图 10-18　器皿类图像色域

　　图 10-17（b）中人物的肤色和背景色都包含了以黄色、红色为主的像素，所以，在图 10-17（a）中大部分像素点集中在 CIE Lab 颜色空间的黄、红区域；图 10-18（b）中器皿的金属色和背景色都包含了以灰色为主的像素，所以，在图 10-18（a）中大部分像素点集中在 CIE Lab 颜色空间的 L 轴区域。

10.3　色域边界及色域边界描述

　　色域边界（Color Gamut Boundary）是由色域极值点所决定的颜色表面，色域边界描述（Gamut Boundary Descriptor，GBD）是对色域边界进行近似描述的一种方法。色域边界描述主要有两种方法：一是特定媒介描述法（medium-specific method），二是通用类描述法（generic method）。

特定媒介描述法仅仅适合描述媒介（例如打印机）的色域边界，这类方法有基于 Kubelka-Munk 方程、纽介堡方程、使用偏微分方程的 Inui 算法的特征化模型，另外一种模型是由 Herzog 在 1998 年提出的 gamulyt 方法，这种方法认为大多数的媒体色域是一个变形的立方体，顶点是黑、白、红、绿、蓝、黄、品、青，如图 10-19 所示。

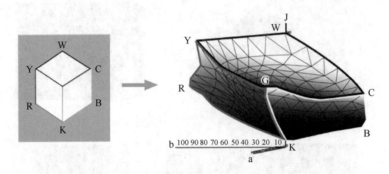

图 10-19　Herzog 的立方体变形色域示意图

特定媒介色域描述方法只用很少的参数就能描述媒体设备的色域边界，但这种方法不适合描述图像色域或者是一些色块形成的色域边界。仅对媒介色域而言，一些方法也仅仅是针对某一类媒介（如打印机），而对在所有的媒介中缺乏通用性，这样就使得通用类描述方法得到更广泛的使用。

通用类描述法应用范围较广，在原则上能够计算任意颜色坐标的色域，因而近些年来该类方法在数量上得以大大增加，很多种方法都有其自身的优点和首选的应用背景。下面描述几个经典方法。

10.3.1　凸 壳 算 法

给定系列点的凸壳是指包含所有点的最小凸集。在两维空间中确定系列点集凸壳的最简单方法叫做"Jarvis March"或者"Gift Wrapping"（礼品包扎）算法，如图 10-20 所示。这只是一种描述凸壳的简单的、示意性算法，在实际中使用更多的是另一种更加高效的计算算法，即快速凸壳算法（Quick Hull Algorithm），这一算法也适用于对设备特性化获得三刺激值的计算。

凸壳通常可以使用以下公式来构建，通常使用凸壳算法构建设备色域通常需要如下步骤：

① 使用设备特性文件处理色彩空间取样点得到设备内颜色取样点。

② 选取亮度轴坐标值最小的点，作垂直于亮度轴的面，然后连接该点与其余点，计算这些直线与面的夹角，取夹角最小的点作为凸壳

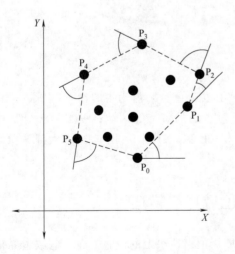

图 10-20　使用 Jarvis march 算法描述凸壳（虚线）

的下一个顶点。

③ 然后将第二点与其余点连接，求得使其连线与第二点与第一点连线夹角最小时的点作为凸壳的第三个顶点。

④ 依次拓展凸壳顶点，重复到每个拓展向量都没有点可以拓展时结束。

使用凸壳算法构建的色域虽然能够完全包含色域内的点，但其往往高估真实色域 10% 左右，而且其构建的色域没有凹陷部分，降低了色域构建的准确性。图 10-21 为使用凸壳算法构建的 Adobe RGB 色域图。

使用凸壳算法来描述色域也有一些局限性，然而由于色域常常也表现出凹状，图 10-22（见彩色插页）就是一个打印机色域在 a* b* 平面的正投影，可以明显看出色域的非凸特性，因而凸壳算法的结果只能是对色域边界进行近似的估算。

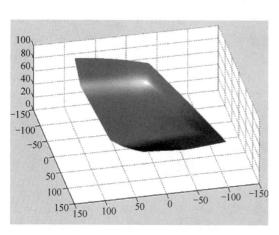

图 10-21　Adobe1998RGB 的凸壳色域图

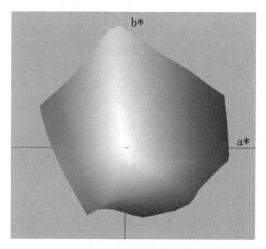

图 10-22　打印机的凹状色域

10.3.2　改进的凸壳算法

1997 年，Balasubramanian 和 Dalal 提出了改进的凸壳色域边界描述法。这种算法的基本思想是在进行凸壳计算之前先对色度数据进行预处理，预处理是为了使中间的色域实体呈现出凸壳形状，然后再进行凸壳计算，最后取消对数据的预处理返回到原来的色域形状。具体算法如下：

假设在颜色空间中拥有颜色数据点集 $\{X\}$。首先在色域内部选择一个参考点 R，例如在 CIE LAB 颜色空间中选择点 $[50, 0, 0]$。然后计算每一数据点 X_i 与参考点 R 之间的向量 D，即 $D = X_i - R$。并令 $D = |D|d$，其中 $|D|$ 是向量模，d 是单位向量。所以 D 就代表这个数据点到参考点之间矢量长度。再对 D 作如下转变：

$$D' = \alpha \left(\frac{D}{D_{max}}\right)^{\gamma} \tag{10-1}$$

其中 D_{max} 是某个数据点与参考点之间的最大距离；α 和 γ 是已知预设的参数，$0 \leqslant \gamma \leqslant 1$，$0 \leqslant \alpha \leqslant D_{max}$。

然后通过 $X' = R + D'_d$ 对数据点 X_i 重新取值，得到数据集 $\{X'\}$。再对 $\{X'\}$ 应用凸壳算法可以得到一套表面点，并将这些点用三角形连接起来。最后再对这些表面点应用变

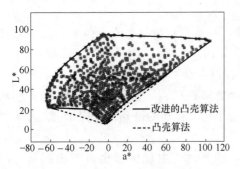

图 10-23　凸壳算法和改进的凸壳算法对比

换公式（10-1）的逆变换，将它们转换到原来的色度空间，在这个空间中用三角形将这些点连接起来。从两种算法的示意比较图可以看出改进的凸壳算法对于色域的描述效果较凸壳算法有了明显的改善。该算法在执行时需要确定两个参数 α 和 γ，倘若选择的参数值不合适也会造成对色域的不正确的描述。

10.3.3　分区最大化算法

分区最大化算法是 Morovic 和 Luo 提出来的，该算法通过一个矩阵来描述色域边界，这个色域边界描述矩阵记录了 CIE LAB 颜色空间中每个分区内半径为 r 的最大颜色点。在这个算法中分割 CIE LAB 颜色空间既可以使用极坐标 LCH，也可以使用球坐标，其中球坐标可以用 CIE LAB 值通过下面的公式计算：

$$r=[(L^*-L_E^*)^2+(a^*-a_E^*)^2+(b^*-b_E^*)^2]^{1/2} \tag{10-2}$$

$$\alpha=\tan^{-1}((b^*-b_E^*)/(a^*-a_E^*)) \tag{10-3}$$

$$\theta=\tan^{-1}[(L^*-L_E^*)/((a^*-a_E^*)^2+(b^*-b_E^*)^2)^{1/2}] \tag{10-4}$$

这里将 CIE LAB 颜色空间中 50％ 的灰度点（$L^* E=50$，$a^* E=0$，$b^* E=0$）定义为色域的中心颜色点 E，r 是某一颜色点距中心点的距离，α 是色相角，θ 是 L^*-a^* 恒定色相平面上的在 180° 范围内变换的角度，如图 10-24（a）。

色域边界可通过测量一系列的颜色点而得到，选择这些颜色点时，要注意最好均匀分布于整个颜色空间中。首先，依据 α 和 θ 或 L^* 和 hab 将色彩空间等分成 m×n 部分，如图 10-24（b）所示，为了观察清晰令 $m=n=6$。m 和 n 值的确定要考虑两个因素，一是色域边界描述所需要的精确度，随着取值的增大，精确度会提高。二是采样点的数据要充足，在采样点数据较少时，增加 m 和 n 的取值不但不会使精确度提高，反而会造成色域过度凹陷（false concavity artifacts）的错误描述，如图 10-25 所示。

这种算法不但可以计算图像设备的色域，而且也可以用于图像或者一组调色板的色域描述，具体算法如下：

① 设置一个空的 $m \times n$ 的矩阵。

② 将要进行色域边界描述的点集坐标，比如 CIE CAM02 的 Jab 值，转换成球面坐标形式［依据公式（10-2）～公式（10-4）］。将中心点 E 设置成 $Jab=[50，0，0]$ 或者所有点的平均值。

③ 对于上步中计算出来的点的

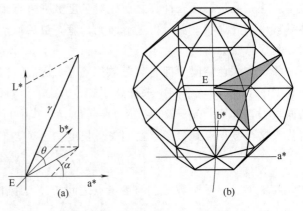

图 10-24　分区最大化色域边界描述算法示意图

（a）球坐标　（b）按照 α 和 θ 的分区组成的球体

（为了清楚起见以 6×6 分区表示）

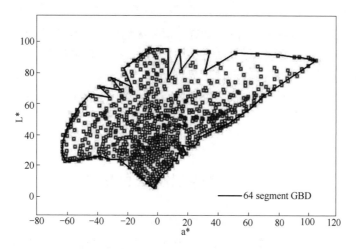

图 10-25　带有过度凹陷的分区色域边界描述

球面坐标，按照下面公式计算零起点的边界描述指数。

$$\alpha_{index}=\max\{floor[\alpha/(360/m)],m-1\} \tag{10-5}$$

$$\theta_{index}=\max\{floor[\theta/(360/n)],n-1\} \tag{10-6}$$

其中 floor［］代表向下取整，max｛｝给出了一对数据中的最大值。如果［α_{index}，θ_{index}］分区是空的，就储存当前坐标；如果非空，就比较两个值的大小，如果值比原先储存的值小则忽略。如果比原先储存的值大，则用较大值取代原先储存的值。这样不但记录了较大值的长度，而且也记录了对应的球面坐标。

最后检查是否还有空的分区，如果真的出现这种情况可以采取增加取样点的数量或者依据周围分区数值进行插值计算。

尽管分区最大化算法在准确性等方便仍然存在一定的不足，但是分区最大化算法能直接应用于色域映射与色彩管理的一些应用之中，目前在色彩管理中它仍被广泛应用，比如被 ICC 推荐的 CIE 的公共色域映射算法，一些主流的开源色彩管理引擎诸如littleCMS 等。

10.3.4　USV 算法

USV 色域边界描述算法（uniform segment visualization）是由 Bakke 提出的。该种算法是分区最大化算法在色域边界描述上的发展，该种方法分区更加均匀。Bakke 使用分区最大化与球体文理技术的改编凸壳结合来描述色域，实验表明该方法要优于分区最大化算法，尤其是当分区数较大时这种优势更加明显。

在使用 USV 算法构建色域边界时通常需要如下步骤：

① 设置一个 $m\times n$ 的色域边界矩阵用于存放色域边界点。生成色彩空间的均匀取样点，并使用设备特性文件对颜色均匀取样点进行处理，得到设备色域内的颜色点集。

② 使用以下公式计算颜色点所在的分区：

$$\alpha_{index}=\max\{floor[\alpha/(360/m)],m-1\} \tag{10-7}$$

使用［5 0 0］作为色彩空间中心点，对于颜色点［L a b］使用以下公式计算颜色点到中心点距离：

$$\theta_{index} = \max\{floor[\theta/(360/n)], n-1\} \tag{10-8}$$

在每一分区中比较颜色点的 r 值，挑选 r 值最大的颜色点作为该分区的色域边界点。

③ 使用改进凸壳算法处理所获得的色域边界点，得到色域表面，然后对色域表面上的剖面进行三角再分割，重新提取色域边界点。

该方法使用三角再分割技术取代邻近分区差值，从而使得所获得的色域边界点更为均匀，然而由于其在初次色域边界提取中使用分区最大化算法，因而计算误差不均匀，同时也不能避免高饱和度颜色的判断精度较差的问题。

10.4　基于色域匹配度的色域边界评价

色域边界评价算法对于评价色域边界描述算法的特性，以及在使用中色域边界描述算法的选择具有非常重要的指导作用，本节主要介绍色域边界描述算法的评价以及基于色域匹配度的色域评价模型。

10.4.1　色域边界评价算法的发展

色域边界描述算法构建的色域边界的准确性对色域映射算法有很大的影响，在一定程度上决定了颜色传递复制的精确性。由于色域实质是一些离散的颜色点集，且存在凹部分，所以很难存在一种极好的色域边界算法评价技术。到目前为止，对于色域边界描述算法评价的研究相对较少，也没有一个统一的标准。

Braun 和 Fairchild 通过检验表面点方法对其提出的 mountain range 色域边界描述算法进行评价，因为对于 dRGB（device RGB）空间而言，dRGB 颜色空间的表面点即为该设备的色域边界点，这只是一种特殊情况，对于其他设备颜色空间，比如 CMYK 颜色空间，并不存在该现象。在 Green（2001）和 Bakke（2006）的相关研究中也采用相似的方法。最简单直接的评价方法就是检验所有的颜色点集是包含在色域边界里面，但这种评价方法很不准确，因为一些描述有误的色域边界也会包含所有的色域边界点，比如一个中心在 $L^*a^*b^*$ [50, 0, 0]，半径为 200 的球体。Morvoic 通过色域体积、色域交叉和色域的平滑度这几个指标评价各种色域边界描述算法构建的色域，然而由于色域边界的不规则性，很难计算某一种色域边界与另一种色域边界的交叉体积，同时不同算法所得到的色域体积也有较大的不同，即使体积大小相同，形状也相差较大，因此仅仅通过这几个参数很难准确的评价一种算法相对于另一种算法的优劣。Bakke 等人提出通过计算不同色域交叉体积后，再采用其提出的色域不匹配指标来表示色域边界描述算法构建的色域与参考色域的接近程度，他在计算色域边界的交叉部分时采用了 Giesen 所使用的方法，但是其构建的色域评价指标存在一定的问题，当构建色域完全高估实际色域时，该评价指标很难做出准确的判断。Deshpande 等人使用色域边界匹配指数（GCI）来评价不同色域的匹配度，GCI 评价技术利用相似比来表征不同色域的差别，但由于该比例关系受色域体积的影响较大，所以不能体现出真实色域差别的大小，同时 GCI 在评价时使用凸壳算法，使其很难用于对不同算法的评价。

总体而言色域评价技术的发展经历了三代历程：

① 第一代色域评价技术　随着二维色域边界描述方法的出现，主要根据二维色域的

面积，对一种设备或者不同设备的色域进行比较。由于二维色域构建方法较简单，往往可以直观的观察出不同色域之间的差别，因而二维色域评价技术研究较少。

② 第二代色域评价技术　随着三维色域边界描述方法的提出，三维色域边界描述算法在构建色域时能够再现出亮度轴的信息，因此能够在 $L^* a^* b^*$ 等三维色彩空间中更准确的体现出色域在色彩空间中所占的颜色范围。对于这类色域边界描述算法的评价，主要通过计算三维色域的体积与平滑度，或者不同色域相交的体积客观的表现设备能够再现的颜色范围，或进行不同设备颜色再现性能的比较。例如 Parales 在研究不同纸张再现颜色性能的实验时，利用不同纸张再现颜色的色域体积作为纸张再现色彩的优劣指标。

③ 第三代色域评价技术　随着三维色域边界描述方法的进一步发展，人们发现仅通过色域体积、色域交叉体积等指标很难精确的评价一种色域边界描述算法，因此又引入了色域不匹配指标评价模型。由于模型在构建过程中考虑到与色域边界准确性相关的各种因素，因此对色域边界描述算法的评价具有较高的准确性，同时通过色域不匹配指标评价模型来进行色域边界算法评价也是一种发展方向。

以下几节将重点介绍基于色域匹配度指标的色域边界描述算法评价模型。

10.4.2　基于色域匹配度模型的色域评价

为了对色域进行评价，首先要了解通过色域边界算法所构建的色域与参考色域之间的关系。由于真实色域与所构建的色域的形状往往不规则，并非只是简单的高估或者低估的关系，并且有时体积相同形状也各有不同，而且色域边界描述算法的性能各异，面对不同的色域其最终效果也可能会有所不同，因而真实色域与构建色域之间的关系比较复杂，其相应关系可以图 10-26 所示，其中红色色域为我们所构建的色域，黑色色域为实际色域。

因而在构建色域评价模型时应该充分考虑到以下三种情况：

① 当实际色域与所构建的色域不能完全包含对方而又有交叉时，如图 10-26（a）所示，这时交叉部分形状较难确定，相应的体积计算较为复杂，因而在这种情况下进行评价是比较难的。

② 当构建色域完全包含实际色域时，如图 10-26（b）所示，此时交叉部分的体积确定较为简单，同时凸壳算法往往属于这种情况。使用凸壳算法构建的色域边界往往要比实际色域要大约 10%。

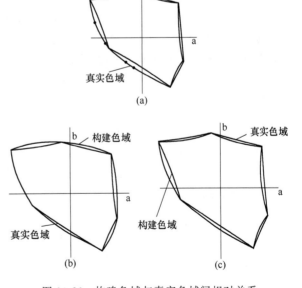

图 10-26　构建色域与真实色域间相对关系

③ 当实际色域完全包含构建色域时，如图 10-26（c）所示，此时由于实际色域与构建色域完全包含，在进行色域体积与交叉色域体积计算时较为简单，因而在做色域边界评

价时也较情况图 10-26（a）要容易些。

结合实际情况，色域匹配度指标评价模型必须满足两个条件：

① 构建参考色域边界时不基于任何色域边界描述模型。在构建参考色域时所使用的方法要不同于色域边界描述算法，只有这样才能在评价过程中公平的对待每一种色域边界描述算法。同时这种用于构建参考色域的方法在构建色域时准确性要高，其误差要能够计算。

② 充分考虑到构建色域与实际色域的各种情况。评价模型要充分考虑到色域相交、色域完全包含等情况，只有充分考虑到一般情况与特殊情况之后才能够对色域边界描述算法进行准确评价。最好能够通过色域评价模型直观表现出构建色域与真实色域之间的高估与低估关系。

在评价算法模型中，首先要构建参考色域——作为对真实色域的模拟，通过参考色域与构建色域的对比中计算体积与交叉体积，并且构建参考色域的方法必须不同于其他的色域边界描述算法。由于设备有效的色域可以通过将设备相关色彩空间如 CMYK、RGB 等的颜色值经过 ICC 特性文件通过相对比色再现意图转换到设备无关的 PCS 色彩空间，如 CIE L* a* b*。但是在颜色转换时使用相对比色的映射方法，设备不能再现的颜色将被裁切到设备色域边界上，因而通过这种方法能够在 PCS 色彩空间中得到设备的准确色域。尽管 ICC 特性文件本身中包含 Gamut Tag，其在生成过程中特性文件制作软件也有其自身的色域边界描述算法，由于该种方法是通过取样点对设备颜色输出进行模拟，因此这些都不会对该种方法的精确度造成影响。

构建参考色域的方法：首先构建设备相关色彩空间如 dCMYK/dRGB 中的密集取样点，然后使用设备 ICC 特性文件通过相对比色的方法对密集取样点进行转换，转换到设备无关的 PCS 色彩空间——CIE L* a* b*，然后通过基于体素的方法处理位于 PCS 空间中的均匀取样点，最后得到由体素构成的包含所有设备所能再现的颜色色域。

在从 dRGB/dCMYK 向 CIE L* a* b* 色彩空间转换时，对于显示、输入设备，其在转换时根据设备特性文件的不同往往采用 Matrix 或 TRC 的转换方式进行转换。对于输出设备，在颜色转换时往往采用 LUT 查找表的方式对颜色进行转换。Matrix 或 TRC 方式的转换流程如图 10-27 所示：

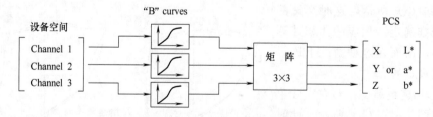

图 10-27　Matrix/TRC 颜色转换流程

在计算时使用如下步骤：

① 首先将数据做归一化处理，同除以 255，得到设备相关色彩空间的 devicer、deviceg、deviceb 值。

② 将 devicer、deviceg、deviceb 值通过 TRC 曲线转换为 linearr、linearg 和 linearb。转换公式（10-9）如下所示，其中红绿蓝三色的阶调曲线使用一系列离散的数据点表示，

对于不在曲线节点上的数据必须要进行插值运算，在插值过程中，由于阶调曲线往往程"S"形，非线性插值效果要好于线性插值。

$$\begin{cases} linear_r = redTRC[device_r] \\ linear_g = greenTRC[device_g] \\ linear_b = blueTRC[device_b] \end{cases} \tag{10-9}$$

③ 使用如下公式将 linearr、linearg、linearb 转换为 con 值，将 con 值同乘 100 即可得到联接空间中的 CIE XYZ 值。式中 MatrixColumn 可以从特性文件相应的标签中获得，如果要得到 CIE L*a*b* 值可以通过 CIE 1976 均匀颜色空间公式进行计算。

$$\begin{bmatrix} con_X \\ con_X \\ con_Y \\ con_Z \end{bmatrix} = \begin{bmatrix} redMatrixColumn_X & greenMatrixColumn_X & blueMatrixColumn_X \\ redMatrixColumn_Y & greenMatrixColumn_Y & blueMatrixColumn_Y \\ redMatrixColumn_Z & greenMatrixColumn_Z & blueMatrixColumn_Z \end{bmatrix} \begin{bmatrix} linear_r \\ linear_g \\ linear_b \end{bmatrix}$$

$$\tag{10-10}$$

对于基于查找表的颜色转换流程如图 10-28 所示。

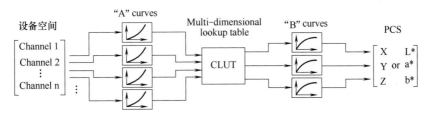

图 10-28　基于查找表的颜色转换

与 TRC 或 Matrix 的转换方式不同的是，从设备相关色彩空间转换到 PCS 色彩空间时，在基于查找表的转换中，根据颜色再现意图的不同提供了四种不同的标签：A_2B_0、A_2B_1、A_2B_2、A_2B_3，A_2B_0 在转换时采用可感知再现意图，A_2B_1 在转换时采用相对比色再现意图，A_2B_2 在转换时采用饱和度优先再现意图，A_2bB_3 在转换时采用绝对比色再现意图，在评价算法颜色转换中我们采用 A_2B_1 的颜色转换方式，将色域外的颜色沿相应方向裁切到色域内，以获取设备的真实色域。在计算时使用如下步骤：

① 对于给定的设备相关 CMYK 值，进行归一化处理。

② 通过 A 曲线查找到相应通道的阶调值，通常阶调曲线由 1024 个离散数据点连接而成，对于不在节点上的数据要进行插值。

③ 通过 A_2B_1 查找表对相应的 CMYK 查找其对应的 CIE L*a*b* 值，如果 CMYK 值不在查找表网格节点上，则使用立方体线性插值算法，求得相应的 CIE L*a*b* 值。

④ 查找得到的 CIE L*a*b* 值经过 B 曲线处理即可得到转换后的值。

体素化处理的最主要的目标便是提高大数据的处理速度。在生成参考色域时，如果设备色彩空间取样点的范围为 0～100，每隔 1 取样，那么对于 RGB 色彩空间其取样点数就达到 100 万个，对于 CMYK 色彩空间取样点数更是达到 1 亿个点，然后再转换到 CIE L*a*b* 色彩空间，计算相交部分色域，计算量是非常大的，这也是为什么诸如 ICC3D、Colorthink、Gamutvision 在做印刷图像的色域可视化时常常会假死的原因——数据量过大，如果不采用优化算法，很难在短时间内完成。

体素技术的主要思想为：将色彩空间中的所有颜色点转换为一个均匀的中间对象——体素，在每个体素中还可以最大限度的描述其所蕴藏的对象信息。在运算中以体素块作为运算的基本单元，虽然会产生误差，但误差是可以控制的。

体素化处理主要通过两个步骤完成：分割和转换。其中分割是非常重要的一步，它决定了体素的大小和后续步骤中的误差，如果分割体素过小，会使运算量过大对运算速度的提高效果不高；如果体素过大，运算速度提高非常快，但是会使误差增大。在评价算法中我们在做体素分割时，实验证明当体素大小为 2，能获得较好的效果，此时体素的最大误差为 1.7 在人眼所能辨别的色差之内，而且对速度提高也较明显。单个体素如图 10-29 所示，其三边边长分别为 a、b、c。根据不同的要求，体素并不一定是正方体，其三边边长可以不同。

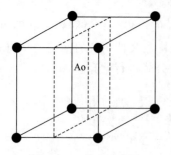

图 10-29　体素示意图

对色彩空间分割的示意图如图 10-30 所示。由图可以看到，在经过体素化分割后，色彩空间变为由以体素为基本单元组成的实体。

体素转换的主要作用是将色彩空间内的颜色点根据运算规则转换到色彩空间中相应的体素内，以达到减少运算量的目的。在评价实验中使用如下公式进行数据的体素化处理：

$$x=[(x'-1)/k]\times k+\frac{k}{2}\qquad(10\text{-}11)$$

其中 k 为体素的边长，x' 为将要处理的颜色点，x 为处理后得到的颜色值。此处尤其要注意取整的方向。

在确定色域匹配度的计算模型时，需要

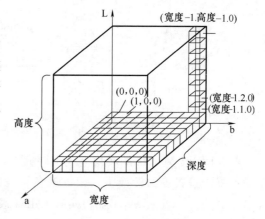

图 10-30　体素分割示意图

完成两个目的：①充分考虑到参考色域与构建色域的位置关系，并能将色域体积，交叉部分色域体积考虑在内。②能够通过色域匹配度来判断所构建的色域与参考色域的相似度关系。

在模型中采用如下公式计算色域匹配度，式中 r 为计算得出的色域匹配度，V 为由色域边界描述算法构建的色域，V_{ref} 为参考色域的体积，V_i 为参考色域与由色域边界算法构建的色域的交叉体积。在使用该匹配度的过程中，r 越接近 0 表明该种算法构建色域边界的精度越高，然而该匹配度还有一个重要的优点：$r>0$ 表明该种色域边界判断算法所构建的色域体积会高估参考色域，$r<0$ 表明该种色域边界算法所构建的色域体积小于参考色域。该色域匹配度还可以用于评价不同色域间的相似程度。

$$r=[(|V-V_i|+|V-V_{ref}|)]/V_{ref}\times[(V-V_{ref})/|V-V_{ref}|]\qquad(10\text{-}12)$$

也可以通过该匹配度用来评价由色域边界描述算法构建的色域的不同部分的精确度。在第五章评价非均匀分区算法在饱和区域与非饱和区域的精度时，使用该匹配度分别评价饱和区域与非饱和区域的色域边界描述精度。

下面将具体介绍色域体积与交叉部分体积的计算过程。

由于在使用色域边界描述算法时，在得到色域边界描述点最后生成色域时都需要使用三角剖分的算法将色域边界点构建成面，因此在计算色域体积时可以通过色域内的一个点与三角剖分面相连，将色域体积分为许多四面体，然后通过计算四面体的体积和便可以求得色域体积。

因而在计算色域体积时可以使用如下公式来计算，式中 k 是三角剖分的数目，(x_i,y_i,z_i) 是三角剖面的顶点，(x_0,y_0,z_0) 是色彩空间的中心点。通过对每一剖面相应的四面体的体积求和得到色域的总体积。

$$V = \sum_i^j \frac{1}{6}\det\begin{vmatrix} 1 & 1 & 1 & 1 \\ x_{i1} & x_{i2} & x_{i3} & x_0 \\ y_{i1} & y_{i2} & y_{i3} & y_0 \\ z_{i1} & z_{i2} & z_{i3} & z_0 \end{vmatrix} \tag{10-13}$$

为了计算构建色域与参考色域之间交叉体积的大小，首先要使用另一种方法对四面体进行重构，并计算出四面体的体积。四面体可以通过四面体内的一点与四面体各个顶点的连接线进行分割，重构成的四个小的四面体，通过这四个小四面体的体积求和即可得到大四面体的体积，具体公式如式 10-14 所示。式中 (x_k,y_k,z_k) 是四面体内一点的坐标，(x_i,y_i,z_i) 是四面体顶点的坐标。除此之外我们还可以应用该方法判断一点是不是位于四面体中，如果一点与四面体的顶点的连线所得到的体积等于四面体的体积，那么可以判断该点位于四面体内，如果该点与四个顶点所构成的图形的体积大于 V'，那么该点位于四面体之外。

$$v = \frac{1}{6}\det\begin{vmatrix} 1 & 1 & 1 & 1 \\ x_k & x_{i2} & x_{i3} & x_0 \\ y_k & y_{i2} & y_{i3} & y_0 \\ z_k & z_{i2} & y_{i2} & z_0 \end{vmatrix} + \frac{1}{6}\det\begin{vmatrix} 1 & 1 & 1 & 1 \\ x_{i1} & x_k & x_{i3} & x_0 \\ y_{i1} & y_k & y_{i3} & y_0 \\ z_{i1} & z_k & z_{i3} & z_0 \end{vmatrix} + \frac{1}{6}\det\begin{vmatrix} 1 & 1 & 1 & 1 \\ x_{i1} & x_{i2} & x_k & x_0 \\ y_{i1} & y_{i2} & y_k & y_0 \\ z_{i1} & z_{i2} & z_k & z_0 \end{vmatrix} +$$

$$\frac{1}{6}\det\begin{vmatrix} 1 & 1 & 1 & 1 \\ x_{i1} & x_{i2} & x_{i3} & x_k \\ y_{i1} & y_{i2} & y_{i3} & y_k \\ z_{i1} & z_{i2} & z_{i3} & z_k \end{vmatrix} \tag{10-14}$$

在计算交叉体积时，可以使用类似的方法。首先要对 CIE $L^*a^*b^*$ 色彩空间进行体素化处理，将色彩空间处理为若干体素，对使用不同色域边界描述算法构建的色域，使用该种方法判断体素点是否位于构建色域内部，得到位于构建色域内的体素点的总和，然后通过对构建色域内体素点与参考色域内体素点两部分求交集运算得到构建色域与参考色域的体素交集，然后统计色域内体素的数目，通过计算单一体素的体积，最终求得交叉体积。其中通过体素计算体积的最大误差可以通过计算体素中心点到体素顶点的距离求得。

在求得交叉体积、构建色域体积、参考色域体积后，通过色域匹配度公式，计算出每一种色域边界描述算法的色域匹配度，最终经过不同色域边界算法的对比得出各种算法的优劣。

第11章 色貌理论

长期以来，关于人眼色彩视觉特性的研究一直是颜色科学、视觉心理学及影像成像技术等学科研究的重要问题之一。人们通过大量的心理物理学实验及视觉实验来分析彩色信息在人眼中被感知、传递和认知的过程，从而建立起人类视觉对于彩色信息处理的色度学基本理论。随着颜色工作者对人眼视觉机理研究的不断深入，人们对高质量成像技术及颜色再现效果的定量评价的需求日益增加，一种模拟人眼视觉机理的数学模型，即色貌模型（Color Appearance Model，CAM）的研究被提出，使国际照明委员会（CIE）对色度学的研究由色匹配阶段、色差阶段进入色貌阶段。

所谓色貌是与色刺激和材料质地有关的颜色的主观表现，CIE 技术委员会（TC-34）对色貌模型的定义是：至少包括对相关的色貌属性，如明度、彩度和色调，进行预测的数学模型。色貌模型的提出主要是解决复杂人眼视觉现象的问题，为颜色信息的精确复制与再现提供了理论基础。本章主要介绍色貌属性及色貌现象、色适应变换理论及目前典型的色貌模型等内容。

11.1 色貌属性及色貌现象

随着颜色科学的深度发展，色貌理论已成为颜色科学研究领域的前沿课题。研究色貌模型必须先要了解色貌属性及色貌现象。

11.1.1 色貌属性

国际照明委员会（CIE）所定义的色貌模型就是对色貌属性进行定量计算的数学模型。色貌属性包括：视明度、明度、视彩度、彩度、色饱和度、色调等。

（1）视明度 Q（brightness） 视明度是指观察者对所观察颜色刺激在明亮程度上的感受强度，或者认为是刺激色辐射出光亮的多少，也有研究学者认为视明度是主观亮度。视明度是一个绝对量，其大小的变化对应于颜色刺激表现为从亮（bright or dazzling）变为暗（dim or dark），或从暗变为亮。

（2）明度 L（lightness） 明度是指观察者对所观察颜色刺激所感知到的视明度相对于同一照明条件下完全漫反射体视明度的比值，明度是一个相对量。

（3）视彩度 M（colorfulness） 视彩度是指某一颜色刺激所呈现色彩量的多少或人眼对色彩刺激的绝对响应量，是一个绝对量。如果照度增加，物体变得更加明亮，人眼对其的色彩知觉也相应变得更强烈，即彩度增加；如果某颜色为没有色彩刺激的中性颜色，则其视彩度为 0。

（4）彩度 C（chroma） 彩度是相对量，等于视彩度（colorfulness）与统一照明条件下的白色物体的视明度（brightness）之比。

（5）色饱和度 S（saturation） 色饱和度也是一种相对量，等于色刺激的视彩度

146

（colorfulness）与视明度（brightness）之比。

（6）色调 H（hue）　色调是颜色的三属性之一，该视觉属性表示感觉到的物体所具有的颜色特征，如红、绿、蓝及任意两种的混合色。

11.1.2　色貌现象

当两个颜色的 CIE 三刺激值（XYZ）相同时，人眼视网膜视觉感知这两个颜色是相同的，但两个相同的颜色，只有在周围环境、背景、样本尺寸、样本形状、样本表面特性和照明条件完全相同的观察条件下，视觉感知才是一样的。一旦将两个相同的颜色置于不同的观察条件下，虽然三刺激值仍然相同，但人的视觉感知会产生变化，这就是所谓的色貌现象。由于任何刺激受其自身物理条件包括空间特性（如大小、形状、位置、表面纹理结构）、时间特性（静态、动态、闪烁态）、光辐射亮度分布和观察者对颜色刺激的注意程度、记忆、动机、情感等主观因素的影响，颜色刺激的外貌——色貌的表现是非常丰富的，产生的机理也是相当复杂的。

色貌现象分成五大类，即：空间结构现象、亮度现象、色相现象、周围环境现象和颜色恒常性，下面就国内外研究成果中常见的一些色貌现象进行介绍。

（1）空间结构现象（spatially structured phenomena）

①同时对比（simultaneous contrast）。指因背景不同而产生的视觉感受，如图 11-1 所示（见彩色插页）。

同时对比是由于背景变化引起刺激色貌漂移，同时，对比也承载色诱导，遵守视觉对立色理论，红背景诱导向绿色方向漂移，绿诱导红，蓝诱导黄，黄诱导蓝。

亮色与暗色相邻，亮者更亮、暗者更暗；灰色与艳色并置，艳者更艳、灰者更灰；冷色与暖色并置，冷者更冷、暖者更

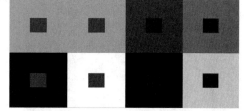

图 11-1　简单色块的同时对比

暖。不同色相相邻时，都倾向于将对方推向自己的补色。补色相邻时，由于对比作用强烈，各自都增加了补色光，色彩的鲜明程度也同时增加。同时对比效果，随着纯度增加而增加，同时以相邻交界之处即边缘部分最为明显。同时对比作用只有在色彩置于相邻时才能产生，其中以一色包围另一色时效果最为醒目。

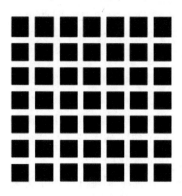

图 11-2　赫尔曼栅栏

同时对比的例子是赫尔曼栅栏，如图 11-2 所示。

当盯着看栅栏里某一交叉口时，其他交叉口好像出现灰色的小圆点。这是因为在那些黑色方块之间，那些白色长条区域在两边的黑色包围下看起来非常亮。二者那些交叉口，那些包围在四个黑色角落的十字白色区域看起来似乎比白色长条要暗，结果看上去显示浅灰色。

同时对比对于复杂空间的相互作用，如图 11-3 所示（见彩色插页）。

图 11-3（a）中取相等数量的红色小方块，置于黄色条纹上，同样将红色小方块置于蓝色条纹上，红色色块

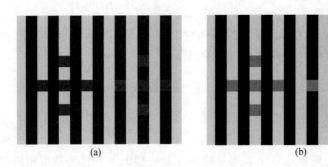

图 11-3　复杂空间相互作用

具有相同的颜色边界。如果色知觉严格地由边界颜色来决定的话，两种情况下红色方块看起来颜色应该是一样的。但是，可以从图中清晰地看出，落在黄色条纹上的红色块似乎受到黄色的影响，因此显得更蓝和更暗；而落在蓝色条纹上的红色块似乎受到蓝色的影响，显得更亮和更黄。实验说明，同时对比效果空间结构大于局部边界。

②扩增（spreading）。色刺激与背景相互作用时会因为色刺激空间频率的改变，而影响人眼对于色相的视觉感受。在足够高的空间频率下，同时对比被扩增现象代替。扩增是刺激的颜色与背景的颜色混合，而同时对比是刺激的颜色为背景颜色的对立色。

如图 11-4 所示（见彩色插页），通过改变颜色样本的尺寸来同时解释扩增现象和同时

图 11-4　同时对比与扩增现象

对比效应。将灰色的刺激长条以不同的空间频率放在红色的背景上。

可以看出，频率小（或体积大）的灰色长条产生同时对比，长条看起来泛绿；频率大（或体积小）的灰色长条产生扩增现象，长条看起来泛红。

从人的心理视觉来看，扩增现象和同时对比是两种相互影响和相互关系的效应。扩增现象在实际应用中的作用有重要意义。为了不让设计出来的产品在不同的空间布局和颜色背景变化时显示出太大的差异，设计者们就要尽量减少扩增现象和同时对比效应的产生。

扩增是由于来自背景的光和来自刺激的光的混合而变模糊产生，例如半色调点，但这种理论还不能完全解释扩增现象。当刺激与背景截然不同时，扩增现象同样发生。

③勾边（crispening）。同时对比也可以产生增加颜色知觉色差的现象，即两个色刺激差异大小与背景有关，当两差异不大的刺激同时置于与刺激量相似的背景下，人眼对于两刺激量视觉差异知觉要更明显，这种现象称作勾边。

勾边是与同时对比类似的一个现象，勾边使图像轮廓明显，如图 11-5 所示（见彩色插页）。

（2）亮度现象（luminance phenomena）　同时对比、扩增、勾边现象是由于刺激的空间结构和背景的变化产生的色貌现象。更深刻的色貌现象产生于照明的变化，包括照明亮度和照明色，经常发生在日常生活中。下面介绍色貌随照明亮度变化的现象。

①亨特效应（Hunt effect）。指视彩度随着亮度的增加而增加，如图 11-6 所示为亮度变化对应的色度值。

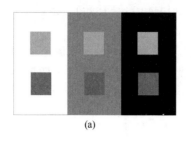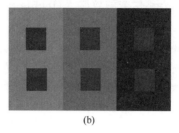

(a)　　　　　　　　　　　　　　(b)

图 11-5　明度与彩度勾边现象

图 11-6 所示中点（0.35，0.33）在 10000cd/m² 的亮度下高色纯度的刺激来匹配。在更亮的光源条件下，物体色看起来更加鲜艳，明暗对比更加强烈。日常发现物体的色貌在夏天的下午显得更加鲜艳和明亮，而在傍晚则显得柔和。室外树叶的颜色在阳光明媚的中午看起来比天黑后更鲜艳。

② 斯蒂文斯效应（Stevens Effect）。是指明度对比度会随着亮度的增加而增加。Stevens 效应是 Stevens 于 1963 年通过实验提出的。在实验中，观察者在各种不同的适应条件下对色刺激的视明度进行大量的评估。得到的结果表明，视明度和测量到的亮度之间的关系倾向于遵循一个幂函数，这个幂函数在心理物理学上被称为 Stevens 幂次法则。这种关系在线性坐标中绘图时表现为幂函数，二者双对数坐标表现为一条直线，如图 11-7 所示。

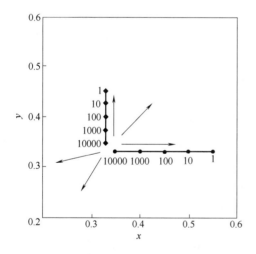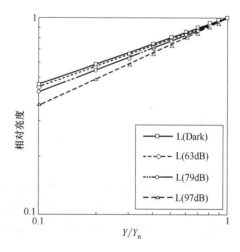

图 11-6　亮度变化与色度的对应值　　　　　图 11-7　对数坐标下各种适应亮度水平
　　　　　　　　　　　　　　　　　　　　　　　　相对明度随相对亮度的变化

Stevens 效应和 Hunt 效应是密切相关的。Hunt 效应说明视彩度对比度随亮度的提高而提高；Stevens 效应则说明视明度对比度（或明度对比）随亮度的提高而提高。当明度增加时，色彩的对比也会随之提升，与 Hunt 效应所提出的结论是相似的。Stevens 效应可以通过在不同亮度水平下观察同一幅图片来展示，黑白图片效果尤其明显。

如图 11-8 所示，将两个相同的黑白图卡分别放置于阴影和阳光下，可以看出，与置于阴影中的图卡相比，置于阳光下的图卡亮色看起来更亮，暗色看起来更暗，即知觉对比度增加了。即在高亮度照明条件下，白的更白，黑的更黑。

③ 赫姆霍兹-科尔劳施效应（Helmholtz-Kohlrausch Effect）。指视明度随颜色饱和度和色相变化而变化。

根据以往的理论基础，人眼对于明度的感知只是取决于三刺激值中的 Y 值，但事实上，经由 Helmoltz 的实验可知，明度值和色度值的改变均会影响视明度值，图 11-9 揭示了 Helmholtz-Kohlrausch 效应的存在。

图 11-8　置于不同亮度下的色卡对比

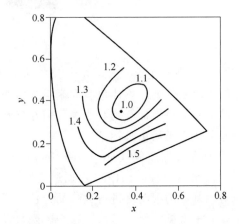

图 11-9　Helmholtz-Kohlrausch 效应的实验数据

在相同亮度条件下，有颜色的刺激比无颜色刺激视明度更高。可以用 Munsell 色卡作为样本来观察这种效应。取两片色值、明度值都相同的色卡，其彩度是肯定不同的。在环境不变的情况下观察可以发现，彩度高的色卡看起来更亮，而且这种效应的程度同所取色卡的色相值和明度值有关。

④ 贝索德-布吕克色相偏移（Bezold-Brücke Hue）。当亮度发生变化时，单色刺激的色相将产生偏移。即样本的色相在照明图的亮度发生变化时不保持恒常性。当光源亮度值有变动时，色相会随着亮度变化而有所偏移。

人们通常认为一种单色光的色相是由这种单色光的波长决定的，可事实并非如此，如图 11-10 所示（见彩色插页）是同一幅图像在其他环境不变时，亮度从上到下逐渐变大产生的效果。可以清晰看出所有颜色的色相都发生了漂移，即产生了 Bezold-Brücke 色相偏移。

图 11-10　Bezold-Brücke 色相漂移

仔细观察不同色相的边界，特别是红色区域向橙色区域的过渡，随着亮度的提高或降低，不同色相的边界并不停留在同一个地方，在蓝色和紫色区域也是如此。

这一现象告诉我们，人眼的视觉细胞对于所接收的能量与产生的色觉之间是一种非线性的信息处理过程，不能肯定的下结论，一种波长的光是何种颜色。

如图 11-11 所示为 Purdy 在 1931 年说明 Bezold-Brücke 色相偏移的实验数据。横坐标代表各种波长的色光，纵坐标代表各种波长的光在亮度减小到原来的 10 倍时，要保持色相不变需要的波长变化量。

例如，650nm 色光的波长变化"−30nm"，意味着 650nm 色光亮度减小到原来的 10 倍时，能与 620nm 色光色相匹配。

（3）色相现象（Hue phenomena）

① 艾比尼效应（Shift Abney Effect）。视觉对单一波长的光的色相知觉随着掺入白光的多少发生变化，而不是一个衡量。即色相会随着刺激纯度的改变而变化，这一现象被称为 Anbey 效应。

Anbey 效应相似于 Bezold-Brücke 现象，Bezold-Brücke 色相偏移仅仅发生在非相关色，而 Anbey 效应在相关色和非相关色都发生。

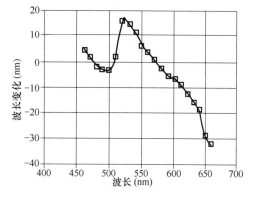

图 11-11　Bezold-Brücke 色相偏移实验数据

Anbey 效应可以用一个简单实验来证明。在显示器上产生 RGB（128，0，0）的红色色块，再将这一色块与 RGB（128，128，128）的白光按 1∶1 比例混合产生另外一块红色色块，就会发现两个色块在视觉上感觉色相不同。

Anbey 效应可以用图 11-12 说明，它是 Robertson 在 1970 年根据三个观察者实验结果，从白点绘制出七条感知色相恒常线。图中的线条不是直线，这说明色度图上白点到光谱轨迹直线上，即单色刺激和白色刺激混合时色相并不是一个常数，说明色相会随着刺激纯度的改变而变动。

② 赫尔森-贾德效应（Helson-Judd Effect）。Helson-Judd 效应描述非选择样本的色相。非选择性样本在高彩度照明下，如果样本比背景亮，则样本的色相与光源相同；如果样本比背景暗，则样本的色相与光源的互补色相相同。即灰样本在高彩度有色光源照明下，如果样本比背景亮，则样本色相呈现光源色相；如果样本比背景暗，则样本的色相呈现光源补色色相。

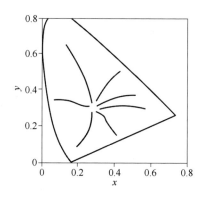

图 11-12　Anbey 效应实验数据

举例来说，在红色照明下，一个放在中灰背景上黑灰样本看起来有点绿，而一个放在中灰背景上亮灰样本看起来稍微显粉红色。

Helson 于 1938 年通过实验数据验证了 Helson-Judd 效应的存在。实验在一个几乎是单色光照明的明亮的小房间进行，经过一定的培训后，要求观察者用各种非选择性样本（非彩色 Munsell 卡片）来描述 Munsell 色卡的编号。

如图 11-13 所示的曲线是用 Munsell 明度值为 5 的背景实验所得的典型结果。

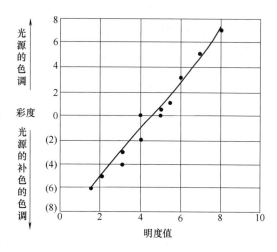

图 11-13　Helson-Judd 效应

这个结果指出，在高彩度照明下，这些非选择性样本看起来不再是非彩色的，在明亮的灰色出可感受到照明光的色调，在暗的灰色处可感受到照明光的补色色调。

通过实验可以发现，在黑白背景中也有类似的趋势。但是，这种效应只在趋近于单色光的照明下才能发生。Helson 指出，如果在单色光中加入低至 5% 的白光，这种效应就会完全消失。

（4）周围环境现象（surround phenomena)-Bartleson-Breneman 方程　1967 年，Bartleson 和 Breneman 着手研究具有复杂刺激的图像的知觉对比度随亮度和周围环境变化的规律。

周围环境是指背景以为的视场，实际应用是指整个观察空间。实验结果指出，在图像周围环境亮度由暗到亮的过程中，图像知觉对比度会增加。原因是：当环境变暗时，图像上的暗区域看起来变亮了，但是亮区域变化不明显，产生知觉对比度下降；当环境变亮时，图像上的暗区域看起来更暗，但是亮区域变化不明显，增加了对比度，产生了明显的知觉对比。这种现象称作 Bartleson 和 Breneman 效应。

图 11-14　Bartleson 和 Breneman 效应

图 11-14 所示为将五个不同亮度的灰块（列），放在背景亮度由左到右逐渐降低的背景（行）区域上。

从图 11-14 可以看出，最左侧处于亮背景区域的五个灰块间的知觉对比度明显高于最右侧色块间的对比。

如图 11-15 所示的曲线就是在 Bartleson 和 Breneman 描述的不同类型的环境下，相对亮度同知觉明度之间的函数曲线，从上到下依次为暗条件（Dark）、微暗条件（Dim）、平均亮度条件（Ave）的实验结果。

从图 11-15 中可以很明显地看到，图像的对比度在亮的条件下更大。依照实验结果，推出了明度与相对亮度关系方程。经过后来的简化，建立了计算最佳色调重现方程，这些方程被许多色貌模型采用。

这一现象对于照相中最佳色调重现非常重要，因为胶片是在暗环境下观察，而照片是在亮环境下观察。Hunt 和 Fairchild 做了详细分析，周围环境补偿在彩色程序系统中扮演重要角色，例如要设计一套扫描仪系统，将电影胶片变成电视上观看的视频图像，两种图像的观看环境是系统设计必须考虑的。

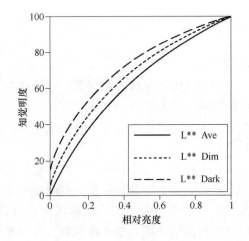

图 11-15　相对亮度与知觉明度之间的函数关系

（5）颜色恒常性（color constancy）　在观察条件中照明光源经常发生较大变化，这种变化包括照明光源强度和颜色。

随着光源变化，人们对物体的颜色感知也发生着变化，但同时人们也主要到一种现象，如红苹果无论在户外明亮阳光下，还是房间里白炽灯下，红苹果总是红色的；无论在强烈日光下还是暗淡光线下，人们总认为红旗是鲜红的，白纸是白色的，这种现象叫颜色恒常性。

颜色恒常性说明，物体表面的颜色，并不完全决定于刺激的物理特性和视网膜感受器的吸收特性，也受人们的知识经验和周围环境参照对比的影响。颜色恒常性是日常生活中最常见的一种视觉现象，观察者不容易注意到这种现象的产生。

① 折扣光源（discounting the illuminant）。另一个描述颜色恒常性的术语是折扣光源。折扣光源是观察者在他们所处的照明环境下解释物体颜色的能力，如图 11-16 所描述的就是折扣光源例子。在相同环境下，在图 11-16（a）中方块 A 处于圆柱体的阴影中，而方块 B 则处于光照下，看起来方块 A 比 B 颜色要浅，方块 A 的明

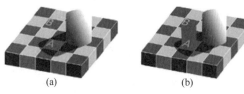

图 11-16　折扣光源的例子

度明显高于方块 B。在图 11-16（b）中，其他环境不变，用与方块 B 明度相同色卡将 A 和 B 连接起来，结果是 A 和 B 的明度几乎相同。

折扣光源现象在现实生活中是可以观察到的，如图 11-17 所示，做记号的两个区域原版颜色是不一样的，但是由于照明和阴影的作用，此时看起来颜色相同。

图 11-17　真实世界的
折扣光源的例子

折扣光源在实际应用中有着很重要的作用，特别是在跨媒体的图像比较中。例如，在光源下观察印刷品时，有折扣光源现象发生，但是在观看自发光 CRT 显示器上的图像时，不会发生折扣光源现象。如果色刺激在其他光源下观察，则光源是有折扣的；如果色刺激是自发光物体，则光源是非折扣的，它使观察者在感知物体的颜色时更多的依赖于照明的变化，而且同"颜色某种程度上属于物体"这种典型观念相一致。

② 记忆色（memory color）。人们在长期实践中对某些颜色的认识形成了深刻的记忆，因此，对这些颜色的认识有一定的规律并形成固有的习惯，这类颜色就成为记忆色。苹果的红色、天空的蓝色、柠檬的黄色都是常见的记忆色。这些颜色通常比实际颜色更为鲜艳。如表 11-1 为常用记忆色的颜色组成。

③ 视觉适应（vision adapation）。人眼视觉的适应现象是指人眼会随着环境刺激的改变而改变原有刺激的感觉。视觉适应现象可以分为明适应、暗适应及色适应三种。

明适应：由暗处到亮处，特别是强光下，最初一瞬间会感到光线刺眼，几乎看不清外界事物，几秒钟后逐渐能看清物品，这叫明适应。如图 11-18 所示为明适应曲线。

暗适应：在暗环境停留的初期，暗适应进行的比较快，但是后期速度比较慢，要完全适应暗环境，整个过程大概需要 30min。如图 11-19 所示为一个典型的暗适应曲线。

表 11-1 常见记忆色

颜　　色	C	M	Y	K
金色	5	15	65	0
银色	20	15	14	0
海水色	60	0	25	0
绿色	100	0	100	0
柠檬黄	5	18	75	0

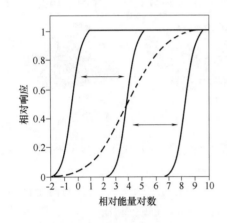

图 11-18　明适应过程

（实线表示适应过程，虚线表示假
设的没有适应的相应过程）

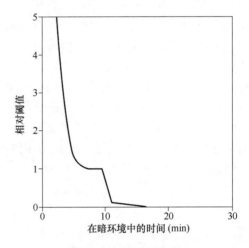

图 11-19　暗适应曲线

色适应：指人眼对不同照明光源或不同观察条件的白点变化的适应能力，即视觉对照色的一种自动校正。

如图 11-20 所示（见彩色插页）为色适应效果的例子。先仔细注视第一幅图中青色和黄色之间的黑点大约 30s，再把目光转向第二幅图，观察初期，可以发现图像在黑点左右两边的颜色是一致的，经过一段时间适应后才会获得客观的颜色感觉，这一过程就是色适应过程。

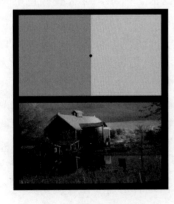

图 11-20　色适应效果

解释这一现象，是由于人们在观察第一幅图时，不同的颜色刺激会暂时改变人眼的视觉系统在这些区域的色响应，如果一段时间后改为观察第二幅图像时，就会出现两个不同的适应区域，以至于在观察初期看到的色彩是相同的，但实际上两个区域的色度值是不同的。

色貌现象是人类活动中出现的一种自然颜色现象，人类在实际应用中利用这些现象，同时这些现象也产生了一些不利影响。色貌现象不断对传统色度学提出挑战，推动了以研究色貌模型为核心的现代色度学的诞生和将来的发展，大部分色貌模型都考虑到对色貌现象的预测，了解这些色貌现象对掌握和应用色貌模型有很大帮助。

11.2　色适应及色适应变换

人眼视觉系统是一个动态机构，具有对外界环境的变化做出调节的作用，这也是色貌现象中的视觉适应现象。视觉适应还包括明适应、暗适应和色适应。本节重点介绍人眼色适应现象及其数学模型。

11.2.1　色适应（chromatic adaptation）

色适应是产生色貌现象的根本原因，也是建立色貌模型的核心基础。色适应是人的视觉系统在观察条件发生变化时，自动调节视网膜三种锥体细胞的相对灵敏度，以尽量保持一定的物理目标表面颜色感知，即色貌保持不变的现象。如图 11-20 所示的例子，就能说明色适应现象的存在。

在颜色视觉实验中，如果先后在两种光源下观察颜色，就必须考虑视觉对前一种光源色适应的影响。因此，各种媒介在不同观察环境与条件下的颜色度量以及跨媒体颜色再现都需要以色适应为基础。如图 11-21 所示为跨媒体复制。

在色适应的基础上可以获得大量的"对应色"视觉数据。而对应色（Corresponding Colors）是指在不同观察条件下色貌相匹配的两个色刺激。

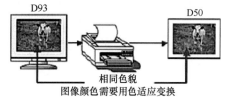

图 11-21　显示器图像与印刷图像具有相同的色貌

例如，如果在一组观察条件下的一个刺激 $(X_1Y_1Z_1)$，与另一组观察条件下的另一个刺激 $(X_2Y_2Z_2)$ 的色貌相匹配，那么 $(X_1Y_1Z_1)$、$(X_2Y_2Z_2)$ 和它们的观察条件一起组成了一对对应色。所以，也可以说色适应是预测对应色的一种能力。

色适应是人眼彩色视觉机理之一，是视觉对照明色的一种自动校正，与人眼视觉细胞的接收有直接的关系，因此，可以建立"物体色与视觉细胞之间的色适应模型"。

J. von Kries 于 1902 年首次提出一个基本假设："人眼的视觉感受器与心理知觉感受应当的呈相互独立而不会相互影响"的，即锥感受体对外界光刺激的响应相互独立。

如图 11-22 所示，红、绿、蓝三种锥体细胞独立作用，它们根据进入眼睛的光谱各自调节增益，达到近似维持物体的色貌不变，如图中箭头所示。

Von Kries 提出的这条简单的假设，称为现代色适应模型的基础。色适应变换发展至今已有 100 多年的历史，而现今所有多种色适应变换模型，基本上都是在 von Kries 色适应模型的概念和理论基础上发展而来

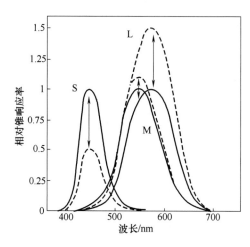

图 11-22　三种类型锥体细胞独立敏感性

的，von Kries 是现代色适应模型研究之父。

11.2.2　色适应模型和色适应变换

色适应模型（Chromatic adaptation model，CAM）是指能够将一种光源下三刺激值变换到另一种光源下三刺激值而达到知觉匹配的理论。

色适应模型是预测色貌随光源照明变化，解决不同照明光源或不同观察条件下的白场下颜色匹配问题的。色适应模型不是色貌模型的全部，因为色适应模型没有考虑人眼视觉对明度、彩度、色相等色貌属性的定量描述，而这是一个色貌模型必须具备的条件。

色适应变换（chromatic-adaptation transform，CAT）是建立在色适应模型上的一系列计算方程，实现对应色预测。色适应变换只是将彩色物理刺激量在不同光源之间相互转化，并未量化人眼色知觉的颜色属性。

色适应变换的建立和测试要用对应色数据，而通过视觉实验来获得不同观察条件下的对应色数据是有限的，所以期望有一个基于数学模型的色适应变换来预测每个色刺激（$X_1 Y_1 Z_1$）所对应的色刺激（$X_2 Y_2 Z_2$）。描述色适应的数学模型称为色适应变换，我们用它来预测每个（$X_1 Y_1 Z_1$）所对应的（$X_2 Y_2 Z_2$）。

色适应变换，不包括明度、彩度和色调等色貌属性，它仅仅提供从一个观察条件下的三刺激值到另一观察条件下匹配的三刺激值的变换公式。按照 von Kries 色适应模型，色适应变换是对三种锥体细胞响应进行的。

色适应变换包括两个步骤：一是利用适当的模型将"色彩三刺激值 XYZ"变换到"人眼三种视觉锥体细胞各自感应到的刺激量 LMS"；二是根据不同观察光源或观察条件下白点，调节三种锥体细胞之间的关系，预测出该光源或观察白场下三种锥体细胞适应后的响应。

如图 11-23 为色适应变换流程图。一个色适应变换包括正变换和逆变换。正变换是把

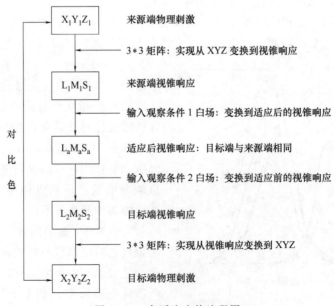

图 11-23　色适应变换流程图

一个观察条件物理目标的三刺激值 $X_1 Y_1 Z_1$ 变换为三个锥体信号 $L_a M_a S_a$。逆变换是把 $L_a M_a S_a$ 变换到另一个观察条件下的 $X_2 Y_2 Z_2$。

转换步骤：①从 CIE 三刺激值 $X_1 Y_1 Z_1$ 开始。②用一个 3×3 矩阵将 $X_1 Y_1 Z_1$ 变换成锥体细胞的响应 $L_1 M_1 S_1$。③加入第一个观察条件的信息，使用正变换预测适应的锥体响应信号 $L_a M_a S_a$。④加入第二个观察条件的信息，使用逆变换预测适应的锥体响应信号 $L_2 M_2 S_2$。⑤最后用另一个 3×3 矩阵计算 CIE 三刺激值 $X_2 Y_2 Z_2$。

下面介绍一些比较著名的色适应变换模型。

（1）von Kries 模型 所有的现代色适应变换不论从概念上还是数学上都可以归结到 1902 年德国学者 von Kries 提出的假设，这个假设把色适应表示为：

$$\begin{cases} L_a = K_L L \\ M_a = K_M M \\ S_a = K_S S \end{cases} \tag{11-1}$$

式中 L、M、S 是初始的锥体响应，L_a、M_a、S_a 是预测的锥体响应，K_L、K_M、K_S 是初始信号的缩放系数。等式（11-1）表示一个简单的色适应增益模型，其中三种锥体细胞都是各自独立的增益系数。该模型的关键是如何获取这三个独立系数。在大部分现代的 von Kries 模型中，这三个系数由场景的白点（最大刺激）的 L、M、S 导出：

$$\begin{cases} K_L = 1/M_{max} \text{ 或 } K_L = 1/M_{white} \\ K_M = 1/M_{max} \text{ 或 } K_M = 1/M_{white} \\ K_S = 1/M_{max} \text{ 或 } K_S = 1/M_{white} \end{cases} \tag{11-2}$$

即 K_L、K_M、K_S 与参考白成反比。

式（11-1）假定 L_a、M_a、S_a 分别与 L、M、S 成简单的线性关系，这与实际情况符合得不是很好。但 von Kries 假设的关键是在色适应中，三个系数是可以分别独立调节的。因此，式（11-1）可以推广成 L_a、M_a、S_a 分别是 L、M、S 的函数：$L_a = f_L(L)$，$M_a = f_M(M)$，$S_a = f_S(S)$。后提出的色适应的变换都是这种函数关系的具体化。具体转换步骤为：

第一步，将 CIE XYZ 变换到视锥响应：

$$\begin{bmatrix} L \\ M \\ S \end{bmatrix} = M_{vonKries} \begin{bmatrix} X \\ Y \\ Z \end{bmatrix} \tag{11-3}$$

$$M_{vonKries} = \begin{bmatrix} 0.4002 & 0.7076 & -0.0808 \\ -0.2263 & 1.1653 & 0.0457 \\ 0.000 & 0.000 & 0.9182 \end{bmatrix} \tag{11-4}$$

第二步，视锥响应 LMS 的适应：

$$\begin{cases} L_a = \alpha_L \cdot L \\ M_a = \alpha_M \cdot M \\ S_a = \alpha_S \cdot S \end{cases} \tag{11-5}$$

其中，LMS 代表给定一个刺激初始视锥响应；$L_a M_a S_a$ 代表适应后的视锥信号（post-adaptation cone signals）。

使用独立的增益控制系数 α_L、α_M、α_S 描述三种视锥细胞各自的适应状况，即对初始视锥响应 LMS 进行标准化，获得适应后的视锥信号。

因此，这种色适应模型称作系数模型。

计算这些增益控制系数是大多数色适应模型的关键。对于典型的 von Kries 模型，这些系数描述为 LMS 对场景最大响应 $L_{max}M_{max}S_{max}$ 的倒数，典型的场景最大响应为场景白场 $L_{white}M_{white}S_{white}$：

$$\begin{cases} \alpha_L = 1/L_{max} \\ \alpha_M = 1/M_{max} \\ \alpha_S = 1/S_{max} \end{cases}$$

或者：

$$\begin{cases} \alpha_L = 1/L_{white} \\ \alpha_M = 1/M_{white} \\ \alpha_S = 1/S_{white} \end{cases} \tag{11-6}$$

上面的方程说明白点适应的概念。因此，von Kries 适应称作"白点标准化"，即视锥感受器标准化。从方程中也可以看出，对三种视锥细胞适应操作，无论是适应还是不适应都是相互独立的。

为了有利于连接其他变换，使计算机程序运算更容易，也为处理大数据的图像打基础，以上视锥适应步骤写成线性变换矩阵的形式：

$$\begin{bmatrix} L_\alpha \\ M_\alpha \\ S_\alpha \end{bmatrix} = \begin{bmatrix} 1/L_{white} & 0.0 & 0.0 \\ 0.0 & 1/M_{white} & 0.0 \\ 0.0 & 0.0 & 1/S_{white} \end{bmatrix} \begin{bmatrix} L \\ M \\ S \end{bmatrix} \tag{11-7}$$

第三步，对应色预测，从观察条件 1 的 CIE 三刺激值 $X_1Y_1Z_1$，变换到观察条件 2 的 $X_2Y_2Z_2$ 对应色变换表示为：

$$\begin{bmatrix} L_\alpha \\ M_\alpha \\ S_\alpha \end{bmatrix}_2 = \begin{bmatrix} L_\alpha \\ M_\alpha \\ S_\alpha \end{bmatrix}_1 \tag{11-8}$$

$$\begin{bmatrix} X_2 \\ Y_2 \\ Z_2 \end{bmatrix} = M_{vonKries}^{-1} \begin{bmatrix} \dfrac{L_{white2}}{L_{white1}} & 0 & 0 \\ 0 & \dfrac{M_{white2}}{M_{white1}} & 0 \\ 0 & 0 & \dfrac{S_{white2}}{S_{white1}} \end{bmatrix} M_{vonKries} \begin{bmatrix} X_1 \\ Y_1 \\ Z_1 \end{bmatrix} \tag{11-9}$$

$$M_{vonKries}^{-1} = \begin{bmatrix} 1.8601 & -1.1295 & 0.2199 \\ 0.3612 & 0.6388 & 0.0000 \\ 0.0000 & 0.0000 & 1.0891 \end{bmatrix} \tag{11-10}$$

Von Kries 色适应模型对 Breneman 对应色数据预测结果表示在 u′v′色度图上，如图 11-24 所示。图中圆圈代表日光照明下数据，三角代表白炽灯照明下数据，其中空三角是 Breneman 对应色数据，实三角是模型预测结果。可以看出，这样简单模型对数据集预测结果较好。

（2）Nayatani 模型　Nayatani 模型本质上

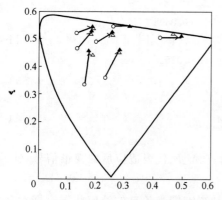

图 11-24　von Kries 色适应模型对
Breneman 对应色数据预测结果

是一个 von Kries 类型的增益调整，是一个指数可以变化的幂函数，幂函数的指数由整个适应场亮度确定。除了幂函数，Nayatani 模型增加了一个噪声项和对适应场相同亮度灰样品无选择完全颜色恒常系数。

幂函数使 Nayatani 模型可以预测与亮度有光的色貌现象，例如 Hunt 和 Stevens 效应。噪声项用来实现预测阈值数据，下面是这种非线性模型的一般表达：

$$
\begin{cases}
L_a = \alpha_L \left(\dfrac{L + L_n}{L_{white} + L_n} \right)^{\beta_L} \\[2mm]
M_a = \alpha_M \left(\dfrac{M + M_n}{M_{white} + M_n} \right)^{\beta_M} \\[2mm]
S_a = \alpha_S \left(\dfrac{S + S_n}{S_{white} + S_n} \right)^{\beta_S}
\end{cases}
\tag{11-11}
$$

$L_a M_a S_a$ 是适应后的视锥响应信号，LMS 是输入视锥响应信号，$L_{white} M_{white} S_{white}$ 是适应场白点的视锥响应，$L_n M_n S_n$ 是附加的噪声项，$\beta_L \beta_M \beta_S$ 是幂函数的指数项，它们是由适应亮度决定，$L_a M_a S_a$ 是为了对中灰刺激产生颜色恒常的系数。

Nayatani 色适应模型对 Breneman 对应色数据预测结果表示在 u′v′ 色度图上，如图 11-25 所示。

简单 von Kries 模型的线性特性，导致不能预测 Helson-Judd 效应，同时，von Kries 模型是独立于亮度的，因此，不能预测与亮度相关的色貌现象。

Nayatani 模型的非线性，可以预测视彩度随亮度的增加而增加的 Hunt 效应，可以预测对比度随亮度的增加而增加的 Stevens 效应，可以预测非选择性样本的色相的 Helson-Judd 效应。

Nayatani 模型是对 von Kries 模型的一个简单扩展，但可以预测复杂的色貌现象，这个模型也成为后来其他色适应模型及色貌模型的基础。

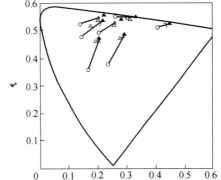

图 11-25 Nayatani 色适应模型对
Breneman 对应色数据预测结果
图中圆圈代表日光照明下数据，三角代表
白炽灯照明下数据，其中空三角是 Breneman
对应色数据，实三角是模型预测结果。

（3）Fairchild 色适应模型 原始非线性 Nayatani 模型没有考虑色适应程度的问题预测，或者说是完全适应，虽然经常说人眼视觉系统具有颜色恒常性，但许多情况完全适应是少于 100% 的。

为此，Fairchild 进行了一系列包括软、硬拷贝等各种形式的对适应刺激适应程度测量实验，这些实验帮助建立一个说明亮度效应、光源折扣、不完全适应的线性色适应模型。

Fairchild 在 1991 年提出了不完全适应的色适应模型，本质是对 von Kries 的修改。

设 LMS 是刺激的视锥响应，$L_n M_n S_n$ 是照明光源或观察条件适应场白点的视锥响应。按照 von Kries 模型的思想，色适应后的视锥信号响应 $L_a M_a S_a$ 是将视锥信号用最大信号（或白场）标准化，即：

$$\begin{cases} L_a = L/L_n \\ M_a = M/M_n \\ S_a = S/S_n \end{cases} \tag{11-12}$$

这是完全适应的情况，再加入因子 $p_L p_M p_S$ 表示不完全适应情况下的色适应程度：

$$\begin{cases} L_a = p_L \cdot L/L_n \\ M_a = p_M \cdot M/M_n \\ S_a = p_S \cdot S/S_n \end{cases} \tag{11-13}$$

所以：

$$\begin{bmatrix} L_a \\ M_a \\ S_a \end{bmatrix} = \begin{bmatrix} \alpha_L & 0 & 0 \\ 0 & \alpha_M & 0 \\ 0 & 0 & \alpha_S \end{bmatrix} \begin{bmatrix} L \\ M \\ S \end{bmatrix} \tag{11-14}$$

其中：

$$\alpha_L = \frac{p_L}{L_n} \quad \alpha_M = \frac{p_M}{M_n} \quad \alpha_L = \frac{p_S}{S_n} \tag{11-15}$$

不完全适应因子计算方程如下：

$$\begin{cases} p_L = \dfrac{(1+Y_n^{1/3}+l_E)}{(1+Y_n^{1/3}+1/l_E)} \\[3mm] p_M = \dfrac{(1+Y_n^{1/3}+m_E)}{(1+Y_n^{1/3}+1/m_E)} \\[3mm] p_S = \dfrac{(1+Y_n^{1/3}+s_E)}{(1+Y_n^{1/3}+1/s_E)} \end{cases} \tag{11-16}$$

其中，

$$\begin{cases} l_E = \dfrac{3(L_n/L_E)}{L_n/L_E+M_n/M_E+S_n/S_E} \\[3mm] m_E = \dfrac{3(M_n/M_E)}{L_n/L_E+M_n/M_E+S_n/S_E} \\[3mm] s_E = \dfrac{3(S_n/S_E)}{L_n/L_E+M_n/M_E+S_n/S_E} \end{cases} \tag{11-17}$$

Y_n 代表适应场的绝对亮度，典型情况是图像中显白的地方的绝对亮度，单位 cd/m^2。下标"n"表示适应场白点；下标"E"表示等能光源，$L_E M_E S_E$ 是等能白的视锥响应。

适应程度因子 p 能说明许多适应现象。当完全适应时（即在等能光源下）光源染色性坐标 $l_E m_E s_E$ 都是 1，三个适应程度因子相等，$L_a M_a S_a$ 相等，即人眼感觉是白色；当在相同的亮度下，光源变成长波段的单色光，不完全适应，长波接收器有一个高的输出，即 L_n 大，短波和中波接收器有低的输出，即 M_n 和 S_n 近似为 0，这时物体是红色。这个模型也可以说明在一种光源或一种亮度下的不完全适应和在高亮度下的完全适应。

（4）Bradford 及锐变换　随后许多色适应研究集中在锐光谱视锥响应，这里简称"锐响应"。第一个使用锐光谱视锥响应色适应变换的就是 Bradford 变换，简称 BFD 变换，是由 L_{am} 对应色数据实验得到的。其对应色数据是对 58 块毛织染色样品在 A 和 D_{65} 不同光源下具有相同色貌评估实验获得。

BDF 变换后来被 Li 进行了修改，由于这种模型表现较好，被 TC8-01 使用在 CIE CAM02 的色适应变换 CMCCAT2000 中，下面分别描述。

① 首先将 CIE XYZ 变换到"标准化视锥响应"：

$$\begin{bmatrix} R \\ G \\ B \end{bmatrix} = M_{\text{BFD}} \begin{bmatrix} X/Y \\ Y/Y \\ Z/Y \end{bmatrix} \tag{11-18}$$

其中：

$$M_{\text{BFD}} = \begin{bmatrix} 0.8951 & 0.2664 & -0.1614 \\ -0.7502 & 1.7135 & 0.0367 \\ 0.0389 & -0.0685 & 1.0296 \end{bmatrix} \tag{11-19}$$

其矩阵系数是根据 Nayatani 变换模型，这种变化有几个有趣的特点：

a. "标准视锥响应" RGB 并不代表生理学上的视锥响应，而是代表"锐响应"。为此，这里使用 RGB 代替了 von Kries 变换中用 LMS 代表生理学上的视锥响应。

b. 对于等能刺激 $X=Y=Z$，则有 $R=G=B$，红、绿、蓝视锥细胞响应相等，人眼感觉白色。

c. 三刺激值 X、Y、Z 分别除以亮度 Y 进行标准化，即 X/Y、Y/Y、Z/Y 的形式，其结果是对于有相同色度坐标 x 和 y 的刺激有相同的视锥响应输出，消除与亮度因素 Y 相关的影响。

锐光谱视锥响应意味着有较窄的视锥响应，而且在一些波长上响应有负值，这样有利于保存饱和度和颜色恒常，其主要目的在于研究光源与色彩恒常性之间的变换关系。

锐变换预测对应色数据与 BFD 变换有同样好的表现，并且对异性数据表现更好。需要说明，锐变换矩阵仅仅是 Finlayson 等人初步的研究结果，将来需要做的工作是对矩阵的修改。

在 BFD 变换中，从 XYZ 变换到视锥响应空间 RGB，其视锥响应空间 RGB 知觉器的灵敏度比 von Kries 变换中生理学上的视锥响应 LMS 集中在更窄的范围。

BFD 变换暗示，人眼视觉对色适应不是发生在生理学上的视锥响应，而是发生在"窄"的视锥空间。

Finlayson 等人采用基于更加锐化视锥响应的色适应变换，这里称作锐变换，变换矩阵 M_{sharp} 是基于 Lam 的对应色数据得到的。

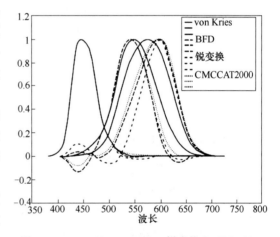

图 11-26　von Kries、BFD、锐变换和 CMCCAT 2000 四种色适应变换中视锥信号比较

$$M_{\text{sharp}} = \begin{bmatrix} 1.2694 & -0.0988 & -0.1706 \\ -0.8364 & 1.8006 & 0.0357 \\ 0.0297 & -0.0315 & 1.0018 \end{bmatrix} \tag{11-20}$$

② 由来源端标准化视锥响应 RGB 得到目标端标准化视锥响应 $R_c G_c B_c$：

$$\begin{cases} R_c = (R_{\text{dw}}/R_{\text{sw}})R \\ G_c = (G_{\text{dw}}/G_{\text{sw}})G \\ B_c = B_{\text{dw}}(B/B_{\text{sw}})^p \end{cases} \tag{11-21}$$

其中：

$$p=(B_{\text{sw}}/B_{\text{dw}})^{0.0834} \tag{11-22}$$

原始的 BFD 变换是一个修改的 von Kries 增益控制模型,再加上一个相似于 Nayatani 变换的在短波视锥信号,即蓝区域包含一个非线性校正。

其中 p 是蓝区域非线性校正,在许多应用中可以忽略,这样 BFD 色适应变换就是一个线性变换,对应色预测就可以写成一个简单的矩阵方程,即类似于方程(11-7)的形式。

(5)CMCCAT2000 1997 年 M. R. Luo 和 R. W. G. Hunt 修改了 BFD 变换,称作 CMCCAT97,被 CMC(Color Measurement Committee)采用,并包含在国际照明委员会(CIE)1998 年出版的 CIE CAM97s 色貌模型中。

CMCCAT97 色适应变换是基于 BFD 变换,不同的是包含了对部分适应的模拟。这些模拟是可逆的,但是由于计算蓝瞳的参数 p,逆向模型有一些困难,并且两种模型得到的值不一致。因此,2000 年 Li 等发展了一个代替 CMCCAT97 的简化和改进版本 CMC-CAT2000。这个色适应变换被用软件实现,作为 CIE CAM97s 模型中色适应变换。

第一步,从 XYZ 变换到视锥响应 RGB:

$$\begin{bmatrix} R \\ G \\ B \end{bmatrix} = M_{\text{CMCCAT}} \begin{bmatrix} X \\ Y \\ Z \end{bmatrix} \tag{11-23}$$

$$\begin{bmatrix} R_{\text{wr}} \\ G_{\text{wr}} \\ B_{\text{wr}} \end{bmatrix} = M_{\text{CMCCAT}} \begin{bmatrix} X_{\text{wr}} \\ Y_{\text{wr}} \\ Z_{\text{wr}} \end{bmatrix} \tag{11-24}$$

其中:

$$M_{\text{CMCCAT}} = \begin{bmatrix} 0.7982 & 0.3389 & -0.1371 \\ -0.5918 & 1.5512 & 0.0406 \\ 0.0008 & 0.0239 & 0.9753 \end{bmatrix} \tag{11-25}$$

第二步,计算适应程度因子 D:

$$D = F\left\{0.08\log_{10}\left[0.5(L_{A1}+L_{A2})\right]+0.76-0.45\frac{l_{A1}-l_{A2}}{l_{A1}+l_{A2}}\right\} \tag{11-26}$$

F 是描述观察条件的参数:平均环境 $F=1$,微暗或暗环境 $F=0.8$。计算出的适应程度因子 D,如果大于 1 或小于 0,分别设置在 1 或 0。

第三步,计算目标端视锥响应 $R_{\text{c}}G_{\text{c}}B_{\text{c}}$:

$$\begin{cases} R_{\text{c}} = R[\alpha(R_{\text{wr}}/R_{\text{w}})+1-D] \\ G_{\text{c}} = G[\alpha(G_{\text{wr}}/G_{\text{w}})+1-D] \\ B_{\text{c}} = R[\alpha(B_{\text{wr}}/B_{\text{w}})+1-D] \end{cases} \tag{11-27}$$

其中:$\alpha = DY_{\text{w}}/Y_{\text{wr}}$

第四步,计算目标端三刺激值:

$$\begin{bmatrix} X_{\text{c}} \\ Y_{\text{c}} \\ Z_{\text{c}} \end{bmatrix} = M_{\text{CMCCAT}}^{-1} \begin{bmatrix} R_{\text{c}} \\ G_{\text{c}} \\ B_{\text{c}} \end{bmatrix} \tag{11-28}$$

其中:

$$M_{\text{CMCCAT}}^{-1} = \begin{bmatrix} 1.0765 & -0.2377 & 0.1612 \\ 0.4110 & 0.5543 & 0.0347 \\ -0.0110 & -0.0134 & 1.0243 \end{bmatrix} \tag{11-29}$$

（6）CAT02　对于色貌模型 CIE CAM02 中的色适应变换，TC8-01 委员会是从六种变换模型中选择采用了修改的 CMCCAT2000 色适应变换，简称 CAT02。

TC8-01 对六种色适应变换模型的预测误差、误差传递分析和心理物理学评价测试结果表示，它们几乎没有大的差距。然而，CAT02 色适应变换比 CIE CAM97s 中采用的非线性 BFD 模型简单，但有相似的表现。

CAT02 对色适应变换空间使用了八种不同的对应色数据，这些数据都是在典型的图像应用观察条件下得到的。CAT02 对一定范围的对应色数据给出了更准确的预测结果，并且在线性的色适应变换上发生了变化，获得了更接近人眼视觉系统视锥响应。CAT02 也是第二个软件化的色适应变换。

来源端三刺激值：X、Y、Z

目标端三刺激值：X_c、Y_c、Z_c

来源端光源白点：X_w、Y_w、Z_w

目标端光源白点：等能白 $X_{wr}=Y_{wr}=Z_{wr}$

来源端视锥响应：RGB

目标端视锥响应：$R_c G_c B_c$

来源端光源亮度：L_A（cd/m^2）

表 11-2 为 CAT02 输入参数。

表 11-2　　　　　CAT02 输入数据

周 围 环 境	c	Nc	F
平均环境（>20%）	0.69	1.0	1.0
微暗环境（0~20%）	0.59	0.95	0.9
暗室环境（0）	0.525	0.8	0.8

第一步，从 CIE XYZ 到视锥细胞响应空间 RGB 色空间

色适应变换 CAT02 采用的色空间是 Li 提出的视锥细胞响应空间 RGB，从三刺激值 CIE XYZ 到视锥细胞响应空间 RGB 是等能平衡变换的，如下式所示：

$$\begin{bmatrix} R_w \\ G_w \\ B_w \end{bmatrix} = M_{CAT02} \begin{bmatrix} X_w \\ Y_w \\ Z_w \end{bmatrix} \tag{11-30}$$

其中，

$$M_{CAT02} = \begin{bmatrix} 0.7328 & 0.4296 & -0.1624 \\ -0.7036 & 1.6975 & 0.0061 \\ 0.0030 & 0.0136 & 0.9834 \end{bmatrix} \tag{11-31}$$

这个矩阵来源于：对 von Kries 标准化、线性化、对锐响应最优化，有好的表现。

第二步，计算适应因子 D：

$$D = F\left[1 - \left(\frac{1}{3.6}\right)e^{\left(\frac{-L_A-42}{92}\right)}\right] \tag{11-32}$$

第三步，计算适应视锥响应，即参考白下的视锥响应：

$$\begin{cases} R_c = [D(Y_w/R_w)+(1-D)]R \\ G_c = [D(Y_w/G_w)+(1-D)]G \\ B_c = [D(Y_w/B_w)+(1-D)]B \end{cases} \tag{11-33}$$

下标 w 表示适应白点，c 表示适应后，上方程同样可以计算适应白点的适应后视锥响应 R_{cw}，G_{cw} 和 B_{cw}。这里需要解释上面色适应变换的来由，在 CAT02 中参考白场是等能白，即 $X_{wr}=Y_{wr}=Z_{wr}=100$，按照（11-30）计算得到 $R_{wr}=G_{wr}=B_{wr}=100$，将此代入 CMCCAT2000 色适应变换即可得到上式。由于上方程包括亮度因子 Y_w，以至于适应与来源端的亮度因子 Y_w 无关。

第四步，计算对应色：

$$\begin{bmatrix} X_c \\ Y_c \\ Z_c \end{bmatrix} = M_{CAT02}{}^{-1} \begin{bmatrix} R_c \\ G_c \\ B_c \end{bmatrix} \tag{11-34}$$

11.3　色貌模型

色适应变换可以预测不同观察条件下的对应色，没有提供与相对和绝对知觉色貌属性的关联，本节以色貌模型定义及观察条件为基础，从简单的色貌模型 CIE LAB 颜色空间入手，重点介绍 CIE CAM97s 色貌模型和 CIE CAM02 色貌模型。

11.3.1　色貌模型的框架

根据国际照明委员会（CIE）对色貌模型的定义可知，CIE L* a* b* 和 CIE L* u* v* 都属于最简单的色貌模型，同时色貌模型中还要包括色适应变换，目的是预测相关色相对色貌属性，而预测孤立色绝对色貌属性以及解释色貌现象需要更复杂的模型。

（1）测试色貌模型的原则　国际照明委员会（CIE）在 1996 年会议上提出测试已有色貌模型的十二项原则：

① 色适应。
② 照明光源亮度水平影响。
③ 近场、背景、周围环境的影响。
④ 至少预测色貌属性相对量：明度、彩度、色相。
⑤ 有时需要预测色貌属性绝对量：视明度、视彩度、色相。
⑥ 适应于许多应用。
⑦ 适应于大范围的刺激值、适应值和观察条件。
⑧ 为了容易应用，从 CIE 光谱三刺激到视锥细胞的光谱敏感度响应要采用线性变换。
⑨ 大范围的适应，从完全不适应到完全适应。
⑩ 模型可以进行反变换。
⑪ 不太复杂，对于特殊应用有简单模型。
⑫ 模型预测效果最佳。
⑬ 模型也适应于非相关色。

（2）观察条件　一个被人眼视觉系统观察到的"刺激"的色貌不仅仅取决于刺激本身，而且还与进入到视觉系统的场景有关，这个场景称作视野，即视场，通常又称作观察条件（viewing conditions）。如图 11-27 所示为简化的视场元素。

视场元素应包括：刺激或色元（Stimulus）、近场（Proximal field）、背景（Background)、周围环境（Surround）和适应场（Adapting field）。

（3）色貌模型基本架构　如图 11-28 所示为色貌正向计算模型。

色貌正向模型计算步骤如下：

① CIE XYZ 变换到与人眼视锥细胞响应，这个视锥响应更适应于下一步色适应变换。

② 适应前视锥响应变换到适应后视锥响应。这个过程需要输入参数，如适应场白点三刺激值、参考白点三刺激值、适应场绝对亮度、适应因子。

③ 颜色空间变换。将适应后视锥响应变换到适合于计算色貌属性的颜色空间，一般采用描述视锥细胞生物响应的 HPE 空间。

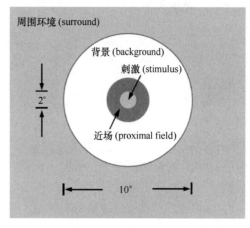

图 11-27　典型观察条件或视场各元素定义

④ 非线性压缩。模拟视觉系统动态非线性特性。

⑤ 色貌属性计算。基于以上给定的颜色空间，给出人眼知觉色貌属性值。

如图 11-29 所示为色貌逆向模型。

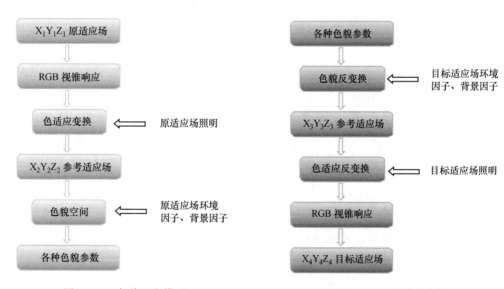

图 11-28　色貌正向模型　　　　　　　　图 11-29　色貌逆向模型

色貌模型解决跨媒体颜色再现问题时，必须使用正向模型和逆向模型。逆向模型中的色适应变换，来源端变成了参考条件，目标端是另一种观察条件。逆向模型完全是正向模型的逆过程。

11.3.2　色貌模型

（1）最简单的色貌模型 CIE LAB　虽然 CIE LAB 是为了计算色差设计的一个均匀颜色空间，而不是作为一个色貌模型而设计的，但是由于它可以预测明度、彩度、色相，所以属于一个色貌模型。

$$\begin{cases} L^* = 116 f(Y/Y_n) - 16 \\ a^* = 500[f(X/X_n) - f(Y/Y_n)] \\ b^* = 200[f(Y/Y_n) - f(Z/Z_n)] \end{cases} \tag{11-35}$$

其中：

$$f(\omega) = \begin{cases} (\omega)^{1/3} & \omega > 0.008856 \\ 7.787(\omega) + 16/116 & \omega \leqslant 0.008856 \end{cases} \tag{11-36}$$

CIE LAB 提供了一个色貌模型的雏形，按色貌模型的定义，色貌模型是任何一个至少包括对相对色貌属性明度、彩度、色相的预测，至少包括一个色适应变换形式，以上方程包括了三个处理步骤：

① 参考白点作为 XYZ 值的标准化，即（X/X_n，Y/Y_n，Z/Z_n）就是模拟 von Kries 色适应变换。

② 接着是一个非线性立方根，是模拟视觉非线性压缩，后来的色貌模型也都有考虑。

③ 给出了明度 L^*，而且由对立色坐标 a^* 和 b^* 可以计算彩度 C_{ab}^* 和色相 h_{ab}：

$$C_{ab}^* = \sqrt{(a^*)^2 + (b^*)^2} \tag{11-37}$$

$$h_{ab} = \tan^{-1}(b^*/a^*) \tag{11-38}$$

CIE LAB 作为一个色貌模型，还存在诸多问题，具体表现在：

错误的色适应变换。色适应即白点标准化不是在生理学上的视锥响应空间进行，而是在 XYZ 三刺激空间进行。如图 11-30 分别为 CIE LAB、CIE LUV 和 von Kries 色适应预测效果对比图。

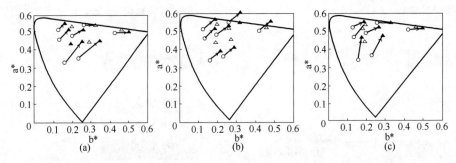

图 11-30　使用 Breneman1987 对应色数据来评价色适应变换的预测效果

(a) CIE LAB　(b) CIE LUV　(c) von Kries

图中小圆代表日光光源下色度，空三角代表白炽灯光源视觉数据，实三角代表白炽灯光源色使用变换预测结果。

① 明度 L^* 的预测问题。非线性立方根幂函数目的是模拟物理测量与心理感知的压缩关系，对于一个很暗的刺激，立方根幂函数应该被一个线性函数代替。

② CIE LAB 仅仅考虑了照明光源色对色貌的影响，没有考虑光源的亮度水平（即绝对亮度）、背景、周围环境、视觉认知等方面的因素。

③ CIE LAB 假设 100% 对白点的适应，没有考虑不完全适应；不能预测绝对色貌属性视亮度和视彩度，不是一个完全的色貌模型。

④ CIE LAB 颜色空间色相是非均匀的。如图 11-31 所示是等感知色相线，色相是非

均匀的，特别是在蓝区。

⑤ 亮度与色度不独立。感知恒常色相线对色域映射是非常关键的，如果色相不均匀，会影响到色域映射的准确性，所以，色貌模型的设计是非常必要的。

（2）早期的色貌模型　自 CIE LAB 之后，色貌模型的研究从 90 年代初开始，具有代表性的模型有：Hunt 模型（英国 R. W. G. Hunt 提出）、Nayatani 模型（日本 Y. Nayatani 提出）、RLAB 模型（美国 M. D. Fairchild 提出）和 LLAB（英国 M. R. Luo 提出）。这些因不同应用目的而提出的色貌模型思考方法及引用参数

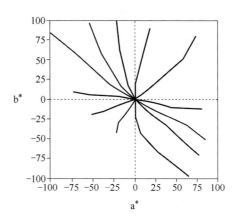

图 11-31　a^*b^* 平面感知色相恒常线

是不同的，表 11-3 比较全面地比较了这些色貌模型的特点。

表 11-3　　　早期色貌模型特征比较（符号"√"表示"有""是"或者"存在"）

	Hunt	Nayatani	R LAB	L LAB
视网膜三色接收器响应	√	√	√	√
视觉形成的对立色响应	√	√		
锥体细胞响应	√	√	√	√
杆体细胞响应	√			
锥体细胞响应函数	Estevez	Estevez	Estevez	
锥体细胞响应函数归化所用的照明体	E	D65	D65	
CIE LAB 公式的扩展			√	√
用于颜色复制时需要推导反模型	√	√		
模型直接面向颜色复制过程			√	√
背景颜色要求	没有规定	中性，Y>18	中性	中性
模型中预置的显色模式约束参数	√			√
模型中预置的背景亮度约束参数	√		√	
模型能计算得到的色貌属性	全面	全面	一般	较全面
模型需要设定的参考适应场作为计算中介			√	√
模型计算中采用的色适应变换			Von Kries	BFD
对非相关色貌的预测	√			

11.3.3　CIE CAM97s 色貌模型

1997 年，CIE TC1-34 综合了 Hunt94、Nayatani95、LLA B、RLAB 等色貌模型的特点，建立了色貌模型的统一简化版本——CIE CAM 97s 模型，并在国际上推广应用，旨在推荐给与此有关的颜色科学工作者和工业界进行评估和使用，CIE CAM97s 的提出结束了色貌模型研究的分散局面，使研究工作集中到对这一模型的改进上。

（1）CIECAM97s 色貌模型正算步骤

原始数据如表 11-4 所示。

表 11-4   **原始数据**

试验条件下的样品	x	y	Y
试验条件下的选用白	x_w	y_w	Y_w
试验背景	x_b	y_b	Y_b
参考条件下的参考白	$x_{ur}=1/3$	$y_{ur}=1/3$	$Y_{ur}=100$
适应场的亮度/(cd·m^{-2})	L_A		

注：L_A 通常取 "选用白" 亮度 L_W 的 1/5 代替。

环境参数如表 11-5 所示。

表 11-5   **环境参数**

环 境 参 数	F	c	F_{LL}	N_C
平均亮度(视场大于 4°)	1.0	0.69	0	1.0
平均亮度(视场小于 4°)	1.0	0.69	1.0	1.0
昏暗	0.9	0.59	1.0	1.1
很暗	0.9	0.525	1.0	0.8
剪片	0.9	0.41	1.0	0.8

第一步：色适应变换第一步是将三刺激值 CIE XYZ 变换到标准化视锥响应空间 RGB，转换公式如式（11-18）和式（11-19）。

同样将适应场白点的三刺激值 $X_w Y_w Z_w$ 和参考白三刺激值 $X_{wr} Y_{wr} Z_{wr}$ 分别变换到视锥响应 $R_w G_w B_w$ 和 $R_{wr} G_{wr} B_{wr}$。

第二步：将标准化视锥响应 RGB 变换到参考条件的标准化视锥响应 $R_c G_c B_c$。

$$\begin{cases} R_c = [D(1.0/R_w) + 1 - D]R \\ G_c = [D(1.0/G_w) + 1 - D]G \\ B_c = [D(1.0/B_w{}^p) + 1 - D]|B|^p \end{cases} \tag{11-39}$$

其中

$$p = (B_w/1.0)^{0.0834} \tag{11-40}$$

这个变换可以看作一个考虑了不完全适应的、修改了的 BFD 色适应变换，其中增加了描述色适应程度的色适应因子 D。"来源端"是适应场白点，"目标端"是作为参考的等能白，所以 $R_{wr} = G_{wr} = B_{wr} = 1.0$。

完全适应或完全折扣光源，或完全忽略光源影响时设置 $D=1$，一般对反射体是这种情况；完全不适应或没有色适应时设置 $D=0$。实际的人眼适应状态可以在 0~1 之间变化，对于中间的各种色适度可以根据实验数据人为设置，也可以采用下面方程计算。适应度 D 由适应场亮度 L_A 和环境因子 F 决定，随着 L_A 的增加，色适应因子 D 增加，如：

$$D = F - F/[1 + 2(L_A{}^{1/4}) + (L_A{}^2/300)] \tag{11-41}$$

第三步：计算各种中间因子

亮度水平适应因子：

$$F_L = 0.2k^4(5L_A) + 0.1(1 - k^4)^2(5L_A)^{1/3} \tag{11-42}$$

其中：$k = 1/(5L_A + 1)$

背景诱导因子（the background induction factor）

背景诱导因子 n 是背景相对亮度，提供对空间色貌的一种描述。n 的取值范围为 0～1，即当背景相对亮度为 0 时，$n = 0$；当背景相对亮度等于适应白点的背景亮度时，$n = 1$。对于无色彩背景，背景诱导因子 n 采用如下方程计算：

$$n = Y_b / Y_w \tag{11-43}$$

明度和色度诱导因子（the brightness and chromatic induction factors）

$$N_{bb} = N_{cc} = 0.725(1/n)^{0.2} \tag{11-44}$$

非线性指数（the base exponential nonlinearity）

$$z = 1 + F_{LL} n^{1/2} \tag{11-45}$$

第四步：将参考条件的标准化视锥响应 RcGcBc 变换到生理学上的视锥细胞响应。

$$\begin{bmatrix} X' \\ Y' \\ Z' \end{bmatrix} = M_B^{-1} \begin{bmatrix} R_C \\ G_C \\ B_C \end{bmatrix} \cdot Y \tag{11-46}$$

$$\begin{bmatrix} R' \\ G' \\ B' \end{bmatrix} = M_H \begin{bmatrix} X' \\ Y' \\ Z' \end{bmatrix} = M_H M_B^{-1} \begin{bmatrix} R_C Y \\ G_C Y \\ B_C Y \end{bmatrix} \tag{11-47}$$

其中：

$$M_H = \begin{bmatrix} 0.38971 & 0.68898 & -0.07868 \\ -0.22981 & 1.18340 & 0.04641 \\ 0.00 & 0.00 & 1.00 \end{bmatrix} \tag{11-48}$$

其中 BFD 逆变换 MB-1 先将视锥信号变换到 CIE 色空间，H_{PE} 变换 M_H 再将变换到生理学上的视锥响应。变换矩阵 MB-1 前面已经给出。

第五步：计算彩色背景亮度与白场亮度。

$$Y_{bc} = (0.43231R_{bc} + 0.15836G_{bc} + 0.04929B_{bc})Y_b \tag{11-49}$$

$$Y_{wc} = (0.43231R_{wc} + 0.15836G_{wc} + 0.04929B_{wc})Y_w \tag{11-50}$$

第六步：非线性压缩。

在计算色貌前，模拟视觉系统进行非线性压缩，结果得到后适应视锥响应（post adaptation cone responses）$R_a' G_a' B_a'$：

$$\begin{cases} R_a' = \dfrac{40(F_L R'/100)^{0.73}}{[(F_L R'/100)^{0.73} + 2]} + 1 \\[2mm] G_a' = \dfrac{40(F_L G'/100)^{0.73}}{[(F_L G'/100)^{0.73} + 2]} + 1 \\[2mm] B_a' = \dfrac{40(F_L B'/100)^{0.73}}{[(F_L B'/100)^{0.73} + 2]} + 1 \end{cases} \tag{11-51}$$

第七步：计算相关色属性

红-绿和黄-蓝对立色：

$$a = R_a' - 12G_a'/11 + B_a'/11 \tag{11-52}$$

$$b = (1/9)(R_a' + G_a' - 2B_a') \tag{11-53}$$

色相角：

$$h = \tan^{-1}(b/a) \tag{11-54}$$

色相积 H（Hue Quadrature）色相成分 H_C（Hue Composition）

红：$h=20.14$，$e=0.8$，$H=0$ 或 400

黄：$h=90.00$，$e=0.7$，$H=100$

绿：$h=164.25$，$e=1.0$，$H=200$

蓝：$h=237.53$，$e=1.2$，$H=300$

由色相角 h 计算对应的 H 方程如下：

$$e=e_1+(e_2-e_1)(h-h_1)/(h_2-h_1) \tag{11-55}$$

$$H=H_1+\frac{100[(h-h_1)/e_1]}{(h-h_1)/e_1+(h_2-h)/e_2} \tag{11-56}$$

下标 1 和 2 代表四个独立色相中相邻的两个。其中 1 是四个独立色相中比色相角 h 大，且最接近的那个独立色相；2 是在已确定的独立色相 1 后一个独立色相。用 H_p 表示 H 百位数后的部分，可根据 H 计算色调成分 H_c：

如果 H 在 $0\sim100$，$H=H_p$，色相成分 H_c 为：H_p 黄，$(100-H_p)$ 红；

如果 H 在 $100\sim200$，$H=100+H_p$，色相成分 H_c 为：H_p 绿，$(100-H_p)$ 黄；

如果 H 在 $200\sim300$，$H=200+H_p$，色相成分 H_c 为：H_p 蓝，$(100-H_p)$ 绿；

如果 H 在 $300\sim400$，$H=300+H_p$，色相成分 H_c 为：H_p 红，$(100-H_p)$ 蓝；

例如，$h=45$，则独立色相 1 为"红"，2 为"黄"，所以 $h_1=20.14$，$e_1=0.8$，$H_1=0$，$h_2=90.00$，$e_2=0.7$，$H_2=100$，结果计算得到 $H=32.59$，色调成分 $H_c=33Y，67R$

无彩色响应（The achromatic response）：

$$A=[2R'_a+G'_a+(1/20)B'_a-2.05]N_{bb} \tag{11-57}$$

$$A_w=[2R'_{aw}+G'_{aw}+(1/20)B'_{aw}-2.05]N_{bb} \tag{11-58}$$

明度 J：

$$J=100(A/A_w)^{cz} \tag{11-59}$$

视明度 Q：

$$Q=(1.24/c)(J/100)^{0.67}(A_w+3)^{0.9} \tag{11-60}$$

饱和度 s：

$$s=\frac{50(a^2+b^2)^{1/2}100e(10/13)N_cN_{cb}}{R'_a+G'_a+(21/20)B'_a} \tag{11-61}$$

彩度 C：

$$C=2.44s^{0.69}(J/100)^{0.67n}(1.64-0.29^n) \tag{11-62}$$

视彩度 M：

$$M=CF_L^{0.15} \tag{11-63}$$

（2）计算实例

表 11-6 为一个 CIE CAM97s 计算实例。

（3）CIE CAM97s 逆变换

① 从 J 计算 A。

② 从 h 计算 e。

③ 使用 C、J 计算 s。

④ 使用 s、h、e 计算 a、b。

⑤ 从 A、a、b 计算 R'_a、G'_a、B'_a。

表 11-6 　　　　　　　　　　　　　　　**实例**

刺激样品：$x = 0.3618$ 　$y = 0.4483$ 　$Y = 23.93$

适应场白点：$x_w = 0.4476$ 　$y_w = 0.4074$ 　$Y_w = 90.0$（A 光源）

背景：$x_b = 0.4476$ 　$y_b = 0.4074$ 　$Y_b = 18.0$

参考白：$x_{wr} = 1/3$ 　$y_{wr} = 1/3$ 　$Y_{wr} = 100$（等能光源作为参考）

适应场亮度：$L_A = 20 \text{cd/m}^2$

周围环境：平均小样品，$F = 1.0$ 　$c = 0.69$ 　$F_{LL} = 1.0$ 　$N_c = 1.0$

输出数据：$a = -0.4035$ 　$b = -0.0246$ 　$h = 183.5$ 　$H = 229.9$ 　$H_c = 30B, 70G$
　　　　　$J = 45.28$ 　$Q = 22.29$ 　$s = 113.83$ 　$C = 49.46$ 　$M = 44.08$

⑥ 从 R_a'、G_a'、B_a' 计算 R'、G'、B'。

⑦ 从 R'、G'、B' 计算 R_cY、G_cY、B_cY。

⑧ 从 R_cY、G_cY、B_cY 和 M_B^{-1} 计算 Y。

⑨ 从 R_cY、G_cY、B_cY 和 Y 计算 R_c、G_c、B_c。

⑩ 从 R_c、G_c、B_c 计算 R、G、B。

⑪ 从 R、G、B 计算 X、Y、Z。

（4）CIE CAM97s 色貌模型的不足

CIE CAM97s 模型包括了适应、折扣光源和环境的影响，研究发现，它在某些方面的预测仍有不足之处，其中包括：①预测接近中性色的彩度值误差较大。②预测饱和度不佳。③预测同彩度不同明度误差较大。④不能预测 Helson-Judd 效应、Helmholtz-Kohlrausch 效应。

CIE CAM97s 模型是作为 CIE 临时色貌模型发布的，但它具有重要意义，它为建立一个实际应用统一的色貌模型打下基础。2001 年 Fairchild 发表了对 CIECAM97s 进行调整的建议和处理细节，这些变化包括简化模型、修正误差（fix errors）、增加精度，具体内容包括：①为了使色貌模型拟变换容易，线性化色适应变换。②修正环境补偿误差（Fix surround compensation errors）。③修正完全黑刺激的明度（Fix lightness of black）。④修正低彩度刺激的彩度值，增加连续可变的环境补偿（Add continuously variable surround compensation）；

11.3.4　CIE CAM02 色貌模型

CIE CAM02 色貌模型是 CIE TC8-01 于 2002 年 9 月 26 日推荐使用的新一代色貌模型，具有颜色描述、色差计算、色貌预测等功能，且比 CIE LAB 更好地实现色彩信息在各类媒体以及不同环境下的正确可视化，因而被 CIE 作为新一代色彩管理的核心连接空间，开发新一代色彩管理系统（WCS，Windows Color System），基于 CIE CAM02 色貌模型的色域映射、理论本身的研究、优化和完善已经成为目前色彩管理主要的研究方向。

（1）CIE CAM02 色貌模型正算步骤　CIE CAM02 正算模型的计算包含以下三个过程：色适应变换、非线性的双曲线响应压缩和感知属性变量的计算。

① 输入数据及观察条件参数的计算。CIE CAM02 正算模型原始数据如表 11-7 所示，典型观察条件参数如表 11-8 所示，环境参数如表 11-9 所示。

表 11-7   原始数据

样本在试验条件下的色品坐标	x	y	Y
试验条件下的白点的色品坐标	x_w	y_w	Y_w
试验条件下背景的色品坐标	x_b	y_b	Y_b
参考条件下的参考白	$x_{wr}=1/3$	$y_{wr}=1/3$	$Y_{wr}=100$
适应场的亮度/(cd·m^{-2})	L_A	一般取测试白场亮度 L_W 的 1/5	

表 11-8   色貌模型典型观察条件参数设置

观察条件	周围环境照度/lx	观察场景或设备白点/cd·m^{-2}	L_A	采用的白点	Y_b	环境
在灯箱中评价表面色	1000	318.3	63.66	灯箱白点	18	平均
在家中观看电视	100	80	16	介于电视和周围白点之间	18	暗
在黑暗的房间看幻灯	0	150	47.74	介于放映机和 E 光源白点之间	18	黑
在办公室观看显示器	500	80	16	介于显示器和荧光灯白点之间	18	平均

表 11-9   三类典型观察环境下的观察条件参数

环　境	c	N_c	F
平均环境	0.69	1.0	1.0
暗环境	0.59	0.95	0.9
黑环境	0.525	0.8	0.8

a. 确定 F、c、N_c 值。在 CIE CAM02 模型中，F 为适应度因子，c 为环境影响参数，N_c 为色诱导因子，且随观察环境的变化而变化，CIE 推荐了三种典型观察环境，如表11-9所示，其余中间环境的参数可通过线性差值计算。通常情况下，反射印刷品选"平均环境"；CRT 与 TV 选"暗环境"；投影幻灯片选"黑环境"。

b. F_L 的计算。F_L 是亮度适应因子（Luminance Level Adaptation Factor），其计算公式如下：

$$F_L=0.24k^4(5L_A)+0.1(1-k^4)^2(5L_A)^{1/3} \tag{11-64}$$

$$k=1/(5L_A+1) \tag{11-65}$$

其中 L_A：适应场亮度，单位 cd/m^2。

c. n 的计算。n 是背景诱导因子（Background Induction Factor），是背景相对亮度因子（Y_b/Y_w）的函数。n 用于计算 N_{bb}、N_{cb} 和 z 参数，如下所示：

$$n=Y_b/Y_w \tag{11-66}$$

$$N_{bb}=N_{cb}=0.725(1/n)^{0.2} \tag{11-67}$$

$$z=1.48+\sqrt{n} \tag{11-68}$$

其中 Y_b 为背景亮度；Y_w 为白点亮度；N_{bb} 为亮度背景因子（Brightness Background Factor）；N_{cb} 为彩度背景因子（Chromatic Background Factor）；z 为基于指数的非线性因子（Base Exponential Nonlinearity）。N_{bb}、N_{cb} 和 z 参数用于计算一些感知属性变量。

② 色适应变换。光源色度和观察环境发生变化时，人眼会自动调节各感光锥体的响应灵敏度以形成稳定的视觉和自动的颜色平衡，这一过程称为色适应变换，包括以下步骤：

第一步，将三刺激值变换到视锥响应三刺激值：

$$\begin{bmatrix} L \\ M \\ S \end{bmatrix} = M_{CAT02} \begin{bmatrix} X \\ Y \\ Z \end{bmatrix} \tag{11-69}$$

$$M_{CAT02} = \begin{bmatrix} 0.7328 & 0.4296 & -0.1624 \\ -0.7036 & 1.6974 & 0.0061 \\ 0.0030 & 0.0136 & 0.9834 \end{bmatrix} \tag{11-70}$$

其中 L、M、S 分别是视锥长、中、短波响应。同理，由白点 X_w、Y_w、Z_w 可以计算出 L_w、M_w、S_w。

第二步，计算适应程度因子 D：

$$D = F\left[1 - \left(\frac{1}{3.6}\right)e^{\left(\frac{-L_A-42}{92}\right)}\right] \tag{11-71}$$

理论上 $0 \leqslant D \leqslant 1$，在实际应用中，一般取 0.6。

第三步，色适应变换。色适应变换是对视锥响应值进行调整，反映人眼随着光源色度的变化而自动调整各视锥响应的现象。变换公式如下所示：

$$\begin{cases} L_c = \left[\left(Y_w \dfrac{D}{L_w}\right) + (1-D)\right]L \\ M_c = \left[\left(Y_w \dfrac{D}{M_w}\right) + (1-D)\right]M \\ S_c = \left[\left(Y_w \dfrac{D}{S_w}\right) + (1-D)\right]S \end{cases} \tag{11-72}$$

其中：Y_w 为白点亮度，L_w、M_w、S_w 分别为白点的长、中、短波视锥响应。同理，可以计算出 L_{wc}、M_{wc}、S_{wc}。

第四步，将色适应后的视锥响应变换到 Hunt-Pointer-Estevez 空间：

$$\begin{bmatrix} L' \\ M' \\ S' \end{bmatrix} = M_{HPE} M_{CAT02}^{-1} \begin{bmatrix} L_c \\ M_c \\ S_c \end{bmatrix} \tag{11-73}$$

$$M_{HPE} = \begin{bmatrix} 0.38971 & 0.68898 & -0.07868 \\ -0.22981 & 1.18340 & 0.04641 \\ 0.00000 & 0.00000 & 1.00000 \end{bmatrix} \tag{11-74}$$

其中：M_{HPE} 为 Hunt-Pointer-Estevez 空间的变换矩阵，MCAT02—1 为从 CAT02 色空间逆变换矩阵，L_c、M_c、S_c 分别为色适应后的视锥响应。

同理，由 L_{wc}、M_{wc}、S_{wc} 可以计算出 L'_w、M'_w、S'_w。

第五步，非线性响应压缩。非线性响应压缩用于预测人类视觉系统中普遍存在的关于色刺激响应压缩。对 Hunt-Pointer-Estevez 色空间内的视锥响应进行双曲线的非线性响应压缩，得到新的视锥响应，变换公式如下：

$$L'_a = \left[\frac{400(F_L L'/100)^{0.42}}{27.13 + (F_L L'/100)^{0.42}}\right] + 0.1$$

$$M'_a = \left[\frac{400(F_L M'/100)^{0.42}}{27.13 + (F_L M'/100)^{0.42}}\right] + 0.1$$

$$S_a' = \left[\frac{400(F_L S_w'/100)^{0.42}}{27.13 + (F_L S_w'/100)^{0.42}} \right] + 0.1 \tag{11-75}$$

同理，由 L_w'、M_w'、S_w' 可以计算出 L_{wa}'、M_{wa}'、S_{wa}'。

③ 中间值的计算

a. 临时笛卡尔坐标 a、b 值，色相角 h 和偏心因子 e_t

$$a = L_a' - 12M_a'/11 + S_a'/11$$
$$b = (1/9)(L_a' + M_a' - 2S_a') \tag{11-76}$$

$$h = \arctan(b/a) \tag{11-77}$$

$$e_t = (1/4)\left[\cos\left(h\frac{\pi}{180} + 2\right) + 3.8 \right] \tag{11-78}$$

b. 中间值 t（Preliminary Magnitude）

$$t = \frac{(50000/13)N_c N_{cb} e_t \sqrt{a^2 + b^2}}{L_a' + M_a' + (21/20)S_a'} \tag{11-79}$$

a 和 b 表示初始笛卡尔坐标系，用于计算与色貌属性计算相关的临时中间值 t，注意不要与最终计算出的笛卡尔坐标系 a 和 b 混淆。

c. 色相 H

$$H = H_i + \frac{100(h - h_i)/e_i}{(h - h_i)/e_i + (h_{i+1} - h)/e_{i+1}} \tag{11-80}$$

色相计算公式中的各参数用到了赫林（Hering）四色学说中的单色相定义，因此公式 11-80 中的各参数的取值参考表 11-10。

表 11-10 四色学说四种单色色相的取值

	i	h	e	H_i
红	1	20.14	0.8	0
黄	2	90.00	0.7	100
绿	3	164.25	1.0	200
蓝	4	237.53	1.2	300
红	5	380.14	0.8	400

④ 感知属性变量的计算

a. 非彩色响应因子 A、心理明度 J 和亮度 Q。A 为非彩色响应因子，它与人眼对非彩色亮度刺激响应的程度相关，是计算明度和亮度的中间值，公式如下：

$$A = [2L_a' + M_a' + (1/20)S_a' - 0.305]N_{bb} \tag{11-81}$$

同理，计算 A_w。

$$J = 100(A/A_w)^{cz} \tag{11-82}$$

$$Q = (4/c)\sqrt{J/100}(A_w + 4)F_L^{0.25} \tag{11-83}$$

b. 彩度 C、绝对彩度 M、饱和度 s：

$$C = t^{0.9}\sqrt{J/100}(1.64 - 0.29^n)^{0.73} \tag{11-84}$$

$$M = CF_L^{0.25} \tag{11-85}$$

$$s = 100\sqrt{M/Q} \tag{11-86}$$

其中：n 为背景诱导因子，F_L 为亮度适应因子。

c. CIE CAM02 逆向模型计算

CIE CAM02 逆向模型同样使用观察条件常数（见表 11-9），每个所需要的观察条件的参数由公式 11-64～公式 11-68 计算。逆向模型计算由 J、C、H 开始。

$$J = 6.25 \left(\frac{cQ}{(A_w + 4) F_L^{0.25}} \right)^2 \tag{11-87}$$

$$C = M / F_L^{0.25} \tag{11-88}$$

由公式 11-80 有：

$$h' = \frac{(H - H_1)(e_2 h_1 - e_1 h_2) - 100 e_2 h_1}{(H - H_1)(e_2 - e_1) - 100 e_2} \tag{11-89}$$

如果 $h' > 360$，令 $h = h' - 360$，否则 $h = h'$。

第一步，计算 t、e、p_1、p_2 和 p_3：

$$t = \left(\frac{C}{\sqrt{1/100} (1.64 - 0.29^n)^{0.73}} \right)^{1/0.9} \tag{11-90}$$

$$e = \left(\frac{12500}{13} N_c N_{cb} \right) \left[\cos \left(h' \frac{\pi}{180} + 2 \right) + 3.8 \right] \tag{11-91}$$

$$A = A_w (J/100)^{\frac{1}{cz}} \tag{11-92}$$

$$p_1 = e/t \tag{11-93}$$

$$p_2 = (A/N_{bb}) + 0.305 \tag{11-94}$$

$$p_3 = 21/20 \tag{11-95}$$

第二步，计算 a 和 b：

$$h_r = h \frac{\pi}{180} \tag{11-96}$$

如果 $|\sin(h_r)| \geqslant |\cos(h_r)|$，

$$p_4 = p_1 / \sin(h_r) \tag{11-97}$$

$$b = \frac{p_2 (2 + p_3)(460/1403)}{p_4 + (2 + p_3)(220/1403) [\cos(h_r)/\sin(h_r)] - (27/1403) + p_3 (6300/1403)} \tag{11-98}$$

$$a = b [\cos(h_r)/\sin(h_r)] \tag{11-99}$$

如果 $|\sin(h_r)| < |\cos(h_r)|$，

$$p_5 = p_1 / \cos(h_r) \tag{11-100}$$

$$a = \frac{p_2 (2 + p_3)(460/1403)}{p_5 + (2 + p_3)(220/1403) - [(27/1403) - p_3 (6300/1403)][\sin(h_r)/\cos(h_r)]} \tag{11-101}$$

$$b = a [\sin(h_r)/\cos(h_r)] \tag{11-102}$$

第三步，计算 L_a'、M_a'、S_a'：

$$\begin{cases} L_a' = \dfrac{460}{1403} p_2 + \dfrac{451}{1403} a + \dfrac{288}{1403} b \\ M_a' = \dfrac{460}{1403} p_2 - \dfrac{891}{1403} a - \dfrac{261}{1403} b \\ S_a' = \dfrac{460}{1403} p_2 + \dfrac{220}{1403} a - \dfrac{6300}{1403} b \end{cases} \tag{11-103}$$

第四步，计算 L'、M'、S'：

$$\begin{cases} L' = \text{sign}(L_a') \dfrac{100}{F_L} \left(\dfrac{27.13 |L_a' - 0.1|}{400 - |L_a' - 0.1|} \right)^{\frac{1}{0.42}} \\ M' = \text{sign}(M_a') \dfrac{100}{F_L} \left(\dfrac{27.13 |M_a' - 0.1|}{400 - |M_a' - 0.1|} \right)^{\frac{1}{0.42}} \\ S' = \text{sign}(S_a') \dfrac{100}{F_L} \left(\dfrac{27.13 |S_a' - 0.1|}{400 - |S_a' - 0.1|} \right)^{\frac{1}{0.42}} \end{cases} \tag{11-104}$$

第五步，计算 L_c、M_c、S_c：

$$\begin{bmatrix} L_c \\ M_c \\ S_c \end{bmatrix} = M_{CAT02} M_{HPE}^{-1} \begin{bmatrix} L' \\ M' \\ S' \end{bmatrix} \tag{11-105}$$

$$M_{HPE}^{-1} = \begin{bmatrix} 1.1910197 & -1.112124 & 0.201908 \\ 0.370950 & 0.629054 & -0.000008 \\ 0.000000 & 0.000000 & 1.000000 \end{bmatrix} \tag{11-106}$$

第六步，计算 L、M、S：

$$\begin{cases} L = \dfrac{L_c}{(Y_w D L_w + 1 - D)} \\[2mm] M = \dfrac{M_c}{(Y_w D M_w + 1 - D)} \\[2mm] S = \dfrac{S_c}{(Y_w D S_w + 1 - D)} \end{cases} \tag{11-107}$$

第七步，计算 X，Y，Z：

$$\begin{bmatrix} X \\ Y \\ Z \end{bmatrix} = M_{CAT02}^{-1} \begin{bmatrix} L \\ M \\ S \end{bmatrix} \tag{11-108}$$

由以上的计算可以看出，色貌模型是一个复杂的非线性变换系统，通过它可以将一个观察条件下的一种媒体的色貌参数映射到另一个观察条件下的另一个媒体上，从而实现跨媒体的颜色复制。

（2）CIE CAM02 模型的特点

CIE CAM02 考虑了不同照明、观察、背景等条件下物体的颜色，对 CIE CAM97s 存在的问题进行了修正，性能得到了很大的提高，其主要优点有：

① CIE CAM02 采用了修订的线性变换，此修正没有使模型产生可以被觉察的影响。线性色适应变换大大降低了计算工作量，而且预测效果不低于非线性色适应变换。模型的预测性能也得到了很大的提升，对于大多数感知属性的预测能力提高了，对饱和度的预测尤其好。另外，考虑到兼容、锐化、误差传递等因素，CIE CAM02 修正的非线性压缩，既考虑了它在色度刻度上的影响，又改进了在不同的适应场亮度（LA）下的饱和度。

② CIE CAM02 具有更好的空间均匀性。CIE CAM02 色貌模型能够作为一个通用的颜色模型，具备颜色描述、色差计算、色貌预测等所有的功能。

③ CIE CAM02 色貌模型能够预测包含 Hunt 效应、色调漂移现象、照明体折扣现象等多种人眼视觉现象，但是并不包含对同时对比或色诱导现象的预测。

在实际应用中，经常需要跨媒体再现颜色，这就需要对其色貌进行精确预测，所以将色貌模型用于颜色校正已是此领域今后发展的必然趋势。目前的色貌模型，如 CIE CAM02 能够模拟人眼的视觉特性，并精确地预测色貌现象，但是其还存在一些缺陷：

① 由于 CIE CAM02 是色貌模型，所以能比 CIE LAB 更好地实现色彩信息在异类媒体以及不同环境下的正确可视化。但是在使用的过程中发现 CIE CAM02 并不是一个理想的均匀颜色空间。例如，CIE CAM02 色貌模型的明度视觉均匀性不够理想；色相视觉均匀性也不理想，其中以黄色区域的不均匀性尤为明显。CIE CAM02 色貌模型的不均匀性增加了媒体或设备之间色彩信息转换时色域映射算法设计和色差公式建立的困难。

② 它是建立在单个色块上的颜色预测，而对于以复杂图像的形式出现的颜色并不适用。

③ 与空间、时间特性相关的色貌现象、图像质量评价以及图像处理等方面一直都是以独立的方式去解决，并没有与色貌模型结合。

④ CIE CAM02 模型对刺激的观察条件，如背景、环境因子等只作了较粗略的划分，且必须在非彩色背景以及亮环境下，其精度和适用范围有待进一步提高。

11.4　图貌模型（iCAM）

经过 20 多年的发展，色貌模型 CAM 已经成为国际推荐的标准。但无论是 CIECAM97s 模型，还是 CIE CAM02 模型主要研究的色差的精确度量、视觉和适应的空间特性、与时间相关的色貌现象、图像质量评估等问题都是以独立的方式进行处理的。

CIECAM02 及以前的色貌模型能较好地预测单一的色刺激在差异很大的观察条件下的色貌，当这种色貌应用于图像处理中时，仍然把每一个像素当作独立的色刺激来处理，没有考虑到人眼视觉的空间和时间特性，更没有考虑到图像的时域—空域特性。

另外，色差评价问题一直是独立于色貌建模研究，CIE 94 和 CIE DE2000 色差公式在颜色宽容度预测方面相对于 CIE LAB 的色差公式有了明显的进步，但公式过于复杂从而影响了其在生产中的应用。因此，图貌模型 iCAM（image Color Appearance Model）被提出来，被誉为新一代色貌模型，即图像色貌模型。以一个简单实用的数学模型将空间视觉建模和色差建模整合起来，完成传统的色貌模型属性、空间视觉属性和色差度量的功能，在图像色差、图像质量和图像复制等领域都有很好的应用前景。

11.4.1　iCAM 模型框架

iCAM 模型还处于研究阶段，国际照明委员会（CIE）还未对其进行详细的讨论和完整的推荐，下面就 2002 年美国莱切斯特学院（RIT）Munsell 颜色科学实验室的 Mark D. Fairchild 和 Garrett M. Johnson 提出的 iCAM 模型结构进行介绍。

iCAM 模型分为两类：适用于简单色块和适用于图像的模型。

（1）适用于简单色块的 iCAM 框架　如图 11-32 所示为适用于简单色块的 iCAM 框架。

框架的起点包括：色样和适

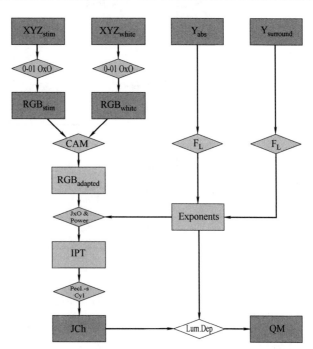

图 11-32　适用于简单色块的 iCAM 模型框架

应点（通常是白点）的三刺激值、适应水平和环境亮度值，其过程如下：

① 色适应变换。将三刺激值变换为视锥响应的 RGB 值，然后利用线性的 von Kries 色适应变换公式进行色适应变换。

② IPT 变换。将适应信号转换到 IPT 颜色空间，利用其准确的恒色调线以及类似于 CIE LAB 的明度和彩度计算感知属性。适应亮度和环境亮度用于调制 IPT 变换中的非线性响应压缩，以预测各种色貌现象。

③ 感知属性计算。将直角坐标系变换到圆柱坐标系预测明度、彩度和色调，利用适应亮度信息预测绝对明度和绝对彩度，继而可以计算饱和度 s，色差也可以根据这些变换来计算。

（2）适用于图像的 iCAM 框架　如图 11-33 所示为适用于图像的 iCAM 框架。

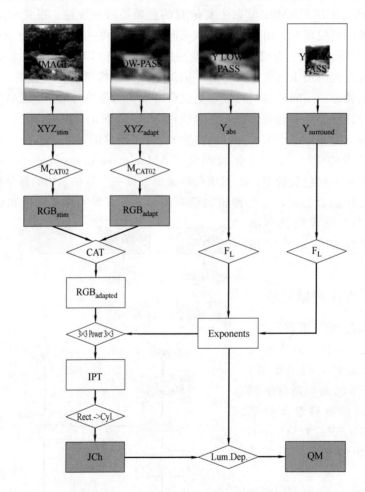

图 11-33　适用于图像的 iCAM 模型框架

适用于图像的 iCAM 模型框架用图像刺激代替了独立的色刺激，用低通图像代替了适应刺激，其适应亮度从图像亮度通道的低通图像导出，称作低通"绝对亮度图像"，环境亮度从更大范围的低通图像导出，称作低通"相对亮度图像"。适用于图像的变换过程于适用于简单色块的变换过程相同，但空间特性使得它能预测相当复杂的色貌现象，如空间色貌现象、高动态范围图像的阶调调整和图像色差度量等。另外，通过对图像刺激进行空间滤波，能够描述图像色差和图像质量。低通图像还可以用于区分图像类别，用于与图像相关的色貌变换。

适用于图像的 iCAM 模型框架的输入值包括图像和适应场的三刺激值、适应场和环境的绝对亮度。适应场是图像的低通图像，其模糊程度取决于观察距离、想要的效果和应用场合，极端情况下低通图像就是平均图像。环境是一个比图像更大的空间范围。

11.4.2 计 算 步 骤

iCAM 变换主要包括色适应变换和 IPT 变换。iCAM 中的色适应变换采用与 CIE CAM02 模型中的相同形式，但处理方式不同，因为输入的刺激不是单一的颜色刺激和适应白点，而是经过空间滤波的图像，而且在计算方程上也存在同样的差别。

（1）输入数据　iCAM 模型处理流程的数据如表 11-11 所示。

表 11-11　　　　　　　　　　　**iCAM 色貌模型的开始数据**

图像的三刺激值	X_{stim}	Y_{stim}	Z_{stim}
适应场的三刺激值	X_{adapt}	Y_{adapt}	Z_{adapt}
图像的绝对亮度	Y_{abs}		
周边场的亮度	Y_{surround}		
测试适应场的亮度/cd·m^{-2}	L_{A}（一般取测试白场亮度的 1/5）		

iCAM 在输入数据之前，要对数据进行前期处理，这与前面介绍的色貌模型的流程有很大的区别。其预处理方式是对适应场的三刺激值和图像的绝对亮度、周边场的亮度进行低通滤波，作用是预测色适应的大小、预测 Hunter 效应、Steven 效应和周边场对图像亮度的影响。所采用的低通滤波器由观察距离和应用情况决定，有时对于某些图像再现时，三个滤波器要随着不同的亮度和色适应而采用不同的滤波器，以避免由于局部的色适应而造成图像再现时饱和度降低的现象。

（2）色适应变换　iCAM 采用 CIE CAM02 色貌模型的色适应变换方法，变换公式如下：

$$\begin{bmatrix} L \\ M \\ S \end{bmatrix} = M_{\text{CAT02}} \begin{bmatrix} X \\ Y \\ Z \end{bmatrix} \tag{11-109}$$

$$M_{\text{CAM02}} = \begin{bmatrix} 0.7328 & 0.4296 & -0.1624 \\ -0.7036 & 1.6974 & 0.0061 \\ 0.0030 & 0.0136 & 0.9834 \end{bmatrix} \tag{11-110}$$

计算描述白点适应度因子 D，它是适应场 L_{A} 的函数。D 的取值范围是 0.0～1.0。

$$D = F \left[1 - \left(\frac{1}{3.6} \right) \text{e}^{\left(\frac{-L_{\text{A}} - 42}{92} \right)} \right] \tag{11-111}$$

其中：L_{A} 为适应场亮度，单位 cd/m^2，注意适应度亮度是低通图像的亮度值；F 是适应度因子，取决于环境。

利用 D 因子计算适应色：

$$\begin{cases} R_c = \left[\left(Y_w \dfrac{D}{R_w} \right) + (1-D) \right] R \\[2mm] G_c = \left[\left(Y_w \dfrac{D}{G_w} \right) + (1-D) \right] G \\[2mm] B_c = \left[\left(Y_w \dfrac{D}{B_w} \right) + (1-D) \right] B \end{cases} \tag{11-112}$$

其中：Y_w 是低通图像亮度；R_w、G_w、B_w 分别是低通图像的长波、中波和短波视锥响应。

进行色适应变换的意义在于：表示在每一个像素上把经过低通处理的适应图像通过 von Kries 线性公式变换成适应后的 R_c、G_c、B_c。这里需要注意的是虽然 CIE CAM02 与 iCAM 的色适应公式相同，但由于输入的数据不同，所以计算的结果完全不同。

采用 MCAT02 逆矩阵将 RGB 适应信号变换成 XYZ 值，以进行 IPT 变换。

$$\begin{bmatrix} X \\ Y \\ Z \end{bmatrix} = M_{\text{CAT02}}^{-1} \begin{bmatrix} R_c \\ G_c \\ B_c \end{bmatrix} \tag{11-113}$$

$$M_{\text{CAT02}}^{-1} = \begin{bmatrix} 1.0961 & -0.2789 & 0.1828 \\ 0.4544 & 0.4735 & 0.0721 \\ -0.0096 & -0.0057 & 1.0153 \end{bmatrix} \tag{11-114}$$

（3）IPT 变换　IPT 变换是将 D_{65} 光源下的 XYZ 值变换到 IPT 颜色空间，以便在 IPT 颜色空间内计算感知属性关联组。

① 视锥响应变换。将 D_{65} 光源下的三刺激值 XYZ 转换到一个与观察条件无关的视锥响应颜色空间：

$$\begin{bmatrix} L \\ M \\ S \end{bmatrix} = \begin{bmatrix} 0.4002 & 0.7075 & -0.0807 \\ -0.2280 & 1.1500 & 0.0612 \\ 0.0 & 0.0 & 0.9184 \end{bmatrix} \cdot \begin{bmatrix} X_{D_{65}} \\ Y_{D_{65}} \\ Z_{D_{65}} \end{bmatrix} \tag{11-115}$$

其中：X_{D65}、Y_{D65}、Z_{D65} 是 D_{65} 光源下的三刺激值；L、M、S 是长波、中波、短波的视锥响应。

② 视锥响应的非线性变换。此变换是为了实现与物理测量呈线性关系的信号转换为与感知空间呈线性关系的信号：

$$\begin{cases} L' = L^{0.43} \,; L \geqslant 0 \\ L' = -(-L)^{0.43} \,; L < 0 \\ M' = M^{0.43} \,; M \geqslant 0 \\ M' = -(-M)^{0.43} \,; M < 0 \\ S' = S^{0.43} \,; S \geqslant 0 \\ S' = -(-S)^{0.43} \,; S < 0 \end{cases} \tag{11-116}$$

③ 实现 IPT 颜色空间转换。通过上一步，得到了调整后的视锥响应，进而将其线性变换到 IPT 对立色坐标系内。

$$\begin{bmatrix} I \\ P \\ T \end{bmatrix} = \begin{bmatrix} 0.4000 & 0.4000 & 0.2000 \\ 4.4550 & -4.8510 & 0.3960 \\ 0.8056 & 0.3572 & -1.1628 \end{bmatrix} \cdot \begin{bmatrix} L' \\ M' \\ S' \end{bmatrix} \tag{11-117}$$

IPT 变换中的非线性响应压缩是 iCAM 模型中一个关键的方面。这对于预测人眼视觉系统中普遍存在的响应压缩是必要的，因为响应压缩将与物理测量呈线性关系的信号（如亮度）转换为与感知空间呈线性关系的信号（如心理明度）。同时，通过低通图像和环境亮度调制 IPT 指数，使得 iCAM 可以预测 Hunt 效应、Stevens 效应和 Bartleson/Breneman 效应，也能将高动态范围图像以视觉接受的方式映射成低动态范围图像。IPT 指数的调制可以通过将 IPT 基本指数 0.43 乘以亮度因子 F_L，再经过适当的归一化而得到。

（4）感知属性关联组的计算　将 IPT 坐标转换到圆柱坐标系，可以计算明度 J、彩度 C 和色调角 h。iCAM 各感知属性的计算如下：

$$J = 1 \tag{11-118}$$

$$C = \sqrt{P^2 + T^2} \tag{11-119}$$

$$h = \arctan\left(\frac{P}{T}\right) \tag{11-120}$$

$$Q = \sqrt[4]{F_L} J \tag{11-121}$$

$$M = \sqrt[4]{F_L} C \tag{11-122}$$

$$\Delta I_m = \sqrt{\Delta I^2 + \Delta P^2 + \Delta T^2} \tag{11-123}$$

其中：

$$F_L = 0.2k^4(5L_A) + 0.1(1-k^4)^2(5L_A)^{1/3} \tag{11-124}$$

$$k = 1/(5L_A + 1) \tag{11-125}$$

ΔI_m 代表图像色差，是 IPT 颜色空间内两点之间的距离，以区分传统不包含空间滤波的色差 ΔE。

11.4.3　iCAM 模型的应用

iCAM 可以应用于图像复制的很多方面，如预测色貌现象、计算图像色差、评价图像质量以及图像处理等，而且具有很好的表现。

（1）色貌现象预测　在预测色貌现象方面，由于 iCAM 结合了空间视觉特征，可以预测很多复杂的色貌现象，如同时颜色对比现象、勾边现象、扩增现象等。如图 11-34 所示为同时颜色对比现象的预测效果图。

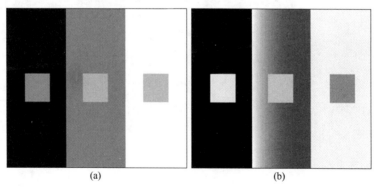

(a)　　　　　　　　　　　　　(b)

图 11-34　同时颜色对比预测效果

图 11-34（a）为原图，图 11-34（b）为 iCAM 预测后的图像，可以看出预测后的图像更符合人眼的真实感受。

（2）图像色差预测　iCAM 可以用 ΔI_m 来计算复杂的图像色差，如图 11-35 所示（见彩色插页）为 iCAM 色差结果与传统色差结果的比较。

(a)
Mean $\Delta E^*_{ab}=2.5$
Mean $\Delta I_m=0.5$

(b)

(c)
Mean $\Delta E^*_{ab}=1.25$
Mean $\Delta I_m=1.5$

图 11-35　iCAM 色差结果与传统色差结果的比较

图 11-35（b）为原图，图 11-35（a）为复制图像，在很多地方颜色都有差别，但差异不大，而复制图像 11-35（c）只在香蕉处的颜色出现了比较大的差异。人眼评价复制图像（a）、（c）与原图的色差时，会感觉（c）的色差更大一些。传统色差评价结果是复制图像（a）的平均色差为 2.5，而复制图像（c）的色差为 1.25；iCAM 色差评价结果是复制图像（a）的平均色差为 0.5，而复制图像（c）的色差为 1.5，更符合人眼的真实感受。

（3）高动态范围图像再现　通常计算机采用 8bit（256 级）记录图像的亮度，而高动态范围 HDR（High Dynamic Range）图像远远超出 256 级亮度范围，如何在低动态范围的显示器上再现高动态范围的图像是人们要解决的问题。iCAM 模型包含了空间局部适应和空间局部对比控制，因此，可用于高动态范围图像的复制。如图 11-36 所示（见彩色插页）为 iCAM 在高动态范围图像再现中的应用效果。图中左侧图像为原高动态范围图像数据的线性复制效果，中间的图像是经过最佳幂函数变换处理后的复制效果，右图是经过 iCAM 空间局部适应和对比处理后的效果，相比 iCAM 处理后的效果最佳。

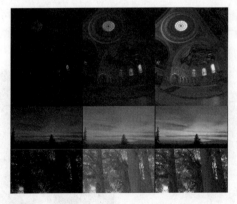

图 11-36　iCAM 在高动态范围图像再现中的应用

参 考 文 献

［1］ 郑元林，周世生. 印刷色彩学［M］. 北京：文化发展出版社，2013.

［2］ Noboru Ohta，Alan R. Robertson. Colorimetry：Fundamentals and Applications［M］. Englang：John Wiley and Sons Ltd，2006.

［3］ Steven K. Shevell. The Science of Color（Second Edition）［M］. UK：Elsevier，2003.

［4］ 刘浩学，武兵，徐艳芳，黄敏. 印刷色彩学［M］. 北京：中国轻工业出版社，2014.

［5］ Gunther Wyszecki，W. S. Stiles. Color Science：Concepts and Methods，Quantitative Data and Formulae［M］. Englang：John Wiley and Sons Ltd，2000.

［6］ 胡威捷，汤顺青，朱正芳. 现代颜色技术原理及应用［M］. 北京：北京理工大学出版社，2007.

［7］ 廖宁放，石俊生，吴文敏. 数字图像颜色管理系统概论［M］. 北京：北京理工大学出版社，2009.

［8］ 林茂海. 数字印刷中图像色域可视化应用技术研究［D］. 西安理工大学，2011.

［9］ Jan Morovic. Color Gamut Mapping［M］. Englang：John Wiley and Sons Ltd，2000.

［10］ 刘真，金杨. 印刷色彩学［M］. 北京：化学工业出版社，2007.

［11］ R. W. G. Hunt. The Reproduction of Colour（sixth Edition）［M］. Englang：John Wiley and Sons Ltd，2004.

［12］ 周世生，郑元林，曹从军，戚永红. 印刷色彩学［M］. 北京：印刷工业出版社，2008.

［13］ Marc Ebner. Color Constancy［M］. Englang：John Wiley and Sons Ltd，2007.

［14］ 刘武辉，胡更生，王琪. 印刷色彩学［M］. 北京：化学工业出版社，2009.

［15］ Mark D. Fairchild. Color Appearance Models（Third Edition）［M］. Englang：John Wiley and Sons Ltd，2013.

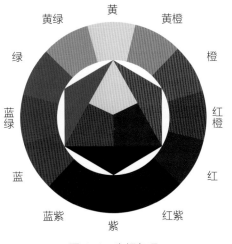

图 1-1　牛顿色环

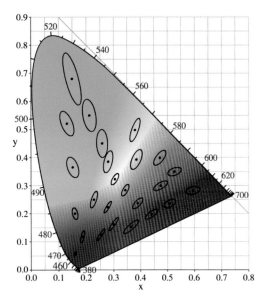

图 4-3　麦克亚当的颜色椭圆宽容量范围

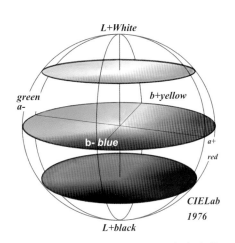

图 4-4　CIE 1976 L*a*b* 颜色立体

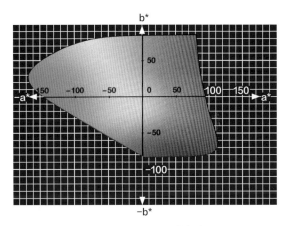

图 4-5　CIELAB 二维色度图

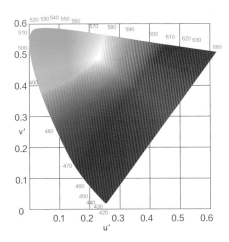

图 4-9　CIE 1976 u'v'色度图

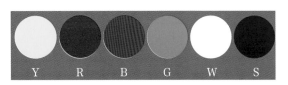

图 5-7 NCS 的 6 个心理原色

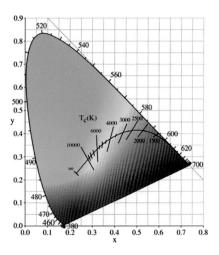

图 6-1　不同温度下黑体颜色的色品坐标

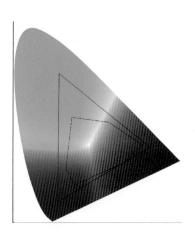

图 8-4　色域（实线区域内为某显示器的色域，虚线区域内为某打印机的色域）

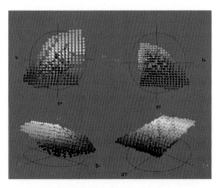

图 10-4　在 CIE LAB 颜色空间中 sRGB 的点状三维色域（由 ICC3D 软件生成）

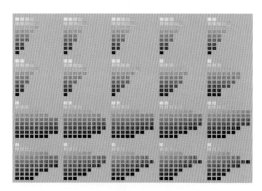

图 10-5　孟塞尔颜色空间的切片分割描述

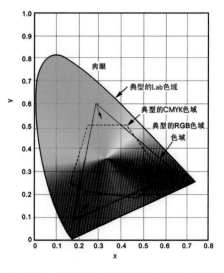

图 10-15　RGB 模式和 CMYK 模式下色域图

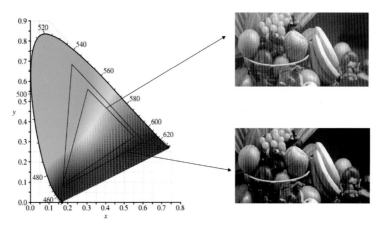

图 10-16　不同色域范围的显示器再现图像效果对比

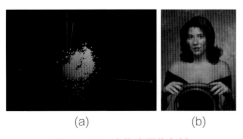

(a)　　　　　　　　(b)

图 10-17　人物类图像色域

(a)　　　　　　　　(b)

图 10-18　器皿类图像色域

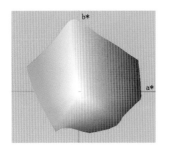

图 10-22　打印机的凹状色域

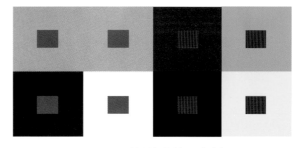

图 11-1　简单色块的同时对比

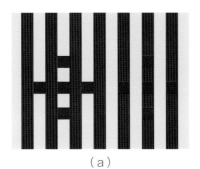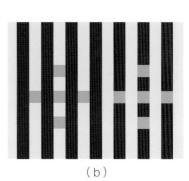

（a）　　　　　　　　　　　（b）

图 11-3　复杂空间相互作用

图 11-4　同时对比与扩增现象

（a）　　　　　　　　　　　（b）

图 11-5　明度与彩度勾边现象

图 11-17　真实世界的折扣光源的例子

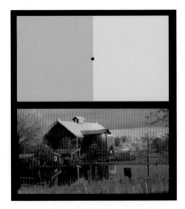

图 11-20　色适应效果

Mean　$\Delta E_{ab}^{*} = 2.5$

Mean　$\Delta I_{m} = 0.5$

Mean　$\Delta E_{ab}^{*} = 1.25$

Mean　$\Delta I_{m} = 1.5$

图 11-35　iCAM 色差结果与传统色差结果的比较

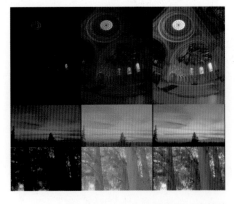

图 11-36　iCAM 在高动态范围图像再现中的应用